JN272804

コスメティックサイエンス

化粧品の世界を知る

編著

宮澤三雄

著

安藤秀哉　石川幸男　市橋正光　内山　章　岡崎　渉　岡本　亨
奥野祥治　小野俊郎　鎌田正純　菅沼　薫　杉林堅次　髙橋和彦
辻野義雄　中尾啓輔　前田憲寿　丸本真輔　山本隆斉　和智進一

共立出版

編著者

宮澤 三雄　近畿大学 名誉教授 工学博士
　　　　　奈良先端科学技術大学院大学 客員教授

執筆者

安藤 秀哉　岡山理科大学 工学部 バイオ・応用化学科 教授 博士（医学）
石川 幸男　東京大学大学院 農学生命科学研究科 教授 農学博士
市橋 正光　神戸大学 名誉教授 医学博士
内山　章　ライオン株式会社 研究開発本部 博士（歯学）
岡崎　渉　東洋大学 生命科学部 応用生物科学科 教授 工学博士
岡本　亨　資生堂 リサーチセンター
奥野 祥治　和歌山工業高等専門学校 物質工学科 准教授 博士（工学）
小野 俊郎　奈良産業大学 地域公共学総合研究所 准教授 修士（理学）
鎌田 正純　元 山野美容芸術短期大学 美容総合学科 教授 博士（工学）
菅沼　薫　株式会社 エフシージー総合研究所 フジテレビ商品研究所
杉林 堅次　城西大学 薬学部 薬科学科 教授 薬学博士
髙橋 和彦　横浜薬科大学 薬学部 健康薬学科 教授 薬学博士
辻野 義雄　北陸先端科学技術大学院大学 客員教授 博士（理学）
中尾 啓輔　花王株式会社 メイクアップ研究所
前田 憲寿　東京工科大学 応用生物学部 教授 医学博士
丸本 真輔　近畿大学 共同利用センター 助教 博士（工学）
山本 隆斉　花王株式会社 メイクアップ研究所
和智 進一　元 高砂香料工業株式会社 フレグランス研究所 所長
（所属は執筆時）

はじめに

　本書は，医薬・理工・農学・生活科学系の大学および各種教育機関で，化粧品の基礎知識を学ぶ学生を対象に書かれたものです．
　本書のポリシーは，次の3点です．
① 大学のセメスター制のカリキュラムに即した内容であること．
② 日本技術者教育認定機構（JABEE）に対応した構成であること．
③ 将来，技術士・管理栄養士・医師・薬剤師および登録販売者などで活躍し続ける際に，必要不可欠な Professional standard 精神を習得できること．

　昨今，化粧品原料・開発の現場において，生物の生命現象分野を始点として，化学構造式の理解や政治経済の動向，さらにパッケージングデザインやファッションの知識に至る分野までの幅広い教養と豊かな知識が求められています．また専門的知識をもった熟練者が，開発研究上の舵取り役として尊重され，強い指導力を持つ立場として大変優遇されている状況下にあります．
　このような社会的背景に即応して，本書は，学習者が化粧品・香粧品の化学的基礎知識をより簡単に，そして効率よく吸収できるように構成しました．たとえば，講義内容を即時に再確認できるための演習問題を，各章の終わりに配置し，理解度を高めることができるよう工夫しました．

　本書を通して，学習者が本分野の基盤となる科学技術の素晴らしさと面白さを知り，大学や各種専門学校での講義に，毎回，興味と喜びを持って臨むことができるようになることを，心から祈念します．
　最後に，本書の出版にあたり，大変お世話になりました共立出版の寿日出男氏，中川暢子氏に深く感謝を申し上げます．

2014年5月吉日

編著者　宮澤三雄

目 次

序章 化粧品の歴史 ― 1
  演習問題 4

第1章 薬事法と化粧品 ― 5
  1.1 化粧品の法規制 5
    1.1.1 薬事法 5
    1.1.2 業界自主基準・ガイドライン 7
    1.1.3 化粧品の表示に関する公正競争規約 8
    1.1.4 消防法 8
    1.1.5 高圧ガス保安法 8
    1.1.6 産業財産権 8
    1.1.7 その他 9
  1.2 化粧品と医薬部外品 9
    1.2.1 化粧品の定義 9
    1.2.2 医薬部外品の定義 11
    1.2.3 効能・効果の表現について 16
  1.3 化粧品の規制緩和と全成分表示 17
    1.3.1 変更内容と全成分表示 18
    1.3.2 「全成分表示」の対象品およびその「表示ルール」 18
    1.3.3 「全成分表示」でわかること，わからないこと 19
    1.3.4 成分表示名称とINCI名 20
    1.3.5 化粧品基準（平成12年9月29日 厚生省告示第331号） 20
  1.4 医薬部外品の全成分表示 21
  1.5 化粧品・医薬部外品の表示 22
    1.5.1 容器又は被包への表示 22
    1.5.2 法定表示と任意表示 23
  1.6 店頭でやってはいけないこと 24

演習問題　26

第2章　皮膚・毛髪・爪の構造と機能 ———————————— 27
2.1　皮膚を構成する細胞　27
2.1.1　表皮　27
2.1.2　真皮　28
2.2　皮膚の機能　29
2.2.1　保湿機能　29
2.2.2　紫外線防御機能　30
2.2.3　物理的・化学的保護機能　30
2.2.4　免疫機能　30
2.2.5　その他の機能　31
2.3　皮膚の付属器官　31
2.3.1　毛　31
2.3.2　脂腺　32
2.3.3　立毛筋　32
2.3.4　汗腺　32
2.3.5　爪　32

演習問題　34

第3章　化粧品の品質特性とその評価法 ———————————— 35
3.1　化粧品の安全性　36
3.1.1　皮膚刺激性　38
3.1.2　感作性（アレルギー性）　39
3.1.3　光毒性　41
3.1.4　光感作性　41
3.1.5　眼刺激性　41
3.1.6　毒性　42
3.1.7　遺伝毒性（変異原性）　43
3.1.8　ヒトによる試験　43
3.1.9　動物試験代替法　44
3.2　化粧品の安定性　44
3.2.1　一般的安定性評価試験　45
3.2.2　一般性能・機能性確認試験　45
3.2.3　エアゾール製品の安定性　46
3.2.4　特殊・過酷保存試験　46
3.2.5　酸敗に対する安定性試験　47

3.2.6 微生物汚染に対する安定性試験　47
3.2.7 医薬部外品の安定性　48
3.2.8 使用場面を考慮した安定性　48
3.3 化粧品の使用性（官能評価）　48
3.3.1 官能評価による使用性評価　49
3.3.2 客観的評価法による使用性評価　50
演習問題　51

第4章　化粧品製造装置 ─── 53
4.1 乳化機・分散機　54
4.1.1 真空乳化機　56
4.1.2 パイプラインミキサー　57
4.1.3 高圧ホモジナイザー　57
4.2 混合機・粉砕機　58
4.3 冷却機　60
4.3.1 かきまぜ法　60
4.3.2 プレート型熱交換機　60
4.3.3 掻き取り式熱交換機　61
4.4 成形機　61
4.4.1 粉末成形機　61
4.4.2 多色粉末成形機　61
4.5 充填機・包装機　62
演習問題　63

第5章　化粧品パッケージング ─── 65
5.1 包装容器に求められる機能　66
5.2 包装容器の素材　67
5.2.1 プラスチック　67
5.2.2 ガラス　68
5.2.3 金属　69
5.3 容器の形状　69
5.3.1 チューブ容器　69
5.3.2 細口びん（ボトル容器）・広口びん（クリーム容器）　69
5.3.3 パウダー容器　70
5.3.4 コンパクト容器　70
5.3.5 スティック容器　70
5.3.6 ペンシル容器　71

5.3.7　ブラシなどが付属した容器　71
　　5.3.8　ポンプ式ボトル　71
　　5.3.9　エアゾール容器　72
　演習問題　74

第6章　化粧品原料──油剤　75

6.1　油性原料の基本的特徴　75
　6.1.1　油性原料の分類　75
　6.1.2　皮脂膜の組成と機能　76
6.2　油性原料の役割および使用法　77
　6.2.1　皮膚および製品における役割　77
　6.2.2　化粧品中の油性原料　77
6.3　油性原料の性質　77
　6.3.1　油性原料の品質　77
　6.3.2　油性原料の劣化　78
6.4　油性原料の各論　79
　6.4.1　油脂　79
　6.4.2　ロウ　80
　6.4.3　脂肪酸　80
　6.4.4　高級アルコール　81
　6.4.5　炭化水素　82
　6.4.6　エステル　83
　6.4.7　シリコーン油　83
演習問題　85

第7章　化粧品原料──界面活性剤　87

7.1　化粧品に用いられる界面活性剤　89
7.2　アニオン界面活性剤　89
　7.2.1　高級脂肪酸石けん　89
　7.2.2　アルキル硫酸エステル塩　90
　7.2.3　アルキルエーテル硫酸エステル塩　90
　7.2.4　アルキルリン酸エステル塩・アルキルエーテルリン酸エステル塩　90
　7.2.5　N-アシルアミノ酸塩　91
　7.2.6　N-アシルN-メチルタウリン塩　91
7.3　カチオン界面活性剤　91
　7.3.1　塩化アルキルトリメチルアンモニウム　92
　7.3.2　塩化ジアルキルジメチルアンモニウム　92

7.3.3 塩化ベンザルコニウム　92

7.4 両性界面活性剤　92

7.4.1 アルキルジメチルアミノ酢酸ベタイン　93

7.4.2 アルキルイミダゾリニウムベタイン　93

7.5 ノニオン（非イオン）界面活性剤　93

7.5.1 ポリエチレングリコール型ノニオン界面活性剤　93

7.5.2 多価アルコールエステル型ノニオン界面活性剤　95

7.5.3 ブロックポリマー型界面活性剤　95

7.6 その他の界面活性剤　96

7.6.1 レシチン　96

7.6.2 シリコーン系界面活性剤　96

7.6.3 高分子系界面活性剤　96

演習問題　98

第8章　化粧品原料——色　99

8.1 太陽光と人工照明　99

8.2 対象物の色－光と視覚と色の関係　101

8.3 紫外線　102

8.3.1 紫外線の分類 UV-A, UV-B, UV-C　103

8.3.2 紫外線防御剤　104

8.3.3 紫外線吸収剤　104

8.3.4 紫外線散乱剤　105

8.3.5 SPFとPA　105

8.4 色素の種類，色材とは　105

8.4.1 無機顔料（鉱物性顔料）　106

8.4.2 有機合成色素（タール色素）　109

8.4.3 天然色素　110

8.4.4 高分子粉体　111

演習問題　112

第9章　化粧品原料——香料　113

9.1 香料の分類　114

9.2 天然香料　115

9.2.1 動物性香料　115

9.2.2 植物性香料　117

9.3 合成香料　121

9.3.1 単離香料　122

9.3.2　半合成香料　123
9.3.3　合成香料　124
9.4　香料統計　125
演習問題　126

第10章　スキンケア化粧品（基礎化粧品） 127

10.1　洗顔料　128
　10.1.1　界面活性剤型洗顔料　129
　10.1.2　溶剤型洗顔料　132
10.2　化粧水　132
　10.2.1　柔軟化粧水（ソフニングローション）　132
　10.2.2　収れん化粧水　132
　10.2.3　洗浄用化粧水（ふき取り用化粧水）　133
　10.2.4　多層式化粧水　134
10.3　乳液　134
　10.3.1　保湿・柔軟乳液　135
10.4　クリーム　137
　10.4.1　弱油性クリーム（バニシングクリーム）　138
　10.4.2　O/W型中油性クリーム　138
　10.4.3　O/W型油性クリーム（マッサージクリーム）　140
　10.4.4　W/O型エモリエントクリーム（コールドクリーム）　140
　10.4.5　O/W/O型マルチプルクリーム　141
10.5　ジェル　141
10.6　エッセンス（美容液）　142
10.7　パック　144
10.8　保湿化粧品　145
　10.8.1　保湿剤　146
　10.8.2　保湿化粧品のはたらき　148
演習問題　149

第11章　メイクアップ化粧品 151

11.1　メイクアップ化粧料の種類と剤型　152
11.2　化粧仕上がりと光学　153
　11.2.1　光と肌の相互作用　153
　11.2.2　表面形状と表面反射　153
　11.2.3　生体組織による光の散乱および吸収　155
　11.2.4　肌内部における光の挙動　156

11.3　粉体化粧料（ファンデーション）　160
　11.3.1　粉体化粧料に配合される粉体とその製造方法　160
　11.3.2　化粧仕上がりと機能性粉体　161
11.4　乳化化粧料（ファンデーション）　161
　11.4.1　乳化ファンデーション　161
　11.4.2　化粧崩れ　162
　11.4.3　W/Oファンデーションの乳化安定化方法　163
11.5　油性固形化粧料（口紅）　165
　11.5.1　口紅の構造と特性　165
　11.5.2　口紅の化粧持続技術　165
　11.5.3　口紅のトリートメント技術　166
　演習問題　167

第12章　芳香化粧品　169

12.1　賦香率　169
12.2　香水の歴史　170
　12.2.1　古代から　170
　12.2.2　近代の香水の夜明け　171
12.3　香水の基本的なことと調香師（パヒューマー）　171
　12.3.1　調合香料　171
　12.3.2　調香師の条件　173
　12.3.3　香りの表現　173
　演習問題　179

第13章　頭髪化粧品　181

13.1　頭髪化粧品の分類　182
13.2　頭髪・頭皮を洗浄するもの（洗髪用化粧品）　184
　13.2.1　シャンプー　184
　13.2.2　ヘアリンス／ヘアコンディショナー　185
13.3　頭髪の形を一時的に整えるもの　186
　13.3.1　整髪剤　186
13.4　頭髪を長く形つくるもの　186
　13.4.1　パーマネント・ウェーブ用剤　186
　13.4.2　パーマネント・ウェーブ用剤の歴史　187
　13.4.3　パーマネント・ウェーブ用剤の作用機構　187
　13.4.4　パーマネント・ウェーブ用剤の薬事法での取り扱い　189
13.5　頭髪に色を施すもの　190

13.5.1 ヘアカラーリング　190
13.5.2 ヘアカラーリングの歴史　190
13.5.3 ヘアカラーリングにおける色の表現　191
13.5.4 ヘアカラーリングの分類　191
13.5.5 永久染毛剤（ヘアダイ）　193
13.5.6 脱色剤（ヘアブリーチ）　194
13.5.7 脱染剤　194
13.5.8 半永久染毛料（セミパーマネントヘアカラー）　195
13.5.9 一時着色料（テンポラリーヘアカラー）　196
13.5.10 ヘアカラーリングの薬事法での取り扱い　196
13.5.11 ヘアカラーリングの使用上の注意　196
演習問題　198

第14章　機能性化粧品　　199

14.1 法規制　199
　14.1.1 広告の三原則　199
　14.1.2 薬事法の広告規制に関する関係条文（抜粋）　200
　14.1.3 化粧品・医薬部外品の薬事監視指導　200
　14.1.4 化粧品・医薬部外品の広告規制と取り締まり　201
　14.1.5 医薬品等適正広告基準での規制内容　201
　14.1.6 厚生労働省　医薬食品局　監視指導・麻薬対策課の指導内容　202
　14.1.7 不当景品類及び不当表示防止法（景品表示法）と規制例　202
14.2 美白　203
　14.2.1 薬用美白化粧品（医薬部外品）　203
　14.2.2 薬用美白化粧品（医薬部外品）の有効成分　204
14.3 育毛　208
　14.3.1 育毛剤（医薬部外品）の効能効果　208
　14.3.2 育毛剤（医薬部外品）の有効成分とその効果　209
　14.3.3 主な育毛剤（育毛剤・発毛促進剤）の作用機序　210
14.4 抗シワ剤　212
　14.4.1 シワの分類　212
　14.4.2 表皮性シワ　212
　14.4.3 グリセリン　212
　14.4.4 セラミド　213
　14.4.5 アミノ酸　213
　14.4.6 真皮性シワ　213
　14.4.7 コラーゲン　213

14.4.8　ヒアルロン酸　214
　　　14.4.9　ビタミンA　214
　　演習問題　215

第15章　口腔用品 — 217
　15.1　歯磨剤の定義　217
　15.2　歯磨剤の歴史　218
　15.3　歯磨剤，洗口剤の法的規制　218
　15.4　歯磨剤と洗口剤の組成と成分　219
　15.5　歯磨剤成分の作用　219
　15.6　歯磨剤の基本的機能　221
　15.7　薬効成分とその機能　223
　　　15.7.1　むし歯予防　223
　　　15.7.2　歯周病予防　224
　　演習問題　227

第16章　化粧品の流通とマーケティング — 229
　16.1　化粧品の市場規模　230
　　　16.1.1　化粧品の流通体系　232
　　　16.1.2　化粧品流通の変遷　235
　16.2　化粧品のブランドマーケティング　236
　　　16.2.1　化粧品ブランドの変遷　240
　16.3　化粧品開発と社会的背景，法律施行　241
　16.4　化粧品トレンド予測　243
　　演習問題　245

演習問題　模範解答　246

参考文献　255

付　　録　261

索　　引　285

序章 化粧品の歴史

　化粧をするという行為は人間だけに許された行為であり，化粧品は人類の歴史とともに存在してきたといえる．人間が化粧をする根源的な目的は自然環境からの身体の保護，宗教的な魔除け，部族や身分などの識別手段などに大別できる．そして長い年月を経て，地域，民族の社会・風俗・習慣に対応した化粧文化を形成して今日に至ったといえる．

　化粧品の歴史は古く，約5000年前からタールや水銀を原料にした化粧品が開発されており，エジプトやアラブといった地域では，すでに軟膏状の香粧品などが使用されていた．特にエジプトにおいては香料の取引も盛んに行われていたことが史料に記載されている．中国においても夏王朝創始時代（B.C.2200年頃）に粉が作成されていたことが述べられており，殷の紂王の時代（B.C.1150年）には粉のみならず紅でよそおったという．秦の始皇帝宮廷においては顔を紅で赤く，眉を緑に塗る「紅粧翠眉」と呼ばれる化粧をしたという．これが眉を描き化粧したはじめとも言われている．

　一方，わが国では上古時代は外国との通商はほとんどなく，固有風俗で暮らしており原始的な赤土粉飾が主に行われていた．古代の化粧に関しては「古事記」や「日本書紀」に記載がみられ，これらが化粧について記述されたはじまりとされている．また，赤土を魔除けとして使用していたことを示す話しがあることから，赤土（赤）を使うことは身を守るといった保全や安全願望もあったと考えられる．目元から頬にかけて，あるいは目，鼻，口などに丹（赤色）で彩色した埴輪が出土していることが，これらの記録を裏付けている．神功皇后三韓征伐の時代（約200年頃）になると，大陸文化がわが国へ，人々とともに流れ込み，上流社会においては鉛白白粉や香油が使用されていた．また，この時代から，わが国は大きな転換期を迎え，渡来人らによって様々な技術がもたらされた．

　推古天皇時代（610年）になると「べに」の原料である紅花の種子が初めて高麗僧曇徴によって伝えられた．それから大化の改新を経て約50年後に国産の白粉が作製されたと日本書紀

に記されている．713年頃には伊勢水銀が発見されることにより水銀白粉（軽粉）のはじまりとなった．この頃の（奈良時代）の化粧法は唐代の化粧品や化粧法が伝来したことから，唐風化粧模倣の時代ともいえる．

平安時代になると，遣唐使の廃止とともに，日本独自の文化や習慣が芽生えはじめる．栄花物語，源氏物語，枕草子に記されているように，白く白粉を塗った顔に長い髪を下ろし，眉毛を全部抜いた後，眉墨で描いた眉に，唇をより小さく見せるため下唇にだけ少し紅をさす化粧が主流となった．顔を白く塗ると歯の色が目立つため，歯を黒く塗り（お歯黒），鳳仙花を使って爪紅（マニキュア）もするようになった．眉の引き方は，性別，年齢，身分・階級によって色々な描き方があった．

鎌倉・戦国時代においては，あまり白粉を塗らない化粧法に変化し，鉛白粉や水銀白粉をヘチマ水で練り上げた練白粉を使用した．貴族中心の習慣であった眉化粧が一般にまで広まり，眉型は自然眉に近づき，一文字眉になった．この頃から新しい化粧法として紅を頬に塗るようになった．その後，戦国時代には，戦に臨む男性（武士）が，敵に首を取られても醜くないように化粧（白粉，眉墨等）をする風潮が生まれた．

江戸時代初めになると，化粧は一般庶民まで広く普及し，健康美が好まれ，白粉に紅を混ぜて頬紅として使うことが行われていた．女性の教養書である「女鏡秘伝書」によると化粧を濃く塗るのは卑しいことであると説き，薄化粧を推奨している．一般に上方は濃化粧を好むのに対して，江戸は淡化粧を好む傾向にあったとされる．また，化粧が女性の身だしなみとして定着した．江戸の中期以降になると町人文化の繁栄とともに，色々な文化が発展したが，化粧法は白粉を塗り，眉墨で眉を書き，唇に紅を塗るという基本的なスタイルは変わらなかったが，時代によって特徴的なスタイルが流行し，それらを主導していたのは歌舞伎役者や遊女達であった．江戸時代には色々な種類や銘柄の白粉があり，粒度によって分けられた生白粉，舞台白粉，唐の土が販売されていた．生白粉が最上質とされ，一般的には唐の土が使われていた．その他にも，香りをつけた調合白粉も販売されており，丁子香，蘭の香，菊の露，油の香というような商品名を付けて売られていた．お歯黒は時代を経て儀礼として形が残された．結婚と同時に歯を染めるようになり，出産と同時に眉を剃るようになったことから，一般的にお歯黒，眉なしは既婚者の証とする風習となった．

明治維新以降は，西洋文化が続々と上陸し，明治3年には華族のお歯黒と眉を剃ることが禁止され，明治6年には皇太后，皇后女官の歯黒掃眉が廃止されたことにより，一般の女性達も禁止になった．明治初期の化粧品は依然として鉛白粉と紅花から作られた紅くらいであったが，この時期に無鉛白粉が開発された．その背景には，歌舞伎の九代目団十郎や中村福助が鉛白粉による慢性鉛中毒となり，梨園や花街のように毎日白粉を塗らなければならない人たちだけではなく，一般庶民に至るまで大変な騒ぎになったため多くの人が無鉛白粉の研究に着手したためである．明治11年には平尾商店（1878-1954）から化粧水として小町水が販売され，その後次々に色々な化粧水が世に出され，ここに化粧水時代が到来した．明治後半（明治31年頃），化粧品という概念が確立された．それ以前は，売薬問屋が販売している薬の部外品として取り扱っていたもので，商品価値は非常に低かった．また，新聞，雑誌などによる広告・宣

伝も活発になり，化粧は一般化し，化粧品産業の基礎が固まった時代である．

　大正時代には，メイクアップ化粧品や基礎化粧品をはじめ，香水，石鹸，歯磨剤など洋風化粧品の種類が増し，一般大衆にまで広がった．

　昭和初期は化粧品や化粧法が多様化しはじめた時代であった．仕上がりに合わせてベースメークを変化させたり，リップスティックが登場したり，アイシャドーを使用して目元を強調する化粧法が流行した．また，この頃には健康的な素肌を保つために，洗顔も重要視されはじめ，洗顔クリームも登場した．さらに第二次世界大戦後，日本が高度経済成長期を迎え，グローバル化も進み，メイクアップ類，基礎化粧品類，フレグランス類，男性用化粧品と化粧品や化粧法も世界共通のものとなった．

　現代の化粧品は，様々な学問分野に関連し，総合人間科学的な観点から製品の研究開発が行われてきたことにより，機能性を謳った様々な商品が販売されている．今後も，その時代のニーズにあった新素材・新技術が開発され，優れた品質の化粧品が世に送り出されていくだろう．

序章 ● 演習問題

1. 日本の化粧の始まりはどういったものか．また，それにはどういった意味が含まれていたか述べよ．

2. 次のA～Dの化粧に関する文章に該当する年代を下の［ア～オ］から選びなさい．
   A．伝統的化粧から西洋文化の影響を受ける．お歯黒と眉掃の禁止になる．西洋風化粧品の石鹸・歯磨剤・香水が揃う．
   B．唐（中国）から紅，鉛白粉，香が輸入され，顔にお白粉，太い眉，ふっくらとした唇
   C．化粧が一般庶民にまで普及．眉は自然眉に，紅は頬に塗られるようになる．
   D．化粧が女性の身だしなみとして定着，お歯黒が儀礼として残されていた．
   E．日本独自の化粧が花開いた．長く伸ばした黒髪，顔に白粉，眉化粧，唇はより小さく，お歯黒．化粧は年齢や身分を表す約束事で，唯一自由に楽しめたのが香であった．
   ［ア：奈良時代，イ：平安時代，ウ：鎌倉・戦国時代，エ：江戸時代，オ：明治時代］

3. 次の空欄に適する用語を答えよ．
   化粧品が化粧品たる名称を付するに至ったのは（ ① ）頃からである．以前は売薬の（ ② ）と唱えて，多くの売薬商人が附属して取り扱ったもので，ほとんど商品として（ ③ ）がなかった．

4. 今後，化粧品にどのようなものが必要とされていくと考えられるか，意見を述べよ．

第 1 章 薬事法と化粧品

　化粧品は，ほぼ毎日繰り返して肌に直接つけるものだけに，その安全性は食品と同じように確かなものでなくてはならない．そのため，安心して使用できるように化粧品はさまざまな法規制によりチェックされ，品質が守られている．原料はもちろん，製造，販売，宣伝，広告にいたるまで，20を数える化粧品に関する法規制がある．ここでは，薬事法をはじめとする化粧品に関する法規や規則，また，化粧品と医薬部外品との違い，全成分表示などについて学ぶ．

　これらの化粧品を取り巻く法規制について十分な知識をもつことで，化粧品を安全に使用でき，また，製造販売業者は消費者に自信をもって紹介できるようになる．化粧品の広告・表示・成分についての理解を深めるためにも化粧品を取り巻く法規制について理解しましょう．

1.1　化粧品の法規制

1.1.1　薬事法

　薬事法は，医薬品，医薬部外品，化粧品及び医療機器の品質，有効性および安全性の確保のために必要な規制を行うとともに，医療上特にその必要性が高い医薬品および医療機器の研究開発促進のために必要な措置を講ずることにより，保健衛生の向上を図ることを目的としている．薬事法は厚生労働省の管轄である．

　薬事法の規制対象である医薬品，医薬部外品，化粧品，医療機器について，製造販売業の許可，製造販売の承認，医薬品についてはさらに薬局開設，医薬品及び医療機器販売業の許可等の承認・許可制度を通じて，製品の有効性および安全性を確保する（第12条，第13条，第14条，第 4 条，第24条，第39条）ことを目的としている．

　そのほか，誇大広告等の禁止（第66条），監督庁による立入検査（第69条），副作用等の報告

表1.1 医薬品・医薬部外品・化粧品・医療機器の区分

	医薬品				化粧品	医療機器
目的	疾病の診断，治療又は予防に使用されることが目的とされている物 身体の構造又は機能に影響を及ぼすことが目的とされている物	（1）	下記の目的で使用されるもの		人の身体を清潔にし，美化し，魅力を増し，容貌を変え，又は皮膚若しくは毛髪を健やかに保つために，身体に塗擦，散布その他これらに類似する方法で使用するもの	疾病の診断，治療若しくは予防に使用される物 身体の構造若しくは機能に影響を及ぼすことが目的とされる物
			ア	吐きけその他の不快感又は口臭若しくは体臭の防止		
			イ	あせも，ただれ等の防止		
			ウ	脱毛の防止，育毛又は除毛		
		（2）	ねずみ，昆虫等の防除			
		（3）	厚生労働大臣が指定するもの			
			(H21.2.6厚労省告示第25号)			
対象	人又は動物	人又は動物			人	人又は動物
参考	日本薬局方に収められている物はすべて該当 医薬部外品・化粧品・医療機器を除く	人体に対する作用が緩和なもの 医薬品・化粧品・医療機器を除く			人体に対する作用が緩和なもの 医薬品・医薬部外品を除く	機械器具等であって，政令で定めるもの

義務（第77条の4の2）等が，医薬品，医薬部外品，化粧品，医療機器に共通して適用される．

　薬事法に基づく化粧品に関係する法規には，薬事法の規定をより具体的に示した「薬事法施行規則」，化粧品に使用することができるタール色素等を定めている「省令」[*1]，化粧品基準等を定めている「告示」[*2]および薬事法の運用をより具体的に示した「通知」[*3]などがある．また，薬務行政遂行にあたって実務上の考え方を示した「事務連絡」も厚生労働省から出される．

---

*1　医薬品等に使用することができるタール色素を定める省令（昭和41年8月31日　厚生省令第30号）
　　薬事法第56条第七号（第60条及び第62条において準用する場合を含む．）の規定に基づき，医薬品等に使用することができるタール色素を定める省令を次のように定める．
*2　化粧品基準（平成12年9月29日　厚生省告示第331号）
　　薬事法第42条第2項の規定に基づき，化粧品基準を次のように定め，平成13年4月1日から適用し，化粧品品質基準（昭和42年8月厚生省告示第321号）及び化粧品原料基準（昭和42年8月厚生省告示第322号）は，平成13年3月31日限り廃止する．（平成19年5月24日改正版）
*3　化粧品基準関連通知
　　●化粧品に配合可能な医薬品の成分について（平成19年5月24日　薬食審査発第0524001号）
　　平成16年3月25日付薬食審査発第0325022号にて行った調査の結果確認された，化粧品に配合可能な医薬品成分を示した．
　　●化粧品への配合を希望する医薬品の成分の取扱いについて（依頼）（平成16年3月25日　薬食審査発第0325019号）
　　医薬品の成分について，安全性上の問題がないと考えられ，かつ，化粧品への配合を希望する成分がある場合においては，平成13年3月29日医薬審発第325号の「ポジティブリスト収載要領について」に準じて取扱う．
　　●ポジティブリスト収載要領について（平成13年3月29日　医薬審発第325号）

薬事法は,「医薬品等適正広告基準」[*4]とともに, 表示や表現などについても基準を定めている保健衛生上の観点から, その表示を消費者がみて, その商品本来の効能効果を大きく越える効能効果を期待させる表現や安全性を保証するような表現に対し規制が行われる. これは, 商品情報として消費者の目に触れるテレビコマーシャルやポスター, 新聞広告, ダイレクトメール (DM), パンフレット, インターネットなどで使用される言葉や文章の表示, 表現などが不正確・誇大にならないようにするためである.

さらに, 都道府県が行う「収去」[*5]という薬事監視活動についても定められている. 店頭から収去された商品は, 各都道府県の衛生試験所などで検査され, 化粧品あるいは医薬部外品として適切かどうかが判定される.

1.1.2 業界自主基準・ガイドライン

法規制ではないが, 薬事法の精神を遵守する観点から, 業界自らが自主基準・ガイドラインを制定している.

（1）化粧品の製造および品質管理に関する技術指針
　・日本化粧品工業連合会がISO22716を業界自主基準GMPに採用（平成20年6月25日）
　　GMP（製造管理及び品質管理の基準）とは, (Good Manufacturing Practice) の略で, 従業員, 設備, 製造, 製品, 原材料の取扱いや実施方法を定めた『規格』である. 生産における人為的な誤りを最小限にし, 汚染及び品質低下を防止し, 品質設計どおり同じ製品を造り続けるためのルールブックである.

（2）化粧品の成分表示にかかわるもの
　・化粧品の全成分表示記載のガイドライン（平成14年2月27日）
　・日本化粧品工業連合会表示名称作成ガイドライン（平成14年2月27日）

（3）医薬部外品の成分表示にかかわるもの
　・医薬部外品の成分表示に係る日本化粧品工業連合会の基本方針（平成18年3月10日）
　・医薬部外品の成分表示に使用する「成分名」,「別名」及び「簡略名」に係る表示名称の作成基本方針について（平成18年3月10日）
　・医薬部外品簡略名作成ガイドライン（平成18年3月10日）

（4）化粧品の広告表現にかかわるもの
　・「化粧品等の適正広告ガイドライン」について

　　化粧品基準に掲げられている「防腐剤, 紫外線吸収剤及びタール色素の配合の制限（以下「ポジティブリスト」という.）」に新たな成分を収載すること又は最大配合量を変更することを要請する場合の手続き等

*4　医薬品等適正広告基準
　　医薬品等適正広告基準について（昭和55年10月9日薬発第1339号厚生省薬務局長通知）
　　化粧品の広告が虚偽誇大になることや安全性の保証につながること等がないような化粧品の広告として認めうる範囲が示されている.

*5　収去
　　各都道府県の薬事監視担当員が, 化粧品あるいは医薬部外品として適切かどうか検査するために, 店頭から商品を持ち去ること.

（5）化粧品の使用上の注意事項の表示自主基準について（昭和50年10月1日制定，昭和52年12月22日改正）

個々の製品に注意表示を記載することにより，皮膚トラブルを未然に防いだり，皮膚トラブルが起こった場合でも被害が最小限に止まることを目的として業界が自主的に定めたもの．

（6）その他
- SPF測定法基準
- UVA防止効果測定法基準（平成24年6月20日）

1.1.3 化粧品の表示に関する公正競争規約

消費者の適正な商品選択を保護し，不当な顧客の誘引を防止し，公正な競争を確保することを目的とした規制に「公正競争規約」がある．これは消費者が安心して化粧品を使っていくために，商品の表示や説明書の表現，キャンペーンの景品類などについて規定するもので，公正取引委員会が所管している「不当景品類および不当表示防止法（昭和37年法律第134号）」の規定に基づいたものである．

公正競争規約で規定している事項には次のようなものがある．
（1）種類別名称の表示の義務付け
（2）配合原料の名称を販売名に用いることの禁止
（3）比較表示を行う際の基準
（4）景品提供の制限
（5）過大包装の禁止
（6）原産国表示の規定

1.1.4 消防法

香水，オーデコロンといったアルコールを高濃度に含む製品やマニキュア，除光液のようにアセトン等など引火性成分を含む化粧品は火気に対して注意を促す必要があるため，製造・保管方法や商品に対する注意表示に関して定めている．

1.1.5 高圧ガス保安法

ヘアスプレー等の「エアゾール化粧品」や泡状整髪料等の「ムース状化粧品」は，高い圧力のかかった商品であるため，火気や高温に対して注意が必要であり，使い方によっては危険なものとなるため，その取り扱いを定めている．

1.1.6 産業財産権

人間の幅広い知的創造活動の成果について，その創作者に一定期間の権利保護を与えるようにしたのが知的財産権制度である．知的財産権のうち，特許権，実用新案権，意匠権及び商標権の4つを「産業財産権」といい，特許庁が所管している．商品の名称に係わってくるのが前

述の「薬事法」,「化粧品の表示に関する公正競争規約」と「商標法」である.日本の工業所有権制度は,先願主義をとっているため,「薬事法」や「公正競争規約」では問題ない名称であっても「商標法」で使用できない場合がある.産業財産権を侵害すると,損害賠償等の訴訟に発展するケースが少なくない.

1.1.7 その他

その他,化粧品の製造販売に関わる主な法律は以下のとおりである.
- 製造物責任法（PL法）
- 廃棄物の処理及び清掃に関する法律
- 容器包装に係る分別収集及び再商品化の促進等に関する法律（容器包装リサイクル法）
- 資源の有効な利用の促進に関する法律（資源有効利用促進法）
- 消費者基本法
- 消費生活用製品安全法
- 計量法
- 家庭用品品質表示法
- 私的独占の禁止および公正取引の確保に関する法律（独占禁止法）
- 不当景品類および不当表示防止法
- 不正競争防止法
- 消費者契約法
- 特定商取引法

等

1.2 化粧品と医薬部外品

一般に化粧品,薬用化粧品といわれるものは,薬事法では「化粧品」と「医薬部外品」の2つに分類される.この2つがどのように違うのか見ていこう.

1.2.1 化粧品の定義

「化粧品」は,薬事法第2条第3項で次のように使用目的,使用方法,人体に対する作用の3つ要件が定められている.

> この法律で「化粧品」とは,人の身体を清潔にし,美化し,魅力を増し,容貌を変え,又は皮膚若しくは毛髪を健やかに保つために,身体に塗擦,散布その他これらに類似する方法で使用されることが目的とされている物で,人体に対する作用が緩和なものをいう.ただし,これらの使用目的のほかに,第一項第二号又は第三号に規定する用途に使用されることも併せて目的とされている物及び医薬部外品を除く.
>
> 第一項第二号又は第三号とは,

> 二　人又は動物の疾病の診断，治療又は予防に使用されることが目的とされている物であって，機械器具，歯科材料，医療用品及び衛生用品（以下「機械器具等」という．）でないもの（医薬部外品を除く．）
> 三　人又は動物の身体の構造又は機能に影響を及ぼすことが目的とされている物であって，機械器具等でないもの（医薬部外品及び化粧品を除く．）

人体に塗擦などに類する方法で使用されるものと限定されているので，美容食品等の経口摂取するもの，かつらなどの装着するもの，芳香製品のように部屋にスプレーするもの，塗擦するペット用品は化粧品には該当しない．また，作用が緩和であることが化粧品の要件となっているので，使用方法が化粧品と同じでも，作用が緩和でないものは化粧品に該当しない．

実際の化粧品の効能は具体的に以下の56項目に定められている．

表1.2　化粧品の効能の範囲

（1）頭皮，毛髪を清浄にする． （2）香りにより毛髪，頭皮の不快臭を抑える． （3）頭皮，毛髪をすこやかに保つ． （4）毛髪にはり，こしを与える． （5）頭皮，毛髪にうるおいを与える． （6）頭皮，毛髪のうるおいを保つ． （7）毛髪をしなやかにする． （8）クシどおりをよくする． （9）毛髪のつやを保つ． （10）毛髪につやを与える． （11）フケ，カユミがとれる． （12）フケ，カユミを抑える． （13）毛髪の水分，油分を補い保つ． （14）裂毛，切毛，枝毛を防ぐ． （15）髪型を整え，保持する． （16）毛髪の帯電を防止する．	（17）（汚れをおとすことにより）皮膚を清浄にする． （18）（洗浄により）ニキビ，アセモを防ぐ（洗顔料）． （19）肌を整える． （20）肌のキメを整える． （21）皮膚をすこやかに保つ． （22）肌荒れを防ぐ． （23）肌をひきしめる． （24）皮膚にうるおいを与える． （25）皮膚の水分，油分を補い保つ． （26）皮膚の柔軟性を保つ． （27）皮膚を保護する． （28）皮膚の乾燥を防ぐ． （29）肌を柔らげる． （30）肌にはりを与える． （31）肌にツヤを与える． （32）肌を滑らかにする． （33）ひげを剃りやすくする． （34）ひげそり後の肌を整える． （35）あせもを防ぐ（打粉）． （36）日やけを防ぐ． （37）日やけによるシミ，ソバカスを防ぐ． （56）乾燥による小ジワを目立たなくする． 　　　　　　　　　　　（H23.7.21追加）
（38）芳香を与える．	（42）口唇の荒れを防ぐ．
（39）爪を保護する． （40）爪をすこやかに保つ． （41）爪にうるおいを与える．	（43）口唇のキメを整える． （44）口唇にうるおいを与える． （45）口唇をすこやかにする． （46）口唇を保護する．口唇の乾燥を防ぐ． （47）口唇の乾燥によるカサツキを防ぐ． （48）口唇を滑らかにする．

> (49) ムシ歯を防ぐ（使用時にブラッシングを行う歯みがき類）．
> (50) 歯を白くする（使用時にブラッシングを行う歯みがき類）．
> (51) 歯垢を除去する（使用時にブラッシングを行う歯みがき類）．
> (52) 口中を浄化する（歯みがき類）．
> (53) 口臭を防ぐ（歯みがき類）．
> (54) 歯のやにを取る（使用時にブラッシングを行う歯みがき類）．
> (55) 歯石の沈着を防ぐ（使用時にブラッシングを行う歯みがき類）．
>
> 注1）例えば，「補い保つ」は「補う」あるいは「保つ」との効能でも可とする．
> 注2）「皮膚」と「肌」の使い分けは可とする．
> 注3）（ ）内は，効能には含めないが，使用形態から考慮して，限定するものである
> 注4）この他に，「化粧くずれを防ぐ」，「小じわを目立たなくみせる」，「みずみずしい肌に見せる」等のメーキャップ効果及び「清涼感を与える」，「爽快にする」等の使用感等を表示し，広告することは事実に反しない限り認められるものであること．
>
> （平成13年3月9日付け医薬監麻発第288号）

（平成23年7月21日付け薬食発第0721号抜粋）

a）「化粧品の効能の範囲の改正について」（平成23年7月21日薬食発0721第1号）
　　パブリック・コメントの意見などを踏まえ，「乾燥による小ジワを目立たなくする」が新効能として追加された．
b）美白の表現について
　　「美白」，「ホワイトニング効果」等の表現は，薬事法で承認・許可された文言ではない．そのため，明確な説明なくこれらの言葉を用いると，消費者に「黒い肌が白くなる」かのような誤認を与えかねない．
　　したがって，これらの字句を用いる際には，次の説明を付記する必要がある．
　　なお，「美白」等の「肌」に対する効果を示す表現は，いわゆる健康食品においては一切使用できない．
　＜医薬部外品の場合＞
　　メイクアップ効果により肌を白く見せる旨
　　　又は
　　メラニン色素の生成を抑えることにより日焼けを起こしにくい旨
　＜化粧品の場合＞
　　メイクアップ効果により肌を白く見せる旨
　　［例］塗ればお肌がほんのり白く見える，美白ファンデーションです．

1.2.2　医薬部外品の定義

　店頭で化粧品と並んで「医薬部外品」と表示されているものがあるが，「化粧品」とどこが違うのだろうか．医薬部外品のなかで，化粧品と形状・使用方法が似ているものを薬用化粧品と称している．薬用化粧品には医薬部外品の効能・効果が認められた有効成分が有効濃度含まれているのが特徴で，メーカーが厚生労働省に一つひとつの商品ごとに申請し，承認あるいは許可されたものである．薬用化粧品（医薬部外品）は，医薬品のように「疾病の診断，治療又は予防」が目的ではなく，「健常な肌の肌荒れ・あれ性やにきび，日焼けによるしみの予防，育毛・発毛促進等」を目的としており，「しみをなくす，しわを解消する，素肌の若返り効果，老化防止効果，顔痩せ効果等」を目的とすることや身体の構造又は機能に影響を及ぼすことが目的とされている物は，医薬部外品の効能の範囲を逸脱する．
　医薬部外品は薬事法第2条第2項では，以下のとおりになっている．

この法律で「医薬部外品」とは，次に掲げる物であって人体に対する作用が緩和なものをいう．
　一　次のイからハまでに掲げる目的のために使用される物（これらの使用目的のほかに，併せて前項第二号又は第三号に規定する目的のために使用される物を除く．）であって機械器具等でないもの
　　イ　吐きけその他の不快感又は口臭若しくは体臭の防止
　　ロ　あせも，ただれ等の防止
　　ハ　脱毛の防止，育毛又は除毛
　二　人又は動物の保健のためにするねずみ，はえ，蚊，のみその他これらに類する生物の防除の目的のために使用される物（この使用目的のほかに，併せて前項第二号又は第三号に規定する目的のために使用される物を除く．）であって機械器具等でないもの
　三　前項第二号又は第三号に規定する目的のために使用される物（前二号に掲げる物を除く．）のうち，厚生労働大臣が指定するもの

　前項第二号又は第三号とは，
　二　人又は動物の疾病の診断，治療又は予防に使用されることが目的とされている物であって，機械器具，歯科材料，医療用品及び衛生用品（以下「機械器具等」という．）でないもの（医薬部外品を除く．）
　三　人又は動物の身体の構造又は機能に影響を及ぼすことが目的とされている物であって，機械器具等でないもの（医薬部外品及び化粧品を除く．）

厚生労働大臣が指定する医薬部外品
一　衛生上の用に供されることが目的とされている綿類（紙綿類を含む．）
二　次に掲げる物であって，人体に対する作用が緩和なもの
（1）胃の不快感を改善することが目的とされている物
（2）いびき防止薬
（3）カルシウムを主たる有効成分とする保健薬（(18)に掲げるものを除く．）
（4）含嗽そう薬
（5）健胃薬（(1)及び(26)に掲げるものを除く．）
（6）口腔（くう）咽喉（いんこう）薬（(19)に掲げるものを除く．）
（7）コンタクトレンズ装着薬
（8）殺菌消毒薬（(14)に掲げるものを除く．）
（9）しもやけ・あかぎれ用薬（(23)に掲げるものを除く．）
（10）瀉（しゃ）下薬
（11）消化薬（(26)に掲げるものを除く．）
（12）滋養強壮，虚弱体質の改善及び栄養補給が目的とされている物
（13）生薬を主たる有効成分とする保健薬
（14）すり傷，切り傷，さし傷，かき傷，靴ずれ，創傷面等の消毒又は保護に使用されることが目的とされている物
（15）整腸薬（(26)に掲げるものを除く．）
（16）染毛剤
（17）ソフトコンタクトレンズ用消毒剤
（18）肉体疲労時，中高年期等のビタミン又はカルシウムの補給が目的とされている物
（19）のどの不快感を改善することが目的とされている物
（20）パーマネント・ウェーブ用剤
（21）鼻づまり改善薬（外用剤に限る．）
（22）ビタミンを含有する保健薬（(12)及び(18)に掲げるものを除く．）

(23) ひび，あかぎれ，あせも，ただれ，うおのめ，たこ，手足のあれ，かさつき等を改善することが目的とされている物
(24) 薬事法第2条第3項に規定する使用目的のほかに，にきび，肌荒れ，かぶれ，しもやけ等の防止又は皮膚若しくは口腔（くう）の殺菌消毒に使用されることも併せて目的とされている物
(25) 浴用剤
(26) (5), (11) 又は (15) に掲げる物のうち，いずれか2以上に該当するもの

主な医薬部外品とその効能効果は，カテゴリーごとに以下のように定められている．薬用化粧品は，薬事法第2条第3項に規定する使用目的，すなわち「化粧品」の使用目的である
①清潔
②美化
③魅力を増す
④容貌を変える
⑤皮膚若しくは毛髪をすこやかに保つ

を有することが必要な条件であり，上記使用目的を有するかどうかは，効能又は効果並びに用法及び用量によって明らかにすることが必要であり，効能又は効果並びに用法及び用量の内容からみて，法第2条第3項に規定する使用目的が存在しないと認められるものは，「医薬品」として取り扱うこととされている．

表1.3 医薬部外品の効能又は効果の概要

	医薬部外品の種類	使用目的の範囲と原則的な剤型		効能効果の範囲
		使用目的	主な剤型	効能又は効果
1	口中清涼剤	吐き気その他の不快感の防止を目的とする内服剤である．	丸剤，板状の剤型，トローチ剤，液剤．	溜飲，悪心・嘔吐，乗物酔い，二日酔い，口臭，胸つかえ，気分不快，暑気あたり．
2	腋臭防止剤	体臭の防止を目的とする外用剤である．	液体又は軟膏剤，エアゾール剤，散剤，チック様のもの．	わきが（腋臭），皮膚汗臭，制汗．
3	てんか粉類	あせも，ただれ等の防止を目的とする外用剤である．	外用散布剤	あせも，おしめ（おむつ）かぶれ，かみそりまけ，ただれ，股ずれ，かみそりまけ．
4	育毛剤（養毛剤）	脱毛の防止及び育毛を目的とする外用剤である．	液剤，エアゾール剤．	育毛，薄毛，かゆみ，脱毛の予防，毛生促進，発毛促進，ふけ，病後・産後の脱毛，養毛．
5	除毛剤	除毛を目的とする外用剤である．	軟膏剤，エアゾール剤．	除毛．

6	染毛剤（脱色剤，脱染剤）	毛髪の染色，脱色又は脱染を目的とする外用剤である．毛髪を単に物理的に染毛するものは医薬部外品には該当しない．	粉末状，打型状，液状，クリーム状の剤型，エアゾール剤．	染毛，脱色，脱染．
7	パーマネント・ウェーブ用剤	毛髪のウェーブ等を目的とする外用剤である．	液状，ねり状，クリーム状，粉末状，打型状の剤型，エアゾール剤．	毛髪にウェーブをもたせ，保つ．くせ毛，ちぢれ毛又はウェーブ毛髪をのばし，保つ．
8	衛生綿類	衛生上の用に供されることが目的とされている綿類（紙綿類を含む）である．	綿類，ガーゼ．	生理処理用品については生理処理用，清浄用綿類については乳児の皮膚・口腔の清浄・清拭又は授乳時の乳首・乳房の清浄・清拭，目，局部，肛門の清浄・清拭．
9	浴用剤	原則としてその使用方法が浴槽中に投入して用いられる外用剤である．（浴用石鹸は浴用剤には該当しない）	散剤，顆粒剤，錠剤，軟カプセル剤，液剤．	あせも，荒れ性，いんきん，うちみ，肩のこり，くじき，神経痛，湿疹，しもやけ，痔，ただれ，たむし，冷え症，腰痛，リウマチ，疲労回復，ひび，あかぎれ，産前産後の冷え症，にきび．
10	薬用化粧品（薬用石けんを含む）	化粧品としての使用目的を併せて有する化粧品類似の剤型の外用剤である．	液状，クリーム状，ゼリー状の剤型，固型，エアゾール剤．	（下の別表）
11	薬用歯みがき類	化粧品としての使用目的を有する通常の歯みがきと類似の剤型の外用剤である．	ペースト状，液状，粉末状の剤型，固型，潤製．	歯を白くする，口中を浄化する，口中を爽快にする，歯周炎（歯槽膿漏）の予防，歯肉（齦）炎の予防，歯石の沈着を防ぐ，むし歯を防ぐ，むし歯の発生及び進行の予防，口臭の防止，タバコのやに除去．
12	忌避剤	はえ，蚊，のみ等の忌避を目的とする外用剤である．	液状，チック様，クリーム状の剤型，エアゾール剤．	蚊成虫，ブヨ，サシバエ，ノミ，イエダニ，ナンキンムシ等の忌避．
13	殺虫剤	はえ，蚊，のみ等の駆除又は防止の目的を有するものである．	マット，線香，紛剤，液剤，エアゾール剤，ペースト状の剤型．	殺虫．はえ，蚊，のみ等の衛生害虫の駆除又は防止．
14	殺そ剤	ねずみの駆除又は防止の目的を有するものである．		ねずみの駆除，殺滅又は防止．
15	ソフトコンタクトレンズ用消毒剤	ソフトコンタクトレンズの消毒を目的とするものである．		ソフトコンタクトレンズの消毒．

表1.4 薬用化粧品（医薬部外品扱い）の効能・効果

	種類	効能・効果
1	シャンプー	ふけ・かゆみを防ぐ． 毛髪・頭皮の汗臭を防ぐ． 毛髪・頭皮を清浄にする． 毛髪・頭皮をすこやかに保つ．［※］ 毛髪をしなやかにする．［※］ ※：二者択一
2	リンス	ふけ・かゆみを防ぐ． 毛髪・頭皮の汗臭を防ぐ． 毛髪の水分・脂肪を補い保つ． 裂毛・切毛・枝毛を防ぐ． 毛髪・頭皮をすこやかに保つ．［※］ 毛髪をしなやかにする．［※］ ※：二者択一
3	化粧水	肌荒れ・あれ性． あせも・しもやけ・ひび・あかぎれ・にきびを防ぐ． 油性肌． かみそりまけを防ぐ． 日やけによるしみ・そばかすを防ぐ． 日やけ・雪やけ後のほてり． 肌をひきしめる．肌を清浄にする．肌を整える． 皮膚をすこやかに保つ． 皮膚にうるおいを与える．
4	クリーム，乳液，ハンドクリーム，化粧用油	肌荒れ・あれ性． あせも・しもやけ・ひび・あかぎれ・にきびを防ぐ． 油性肌． かみそりまけを防ぐ． 日やけによるしみ・そばかすを防ぐ． 日やけ・雪やけ後のほてり． 肌をひきしめる．肌を清浄にする．肌を整える． 皮膚をすこやかに保つ．皮膚にうるおいを与える． 皮膚を保護する．皮膚の乾燥を防ぐ．
5	ひげそり用剤	かみそりまけを防ぐ． 皮膚を保護し，ひげをそりやすくする．
6	日やけ止め剤	日やけ・雪やけによる肌あれを防ぐ． 日やけ・雪やけを防ぐ． 日やけによるしみ・そばかすを防ぐ． 皮膚を保護する．
7	パック	肌荒れ・あれ性． にきびを防ぐ． 油性肌． 日やけによるしみ・そばかすを防ぐ． 日やけ・雪やけ後のほてり． 肌をなめらかにする． 皮膚を清浄にする．

8	薬用石けん（洗顔料を含む）	〈殺菌剤主剤のもの〉 皮膚の清浄・殺菌・消毒． 体臭・汗臭及びにきびを防ぐ． 〈消炎剤主剤のもの〉 皮膚の清浄，にきび・かみそりまけ及び肌あれを防ぐ．

1.2.3 効能・効果の表現について

化粧品，医薬部外品ともに，効果・効能を表現する際，次の4つのことが禁止されている．
①虚偽（事実と異なる）または誇大（実際より大げさなこと）に広告すること．
②効果・効能または性能について，医師その他の者がこれを保証したものと誤解されるように広告すること．
③堕胎を暗示し，または，わいせつになるような文章や図面を使用して広告すること．
④薬事法による承認許可前に広告すること．

「化粧品」と「医薬部外品」は，各々の形状や使用方法が似ているが，前者は「化粧品の56効能の範囲」でしか標ぼうができず，一方，後者はあくまでも「承認」（一部「届出」）を受けた範囲で薬理学的作用の標ぼうができる．「化粧品」と「医薬部外品」は「似て非なるもの」である．

表1.5 「化粧品」と「医薬部外品」の効能・効果を標ぼうできる範囲の違い

	事 例	種 類	化粧品	医薬部外品
1	「髪・毛に関するもの」	ヘアトニック等	【育毛的効果の標ぼうは不可】 （1）頭皮，毛髪を清浄にする． （2）香りにより毛髪，頭皮の不快臭を抑える． （3）頭皮，毛髪をすこやかに保つ． （4）毛髪にはり，こしを与える． （5）頭皮，毛髪にうるおいを与える． （6）頭皮，毛髪のうるおいを保つ． （7）毛髪をしなやかにする． （8）クシどおりをよくする． （9）毛髪のつやを保つ． （10）毛髪につやを与える． （11）フケ，カユミがとれる． （12）フケ，カユミを抑える． （13）毛髪の水分，油分を補い保つ． （14）裂毛，切毛，枝毛を防ぐ． （15）髪型を整え，保持する． （16）毛髪の帯電を防止する。育毛剤（養毛剤）	育毛剤（養毛剤） 育毛，薄毛，かゆみ，脱毛の予防，毛生促進，発毛促進，ふけ，病後・産後の脱毛，養毛．
2		除毛剤	【除毛効果の標ぼうは不可】	除毛剤 除毛

3		ヘアマニキュア（化粧品）染毛剤（部外品）	（5）頭皮，毛髪にうるおいを与える． （6）頭皮，毛髪のうるおいを保つ． （7）毛髪をしなやかにする． 【毛髪表面を物理的にコートする】	染毛剤 （脱色剤，脱染剤） 染毛，脱色，脱染
4	「歯磨き類」	歯磨き粉	（49）ムシ歯を防ぐ． 　（使用時にブラッシングを行う歯みがき類） （50）歯を白くする． 　（使用時にブラッシングを行う歯みがき類） （51）歯垢を除去する． 　（使用時にブラッシングを行う歯みがき類） （52）口中を浄化する．（歯みがき類）． （53）口臭を防ぐ．（歯みがき類） （54）歯のやにを取る． 　（使用時にブラッシングを行う歯みがき類） （55）歯石の沈着を防ぐ． 　（使用時にブラッシングを行う歯みがき類）	歯を白くする，口中を浄化する，口中を爽快にする，歯周炎（歯槽膿漏）の予防，歯肉（齦）炎の予防，歯石の沈着を防ぐ，むし歯を防ぐ，むし歯の発生及び進行の予防，口臭の防止，タバコのやに除去．
5	「せっけん」	せっけん（化粧品） 薬用せっけん（部外品）	（21）皮膚をすこやかに保つ．	〈殺菌剤主剤のもの〉 皮膚の清浄・殺菌・消毒． 体臭・汗臭及びにきびを防ぐ． 〈消炎剤主剤のもの〉 皮膚の清浄，にきび・かみそりまけ及び肌あれを防ぐ．
6	「浴用剤に関するもの」	浴用剤	（24）皮膚にうるおいを与える． （27）皮膚を保護する．	あせも，荒れ性，うちみ，肩のこり，くじき，神経痛，湿疹，しもやけ，痔，冷え症，腰痛，リウマチ，疲労回復，ひび，あかぎれ，産前産後の冷え症，にきび．
7	「臭いに関するもの」	消臭スプレー等	（2）香りにより毛髪，頭皮の不快臭を抑える． 【香りによる「臭いのマスキング」のみ標ぼう可】	腋臭防止剤 わきが（腋臭），皮膚汗臭，制汗．

1.3 化粧品の規制緩和と全成分表示

　薬事法（薬事制度）が2001年4月に大きく改正された．この制度改正は，一般に，「化粧品の規制緩和」といわれている．「規制緩和」というのは，それまで行政が中心となり，いろいろな面で企業を指導・監督してきたことを，「自由競争」「企業責任」「情報公開」を目的として，企業に任せるやり方に変えていくことで，さまざまな業界で進められている社会の動きで

ある．

> 化粧品の規制緩和
> 「企業責任での製造・販売，欧米の制度との調和」を図る．
> （規制緩和前）行政による承認・許可→（規制緩和後）行政への届け出

1.3.1 変更内容と全成分表示

　2001年4月の規制緩和では，いくつかの事項が変更されたが，その中で，「情報公開」に関係するのは，＜成分表示＞に関する改正である．それまで，成分表示は「指定成分」という特定の成分のみだったが，改正により，化粧品に配合されている全ての成分（＝全成分）を表示することになった．これにより，消費者が，自分に合わない成分が入っていないかなど，配合されている成分を確認して商品を購入することができるようになった．

　では，なぜ全成分表示を行うことになったのだろうか？

　それまでは，1品ごとに，製品を製造する前に，行政にその処方の届け出を行って製造許可をもらっていた．規制緩和により，各企業が処方の届出なしに，企業責任のもとで独自に原料を使い，製造できるようになった．それと引き換えに，消費者にその内容に関する情報を公開しようと，「全成分」を表示することになったのである．

　ただし，改正は，「化粧品」のみを対象にしたもので，「医薬部外品」については，日本化粧品工業連合会の自主基準として成分表示を行っている．

1.3.2 「全成分表示」の対象品およびその「表示ルール」

「全成分表示」には，以下のような「きまり」がある．
（1）表示する製品
　全ての「化粧品」（サンプルやテスター，業務用品にも必要）
（2）化粧品の全成分表示の表示方法
　（平成13年3月6日付医薬審発第163号／医薬監麻発第220号）から抜粋
　ア．成分の名称は，邦文名で記載し，日本化粧品工業連合会作成の「化粧品の成分表示名称リスト」等を利用することにより，消費者における混乱を防ぐよう留意すること．
　イ．成分名の記載順は，製品における分量の多い順に記載する．
　　ただし，1％以下の成分及び着色剤については互いに順不同に記載して差し支えない．口紅やファンデーション等の着色剤のみが異なる多色展開製品（号数違い製品）については，全色共通の全成分表示にすることが可能．その場合，（+/−）と表記した後に，号数違い製品で用いられる全ての着色剤を順不同に表示する．この表示の方法をメイコンテイン表示という．
　ウ．配合されている成分に付随する成分（不純物を含む．）で製品中にはその効果が発揮されるより少ない量しか含まれないもの（いわゆるキャリーオーバー成分）について

は，表示の必要はない．
　エ．混合原料（いわゆるプレミックス）については，混合されている成分ごとに記載する．
　オ．抽出物は，抽出された物質と抽出溶媒又は希釈溶媒を分けて記載する．ただし，最終製品に溶媒等が残存しない場合はこの限りでない．
　カ．香料を着香剤として使用する場合の成分名は，「香料」として記載して差し支えない．
（3）文字の大きさ
　「明瞭で読みやすい大きさ」と決められている．
（4）表示場所
　基本的には，消費者が，その場で全成分が確認できる場所に表示する．従って，1個ケースのある製品は1個ケースに，1個ケースのない製品は容器本体に表示する．また，シュリンク包装，台紙やレーベルのように，製品に固着している材料に，表示することもみとめられている．

＜表示に関する特例＞
　薬事法施行規則では次の4点に該当するものに全ての成分が表示されている化粧品は，化粧品が直接入っているビンや袋，箱などの容器への全成分表示の記載を省略することが特例として認められている．
1）化粧品を入れる外箱や袋などに全ての成分を表示する．
2）化粧品からはずれないように接着剤やシュリンクなどでつけられたタッグやディスプレイカードに全ての成分を表示する．小型の製品に関しては，付属する文書（製品が固着していないカード等）で帝王してもよいことになっている．
3）試供品など無償で配布する化粧品では，必要事項を記載するスペースが小さいことが多いため，添付文書で補うことができる．ただし，その添付文書は試供品と一緒に持ち帰ることができることが条件．
4）添付文書は製品と一緒に持ち帰ることができるようになっていることが条件．また，直接の容器及び被包に，添付文書がある旨が記載されていることも必要．ディスプレイカードは製品に固着していなくてもよいが，製品を購入するときに成分が確認できるように売り場などに置かれていることが条件．

1.3.3　「全成分表示」でわかること，わからないこと

　全成分表示を行えば，その商品のアウトラインがつかみやすくなり，商品を選択するときの1つの目安になる．ただし，成分の種類や数だけで価値を判断したり，思いこむことは禁物である．全成分表示で「わかること」と「わからないこと」を正しく理解しておくことが必要である．
　全成分表示によって，含まれている成分の「種類」や「数」がわかるので，消費者の嗜好にあった商品が選びやすくなる．また，トラブルが起きても，その要因が特定しやすくなる．

表1.6 全成分表示で「わかること」と「わからないこと」

わかること	わからないこと
含まれている成分の「種類」	含まれている成分の「精製の度合い」
含まれている成分の「数」	含まれている成分の「特殊処理の有無，その技術」
	配合量
	安全性・安定性

　しかし，同じ成分名が表示された商品であっても，その精製の度合いや，処理の有無，由来（天然か合成か，動物性か植物性か等）の違い等により，「使い心地」や「満足感」は全く異なる．「安全性・安定性」などの品質保証に関わるものもわからない．例えば，特殊処理して使用性を高めた高価な「微粒子状酸化亜鉛」と通常の「酸化亜鉛」とでは品質に違いがあるが，表示の上では同じ「酸化亜鉛」と表示されてしまう．また，同じ原料であっても，企業独自の基準をクリアした高品質の原料であっても，そのような内容も全成分表示ではわからない．

　平成13年4月1日の薬事法改正前は，まれにアレルギー等の皮膚トラブルを引き起こす恐れのある102種類（香料を含めて103種類）の成分を，厚生大臣が「表示指定成分」として指定して製品に表示することが義務づけられていたが，現在はこの制度に代わって「全成分表示」が義務づけられている．

1.3.4　成分表示名称とINCI名

　「表示名称」とは，日本化粧品工業連合会が定めた化粧品の全成分表示に用いる成分の名称である．

　「INCI名」とは，Cosmetic, Toiletry, and Fragrance Association（米国化粧品工業会．以下「CTFA」と略．現 PCPC -Personal Care Products Council）の International Nomenclature Committee（国際命名法委員会．以下「INC」と略）において International Nomenclature of Cosmetic Ingredient（化粧品原料国際命名法．以下「INCI」と略）に従って作成された化粧品成分の国際的表示名称である．

1.3.5　化粧品基準（平成12年9月29日　厚生省告示第331号）

　（法第42条第2項　参考通知　平成12年9月29日　医薬発第990号・平成13年3月6日　医薬審発第163号）

　化粧品への「防腐剤，紫外線吸収剤及びタール色素以外の成分の配合の禁止・配合の制限（以下，「ネガティブリスト」という．）」及び「防腐剤，紫外線吸収剤及びタール色素の配合の制限（以下，「ポジティブリスト」という．）」を定めるとともに，基準の規定に違反しない成分については，企業責任のもとに安全性を確認し，選択した上で配合できることとした．ネガティブリスト（配合禁止成分リスト）とは，防腐剤・紫外線吸収剤・タール色素以外の成分が対象の規定で，以下のように定められている．

　1）化粧品の種類や使用目的にかかわらず配合禁止．

表1.7 ネガティブリストとポジティブリスト
（告示331号別表第1，第2，別表第3，第4）

ネガティブリスト	＜対象成分＞ 　防腐剤・紫外線吸収剤・タール色素以外の成分． ＜規制の内容＞ 　大きく3つに分かれる． 　a．例えば，ホルマリン． 　　「この成分」を，化粧品の種類や使用目的にかかわらず「使ってはならない」という規定． 　b．例えば，トウガラシチンキ　ホウ砂 　　「この成分」を，種類や目的によって「使う量を制限する」ならびに「使ってはならない」という規定． 　c．「医薬品成分」は原則として「使ってはならない」という規定． 　　※例外　一定の基準を満たし所定の手続きを踏むことにより，使えるようになる．例えば，コエンザイムQ10／CoQ10／ユビデカレノン 　　　（平成16年10月）．
ポジティブリスト	＜対象成分＞ 　防腐剤・紫外線吸収剤・タール色素． ＜規制の内容＞ 　大きく2つに分かれる． 　a．例えば，パラベンやサリチル酸オクチル． 　　防腐剤・紫外線吸収剤に対し「使えるのはこの成分」で，かつ「使う量を制限する」という規定． 　※制限量は化粧品の種類や使用目的によって決まる． 　　また制限がない場合もある． 　b．タール色素に対し「使えるのはこれだけ」という規定． 　　例えば，赤色○○号．

2）種類や目的によって配合量を制限する．（例えば100ｇ中に1.0ｇまで等）または配合禁止．
3）医薬品成分は原則として配合禁止．
　※該当成分でも一定の基準を満たし所定の手続きを踏むことにより，メーカーの責任において配合可能になる場合がある．

　ポジティブリスト（配合可能成分リスト）とは，防腐剤・紫外線吸収剤・タール色素が対象の規定で，以下のように定められている．

1）防腐剤・紫外線吸収剤に対し，配合できるのはこの成分で，なおかつ配合量を制限する．
　※制限量は化粧品の種類や使用目的によって決まる．また制限がない場合もある．
2）タール色素に対し「配合できるのはこれだけ」という規定．

1.4　医薬部外品の全成分表示

「医薬部外品の成分表示に係る日本化粧品工業連合会の基本方針」を作成し，医薬部外品の

成分表示を，平成18年4月1日から日本化粧品工業連合会の自主基準として実施（猶予期間2年間）した．また，上記「基本方針」に基づき，表示に用いる成分名称をリストした「医薬部外品の成分表示名称リスト」を作成し，併せて，別名，簡略名の作成に係る「医薬部外品簡略名作成ガイドライン」を作成している．

化粧品の成分表示は法律に基づいて行われているが，医薬部外品の成分表示は，日本化粧品工業連合会の自主基準に基づいて行われる．

化粧品の成分表示名称と医薬部外品の成分表示名称は，同一成分であっても異なる場合がある．医薬部外品は，成分を厚生労働省に申請して承認を得て製造販売する制度であるため，申請書に記載する名称を成分表示名称とすることが原則となるからである．

ただし，申請名称の代わりに日本化粧品工業連合会の成分表示名称リストにある簡略名を使うことが出来る．

1.5 化粧品・医薬部外品の表示

化粧品・医薬部外品には，①製造販売元の名称及び所在地，②販売名称，③製造番号又は製造記号，④全成分の表示，⑤重量・容量又は個数のいずれか，⑥消費期限（3年を超えて品質が安定な化粧品の場合は対象外），⑦種類別名称（販売名だけでは不明確な場合），⑧使用上及び取り扱い上の注意，⑨容器の識別表示，その表示は化粧品が直接入っているビンや箱（直接の容器又は直接の被包）に行わなければならない．

小売用の容器を収める外箱に直接の容器が入っていて，外箱を透して表示が簡単に見ることが出来ない場合，外箱にも同じことを記載しなければならない．

1.5.1　容器又は被包への表示

・製造販売元

「製造販売元」とは，製造・輸入した製品を市場へ出荷する企業のことで，薬事法上「製造販売元」の許可を取得しなければ，化粧品・医薬部外品の製造販売はできない．化粧品・医薬部外品の「製造販売業」を取得しているOEM会社が，「製造販売元」として，安全管理および品質管理に責任を持つならば，クライアント企業の社名は「発売元」として製品に記載する．

・販売名称（商品名）

化粧品は，届け出た名称，医薬部外品は承認，許可を受けた名称を明記．

愛称やデザインとしての名称とは区別する．

　例：販売名称（商品名）「○△ホワイテスW」（医薬部外品）

　　　愛称（社内呼称）「ホワイテスホワイテス」（医薬部外品）

・医薬部外品

医薬部外品は，商品名の下に［医薬部外品］の文字を記載する．

・種類別名称

　消費者が商品を選択するための基準となる名称．化粧品は「化粧水」「クリーム」「ファンデーション」「ヘアトリートメント」などの種類別名称を商品名の下に＜　＞つきで読みやすく表示する．

　※名称に「種類別名称」が含まれるものについては，種類別名称の表示を省略できる．
　※用途，使用部位を限定する場合，種類別名称に用途および使用部位を表わす名称をつけることができる．

　　［例1］○○○ローションⅠ
　　　　　　＜敏感肌用化粧水＞
　　［例2］○○○アイビューティー
　　　　　　＜目もと用クリーム＞

・重量・容量又は個数

　化粧品のうち，10 g または 10 cc 以下の商品，あるいは内容量が6個以下のもので，包装を開けないで知ることができる商品は省略できる．ただし，医薬部外品は記入を義務づけられている．

・製造元または輸入元

　製造業者または輸入業者の名称，住所．輸入品は原産国も表示する．

・使用上，取扱上の注意事項

　使用方法，使用量，使用上の注意事項，取扱上の注意事項などを，添付文書（説明書）または容器（直接の包装）などへ表示する．

・成分表示

　配合されている全ての成分を表示する．医薬部外品は有効成分を表示する．

・製造記号

　製造年月日，その他ロットごとに区別が可能な番号または記号を記載する．

・使用期限

　品質が3年以上保証できる場合は除外できる．

1.5.2　法定表示と任意表示

　法定表示とは，法に基づき製品の容器等に記載しなければならない事項として定められている表示で，次の事項がある．

　　・薬事法「直接の容器等の記載事項」
　　・公正競争規約「必要表示事項」
　　・高圧ガス保安規則
　　・可燃物に対する消防法の表示
　　・容器包装リサイクル法の表示

　任意表示とは，事業者が自己の商品の宣伝等を目的として任意に表示する事項であり，消費者への積極的な情報提供，効能効果・配合成分・安全性に関する表示がある．

表1.8 法定表示のおおむねの項目

	薬事法	公正競争規約	その他	備考
製造販売業者の氏名又は名称及び住所	○	○		
医薬部外品の文字	○			該当する製品
名称（販売名）	○	○		
製造番号又は製造記号	○	○		
重量，容量または個数等の内容量（部外品）	○			
重量，容量または個数等の内容量（化粧品）		○		小容量の省略規定
厚生大臣の指定する成分	○	○		直接容器の省略
使用の期限	○	○		該当する製品
第42条第2項の基準で定められた事項（性状，品質，性能等に関する必要な基準）	○			指定事項なし
その他，厚生労働省令で定める事項	○			該当する製品
種類別名称		○		販売名による省略
原産国表示		○		該当する製品
問い合わせ先		○		
高圧ガス保安規則の表示			○	該当する製品
消防法危険物に係る表示			○	該当する製品
容器包装リサイクル表示			○	該当する製品

a) 公正競争規約とは，化粧品公正取引協議会が定めた「化粧品の表示に関する公正競争規約」であり，純粋な法定表示とは言い難いが，本規則が景品表示法に準拠していることから法定表示として区分した．
b) その他の法定表示として，使用期限（3年以上安定な場合省略），高圧ガス，消防法等の表示（非該当）
c) 配合しているすべての成分を，基本的には配合量の多い順に表示することになっている．配合成分は，外箱や容器に固着したタグなどに記載することによって，容器への表示が省略されていることがある．容器に表示が義務づけられている事項（法定表示）は，「配合成分」以外は外箱と同じである．

1.6 店頭でやってはいけないこと

　薬事法により，化粧品および医薬部外品の「製造」や「表示」は，製造元や輸入元として認められた工場でしか行うことができない．以下を店頭で行うと「製造」行為や「表示」行為にあたり，薬事法違反となる．
・製品の「表示」が確認できないような包装やラッピングを行うこと．
・製品の1個ケースを捨て，製品の「表示」をコピーした紙で新しく包装すること．店頭で新

秋冬用　水なし使用タイプ	← 任意：商品説明
ABC×××パクト　オークル	← 法定：販売名
（ファンデーション）	← 法定：種類別名称
うるおいメークのウェットパウダーとパール感覚の光彩パウダーで明るく自然な肌に仕上げる固形乳化型ファンデーション	← 任意：商品訴求
アロエエキス（うるいおい成分）配合	← 任意：配合成分特記
無香料　SPF15・PA^{++}	← 任意：商品訴求
3000円（税込み）　　12g	← 任意・価格／法定・内容量
○○化粧品株式会社	← 法定：製造販売業者
東京都○○区□□1-1-1	← 法定：住所
連絡先　03-XXXX-XXXX	← 法定：問い合わせ先
MADE IN JAPAN	← 法定：原産国
7JN8	← 法定：製造記号
【紙】	← 法定：リサイクルマーク
配合成分：タルク，シリカ，ジメチコン，メトキシケイ皮酸エチルヘキシル，ポリメタクリル酸メチル，トリエチルヘキサノイン，セスキイソステアリン酸ソルビタン，（ジメチコン／メチコン）コポリマー，水酸化Al，ケイ酸（Na／Mg），グリセリン，合成ワックス，BHT，クロルフェネシン，合成金雲母，酸化チタン，酸化鉄	← 法定：全成分

図1.1　化粧品の外箱（外部の被包）の表示事項の例

しく「表示」し直すことは，製品をつくることになる．
・数色で1つである試用見本の口紅のペーパーサンプルを1色ずつに切り分けて販売すること．試用見本も薬事法では製品であり，この行為は製品を壊すことになる．
・容器が見えるように1個ケースを切り抜くこと．1個ケースも製品の一部であり，これも製品を壊すことになる．
・1個ケースの主な部分を切り抜き，容器と併せてラッピングすること．これも製品を壊すことになる．
・クリームを別容器に分けたものや，コットンに化粧水を含ませて，ビニール袋に入れたものをつくり，サンプルとして配ること．
・製品を1個ケースから出して，ケースと一緒に透明袋に入れて販売すること．これも製品を壊すことになる．商品を1個ケースに入れて販売する．
※店頭装飾として行うことは可能．

第1章 演習問題

1. 薬事法第2条第3項の化粧品の定義の空欄を埋めよ．

人の身体を ⬜1 にし，⬜2 し，⬜3 を増し，⬜4 を変え，又は皮膚若しくは ⬜5 を ⬜6 に保つために，身体に ⬜7 ，⬜8 ，その他これらに類似する方法で使用されることが目的とされている物で，⬜9 に対する作用が ⬜10 なものをいう．

2. 以下のなかで化粧品の効能として正しいものに○，誤りに×をつけよ．

① フケ，カユミを抑える．　　　　② 歯を白くする．
③ 肌荒れ，あれ性．　　　　　　　④ 毛髪にはり，こしを与える．
⑤ あせも，しもやけ，ひび，あかぎれを防ぐ．　　⑥ 油性肌．
⑦ 日やけによるシミ・ソバカスを防ぐ．　　⑧ 肌をひきしめる．
⑨ メラニンの生成を抑え，シミ・ソバカスを防ぐ．　⑩ にきびを防ぐ．

3. 化粧品の法規制の説明として正しいものに○，誤りに×をつけよ．

① ネガティブリストとは，防腐剤・紫外線吸収剤・タール色素以外の成分の規定で，化粧品の種類や使用目的にかかわらず配合禁止の成分，種類や目的によって配合量を制限する成分をリスト化したものである．

② コエンザイムQ10（ユビデカレノン）はポジティブリストに収載されたため，化粧品に0.03％まで配合できるようになった．

③ 化粧品の成分名の記載順は，製品における分量の多い順に記載する．ただし，特記表示したい成分については最初に記載して差し支えない．

④ 個々の医薬部外品や化粧品について，新たな効能効果を取得したいときは，効能効果を立証する資料を厚生労働省に提出すれば，厚生労働省で資料を審議検討の上，品目毎に当該承認に係る効能を認める制度がある．

⑤ 「配合制限成分」以外の成分であれば，「企業の自己責任」で化粧品を製造し，販売することが可能である．但し，製品に配合されている全ての成分名称を容器等へ表示する必要がある．

⑥ 公正取引委員会は，事実に相違した表示であると判断したときは，当該表示をした事業者に対し，期間を定めて，当該表示の裏付けとなる合理的な根拠を示す資料の提出を求めることができる．この場合において，当該事業者が当該資料を提出しないときは，排除命令を下すことができる．

第 2 章 皮膚・毛髪・爪の構造と機能

　化粧品は主に皮膚，毛，爪に使用される．毛と爪は，もともと柔らかい皮膚をつくる大元の細胞の性質が変化して硬い組織になったものである．われわれは子供のころから毎日，皮膚を見たり触ったりしているため，皮膚を肝臓や腎臓と同じような臓器のひとつとして意識することはあまりないであろう．しかしながら，医学的に皮膚は重量，面積（約 $1.8\,\mathrm{m}^2$：タタミ一畳）ともに人体で最大の臓器なのである．皮膚の機能は多岐に渡るが，われわれの身体がものにぶつかっても簡単には傷つかず，化学物質の侵入や細菌などの感染に抵抗し，さらには日光や風にさらされても身体に水分が保たれているのは，バリア機能を含めた皮膚の保護作用のおかげである．皮膚がわれわれの身体を防御している仕組みを学んでみよう．

2.1　皮膚を構成する細胞

　皮膚は大きく表皮と真皮に分けられる（図2.1）．また，毛，皮脂腺，汗腺，爪などの付属器官をもつという特徴がある．表皮は，ケラチン線維をつくる角化細胞，メラニン色素をつくる色素細胞，免疫を担当しているランゲルハンス細胞，触覚に関係しているメルケル細胞から構成されている．なかでも角化細胞が表皮細胞の90％以上を占め，機能的にも重要である．また，真皮には線維芽細胞が存在し，毛包や汗腺などの付属器官の他，血管・リンパ管や神経線維などが分布している．真皮の下層には脂肪細胞を主とした皮下組織が存在する．

2.1.1　表皮

　表皮（epidermis）を構成する細胞の約９割を占める角化細胞（ケラチノサイト）は，表皮の中で最も真皮に近い位置にある基底層で分裂して２個の細胞となり，その１つは基底層に留まり，もう１つの細胞は体の外側に向かって移動し，徐々に分化（ケラチン化）して最終的に

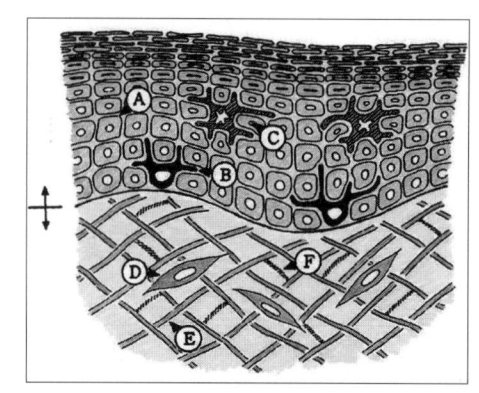

図2.1　皮膚の構造の模式図

皮膚は表面から順に表皮，真皮，皮下組織の3層から構成されている．表皮の約9割は角化細胞（A）であり，基底層には色素細胞（B）が分布している．有棘層（表皮の中間層）には免疫反応に関わるランゲルハンス細胞（C）が存在する．真皮には膠原線維（E）と弾性線維（F）を産生する線維芽細胞（D）が存在する．表皮基底層に接して基底膜があり，その下が真皮層である．最深部は皮下脂肪組織である．

は角層（角質細胞）になる．数層の核を失った細胞でつくられた角層はいずれ垢となって剥がれ落ちる運命にあり，この一連の新陳代謝を皮膚のターンオーバーと呼ぶ．新しい角化細胞が生まれてから剥がれ落ちるまでの日数は約1カ月半とされている．なお，垢となって剥がれ落ちるのには，細胞のもっている酵素の働きが必要である．老化すると酵素の働きが低下するため，垢として剥がれにくくなり，角層が厚くなる．

色素細胞（メラノサイト）は表皮の最下層である基底層にまばらに存在し，アメーバ様の樹状突起をもった形をしている．色素細胞内にはメラノソームと呼ばれる小胞が多数存在し，その中でメラニン色素がつくられる．メラニン色素はアミノ酸の一種であるチロシンに，酵素チロシナーゼが働いて生成される．メラニン色素を含んだメラノソームは，色素細胞から周辺の角化細胞（1個の色素細胞は36個の角化細胞にメラニンを受け渡すとされている）へ受け渡され，皮膚全体に色素沈着が起こる（図2.2）．

ランゲルハンス細胞は有棘層（ゆうきょく）と呼ばれる表皮の中間層あたりに存在する．ランゲルハンス細胞は外界から表皮に侵入してきた細菌やウィルスを感知して捉え，細胞内で処理し，免疫反応を起こす小さな分子とし，真皮に移動し，さらに輸入リンパ管に入ってリンパ節にたどり着き，リンパ球へ分子情報を伝える．情報をもらった未熟なリンパ球は抗原に対応できる成熟したリンパ球となり，輸出リンパ管，真皮を経由して表皮に達する．そこで再び抗原に出会うと，リンパ球はさらに活性化され，細胞性免疫で細菌を貪食したり，抗体を介してウィルスを不活化したりする．ランゲルハンス細胞は樹状細胞と呼ばれる免疫機構を担う細胞の一種であり，長い突起を伸ばして異物を捉える．

2.1.2　真皮

真皮（dermis）には線維芽細胞（ファイブロブラスト）が存在する．毛細血管や神経線維も存在するため，血管から浸潤した多種類の細胞も混在する．線維芽細胞からは膠原線維（コ

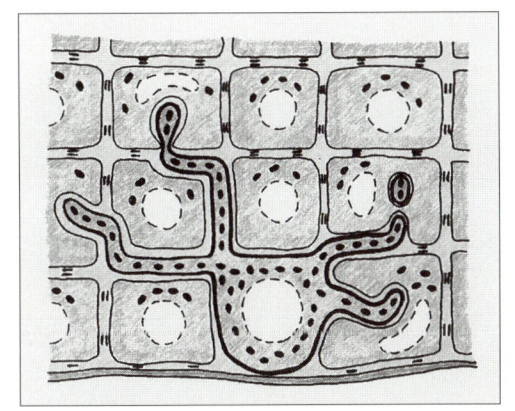

図2.2 色素細胞から角化細胞へのメラニン色素の受け渡し
メラニン色素を含んだメラノソームは色素細胞から周囲の角化細胞へ受け渡される．

ラーゲンファイバー）と弾性線維（エラスチックファイバー）がつくり出され，真皮全体に張りめぐらされている．なお，真皮のマトリックス成分として膠原線維は約70％と多くを占めるが，弾性線維はわずか2％と少ない．しかし，この少ない弾性線維が皮膚の弾力性に大きく関わっており，弾性線維の減少や変性が皮膚のたるみに関係することもわかっている．さらに，水分保持に重要なヒアルロン酸などの酸性ムコ多糖類もつくっている．

2.2 皮膚の機能

皮膚はわれわれの身体の最外層を覆っている組織であることからもわかるように，基本的には外界と身体の中身を区別するための種々の仕組みが備わっている．

2.2.1 保湿機能

皮膚の表面は皮脂で覆われ，油の薄い膜が体内からの水分の蒸散を抑えている．ナイロンタオルと洗浄力の強い石けんで皮脂を取り除きすぎるとその部位の皮膚は乾燥する．皮脂の由来は大きく2通りある．1つは毛穴の奥にある脂腺から分泌される皮脂であり，トリグリセリド，ワックスエステル，スクワレン，脂肪酸などから構成されている．もう1つは角化細胞が角化する過程で生じる表皮細胞間脂質であり，セラミド，コレステロール，脂肪酸などから構成され，角層の細胞間を埋め尽くしている．

一方，皮膚の中にも水分を保持する役割を担っている物質が存在している．これらは天然保湿因子（Natural Moisturizing Factor）と呼ばれ，アミノ酸，無機塩類（Na^+，K^+，Ca^{++}，Mg^{++}など），ピロリドンカルボン酸，乳酸塩，尿素などがこれにあたる．

このように，皮膚は皮脂による水分蒸散抑制と，皮膚の中で水分を保持する成分の両方の作用により保湿機能を発揮している．

また，角層や皮脂などによる皮膚のバリア機能が低下すると肌は乾燥し，アトピー性皮膚炎や皮脂欠乏性皮膚炎などの病気を起こす誘因となる．

2.2.2 紫外線防御機能

太陽光に含まれる紫外線のエネルギーは皮膚を構成する細胞の遺伝子（DNA）に吸収されて傷をつける作用をもつため，皮膚の中ではメラニン色素が生成され，紫外線から遺伝子が傷つくのを防いでいる．

メラニン色素は表皮の基底層に約200個/cm^2の割合で存在する色素細胞がつくる．皮膚に多量の紫外線が照射されるとまず炎症が起こり（紅斑：サンバーン），その数日後には色素細胞の数が約1000個/cm^2に増加する（図2.3）．

増加した色素細胞からは通常の何倍ものメラニン色素がつくり出されて日焼けで黒くなるサンタンが起こり，遺伝子が存在する核を紫外線から防御する．

2.2.3 物理的・化学的保護機能

表皮の角層は細菌や化学物質など外来性の異物の侵入を防ぎ，内からの水分の喪失を防ぐバリア機能を備えている．また，皮膚の表面は皮脂に含まれる遊離脂肪酸などの影響で弱酸性に保たれており，殺菌作用のほか，タンパク質の変性作用があるアルカリ性物質が皮膚に触れた際に中和作用をもたらして化学的にも皮膚を防御している．

一方，真皮は膠原線維（コラーゲンファイバー）による強靱性と弾性線維（エラスチックファイバー）による弾力性をもって外界からの物理的刺激を緩和している．

2.2.4 免疫機能

皮膚は外界からの異物，特に細菌，ウィルス，真菌などの病原微生物の侵入に対し，免疫系を働かせて生体を防御している．免疫系には自然免疫と獲得免疫の2種類が知られている．獲得免疫は細胞性免疫と液性免疫に大別できる．液性免疫では侵入物に対して抗体をつくり，また細胞性免疫を担うリンパ球を中心として微生物に対し特異的に反応する．一方，自然免疫に関する理解が近年飛躍的に進んでいる．つまり，病原体成分を認識する受容体（レセプター：現在11種類が知られており，それぞれ特色ある働きをする）を角化細胞が持っていて，獲得免

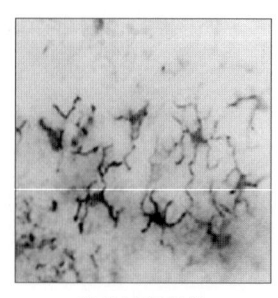

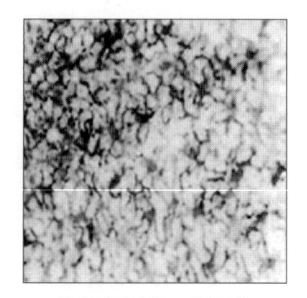

紫外線照射前　　　　　紫外線照射1週間後
図2.3　色素細胞の顕微鏡写真

表皮を剥離して色素細胞をドーパ染色した像．紫外線照射前はまばらに存在している色素細胞（左）は紫外線照射後に増加してネットワークを形成している．

疫が働く前に最前線で皮膚の防御を担当している．また，その他，抗菌ペプチド（ディフェンシンやカテリシジン）の働きが近年注目されている．補体（免疫反応を補助する血中タンパク質群）は感染症の阻止に働くだけでなく，他に自己免疫疾患で病状発現にも関与している．

2.2.5 その他の機能

その他，皮膚は発汗や立毛筋などによる体温の調節，触感覚，角層の剥離や毛，爪の成長を介した体内物質の排泄など，われわれの普段の生活に密着した重要な機能を担っている．

2.3 皮膚の付属器官

皮膚は付属器官をもつという特徴がある．毛，毛包に付随する脂腺や立毛筋，汗腺，爪などが皮膚の付属器官である．

2.3.1 毛

剛毛から産毛に至るまで，全身には多くの毛が存在する．毛には，頭髪による頭部の物理的保護，紫外線や熱の遮断，まつ毛や鼻毛による埃の侵入防御，保温，触感覚などの働きがある．

約10万本からなる髪の毛には，成長期（数年間），退行期（数週間），休止期（数カ月間），そしてまた成長期へと戻る毛周期（ヘアサイクル）が存在する．成長期の毛では，毛球部にある毛母細胞が毛髄（毛の中心）やそれを取り巻く毛皮質と再外層の毛小皮（キューティクル）へと分化して，ハードケラチンの充満した毛幹となる（毛や爪などのハードケラチンに対して角質細胞ケラチンはソフトケラチンと呼ばれる）．また，毛球部を含む毛根では，毛小皮の外側を，内毛根鞘，外毛根鞘，結合組織毛根鞘が順に取り巻いている．

毛母は，真皮の毛乳頭と呼ばれる細胞塊を取り囲むような形状を取っている．毛乳頭細胞は線維芽細胞由来の細胞で，毛母の機能や増殖を調節して毛成長に大きな影響を及ぼしている．

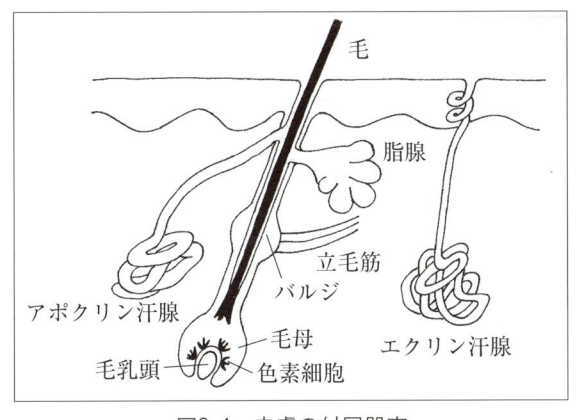

図2.4 皮膚の付属器官

毛，脂腺，立毛筋，汗腺は皮膚の付属器官である．

バルジと呼ばれる外毛根鞘膨大部には，毛母細胞と脂腺細胞へ分化する体性幹細胞（限られた細胞に分化する能力をもつ未分化細胞）が存在する．毛母に存在する色素細胞の体性幹細胞もバルジの下部に存在するが，老化に伴い色素幹細胞が消失し，白髪の原因となっている．

2.3.2 脂腺

脂腺は手掌足底を除く全身に分布し，その多くは毛に付随して毛包上部に開口している．毛のない口唇や頬粘膜などの部位では直接皮表に開口する独立脂腺が存在する．脂腺は，トリグリセリド，ワックスエステル，スクワレン，遊離脂肪酸などを主成分とする皮脂を分泌し，水分の蒸散抑制による保湿作用，外来性物質の侵入防御や殺菌作用による感染防御などに働いている．前額から眉間，鼻翼にかけてのTゾーンと呼ばれる部位や頭部など，皮脂の分泌が多いところを脂漏部位と呼ぶ．脂漏部位の毛包では皮膚常在菌が分泌するリパーゼによって皮脂が分解され，面皰を生じて尋常性痤瘡（にきび）の原因となる．皮脂の分泌量は思春期から増大し，女性では10〜20歳代に，男性では30〜40歳代にピークを迎える．男性ホルモンのテストステロンに脂腺の増殖と皮脂の分泌を促進する作用があるため50歳代以降も男性では皮脂量が多いが，女性では顕著に減少する．

2.3.3 立毛筋

急に冷気にさらされたり，恐怖を感じたときなどに鳥肌（鵞皮）が立ったりする．これは外毛根鞘と真皮上層をつなぐ平滑筋束である立毛筋が，アドレナリン作動性の交感神経からの刺激で収縮するために起こる．

2.3.4 汗腺

汗腺はほぼ全身に広く分布している．これらは表皮に開口するエクリン汗腺と，腋窩や陰部などに局在して毛穴内部に開口するアポクリン汗腺の2種類に分類される．手掌足底や腋窩にも多く存在するエクリン汗腺は温熱刺激により発汗し，体温を低下させる働きがある．また，精神的な緊張や味覚の刺激などによっても発汗する．一方，性機能との関連が示唆されているアポクリン汗腺から出る粘稠性の汗はもともと無臭であるが，タンパク質や脂質を含むために皮膚表面の常在細菌などの影響で臭気を帯びるようになり，腋臭の原因となることがある．最近まで治療に難渋していたが，現在では腋臭はボトックス（微量のボツリヌス毒素で筋肉を局所的に弛緩させてアポクリン汗腺の働きを弱める）の局所注射で高いQOL（Quality of Life）を得ることができる．

2.3.5 爪

机の上のコインをとるときに自然と爪を使ってしまうように，爪はわれわれの生活の多くの場面で役に立っている．爪はもともと柔らかい爪母細胞が分裂，角化（ケラチン化）して板状の爪甲（ネイルプレート）になることによって形成される．爪甲の根元は角化が未熟なために乳白色となっている爪半月がある．爪母には色素細胞が存在するが，通常はメラニン色素を生

成しない．爪は約0.1mm/日で伸びるが，足の爪が伸びる速度は手の爪と比較すると約半分と遅い．また，老化に伴い爪の伸長速度は遅くなり，肥厚して褐色調を呈することがある．

　現在，爪に関する詳しい研究はまだ少ないが，「見た目のアンチエイジング」と呼ばれる研究会が立ちあがっているほど，高齢化社会の日本では足の爪に関する悩みをもつ人が増えている．日ごろの爪のケアも大切である．

第 2 章　演習問題

1. 表皮を構成する細胞とそれらの機能を述べよ.

2. 真皮を構成する細胞とそれらの機能を述べよ.

3. 皮脂の由来を述べよ.

4. 皮膚の機能を 5 つ述べよ.

5. 皮膚の付属器官を 3 つ述べよ.

第 3 章 化粧品の品質特性とその評価法

　2005年の薬事法改正以降，品質保証に対する企業倫理や責任の在り方が重視されてきている．薬事法では，品質，安全性，有効性はそれぞれ別々の要素として定義されているが，日科技連の品質保証ガイドブックでは，品質保証とは「消費者が安心して，満足して買うことができ，それを使用して安心感，満足感を持ち，しかも長く使用することができるという品質を保証すること」と定義されている．すなわち，品質保証とは安全性，安定性，使用性，機能性を考慮することが重要である．化粧品の品質特性を下の表3.1にまとめた．

①安全性
　化粧品は人体に使用するものであり，個人が自由に長期間連用するものであるため，安全で無害であることが重要である．

②安定性
　化粧品は使い始めから使い終わりまで長期間を要するものがほとんどであるため，使用中に安全性，使用性，有用性が変化することなく保たれる必要がある．

表3.1　化粧品の品質特性

安全性	皮膚刺激性，感作性，経口毒性，異物混入，破損などがない
安定性	変質，変色，変臭，微生物汚染などがない
使用性	1．使用感：肌のなじみ，しっとりさ，なめらかさなど 2．使いやすさ：形状，大きさ，重量，機構，機能性，携帯性など 3．嗜好性：香り，色，デザインなど
有用性	保湿性，紫外線防御効果，洗浄効果，色彩効果など

［出典：光井武夫　編：新化粧品学，南山堂，1993］

③使用性

化粧品は，視覚・触覚・嗅覚に働きかけ，様々な効果（生理作用，心理作用，物理作用）をもたらせるため，製品の使用感触，色，香りだけでなく，製品容器の形状，デザインなども重要な品質となる．

④有用性

近年，化粧品には様々な有用性（機能性）が求められるようになってきている．保湿性，紫外線防御効果，メイクアップ効果など，目的に応じた有用性を備え，実感として感じられる品質が要求されている．

本章では，化粧品の安全性，安定性および使用性とその評価法について述べる．

3.1 化粧品の安全性

化粧品は，医薬品のように医師による用法・容量の指定なしに，消費者が自由に選んで使用するもので，しかも長期間連続して使用されるものであるため，安全に使用できることが化粧品の大前提となる．薬事法における化粧品の定義も「人体に対する作用の緩和なもの」として挙げられている．化粧品の安全性に対する取り組みは1970年代から盛んになり，原料，製品の品質向上が図られている．1987年には厚生省から「新規原料を配合した化粧品の製造，または輸入申請に添付すべき安全性資料の範囲について」と題して，新原料の安全性を確保するための試験項目が示された（表3.2）．2001年の薬事法改正では，「企業の責任において安全性を十分確認した上で配合の可否を判断すること．安全性に関する資料は製造業者において収集・作成・保管すること」と明記された．さらに，化粧品基準が導入され，配合する原料は一部を除き自由化され，企業の裁量および責任で配合できるようになった．これに伴い，化粧品原料基

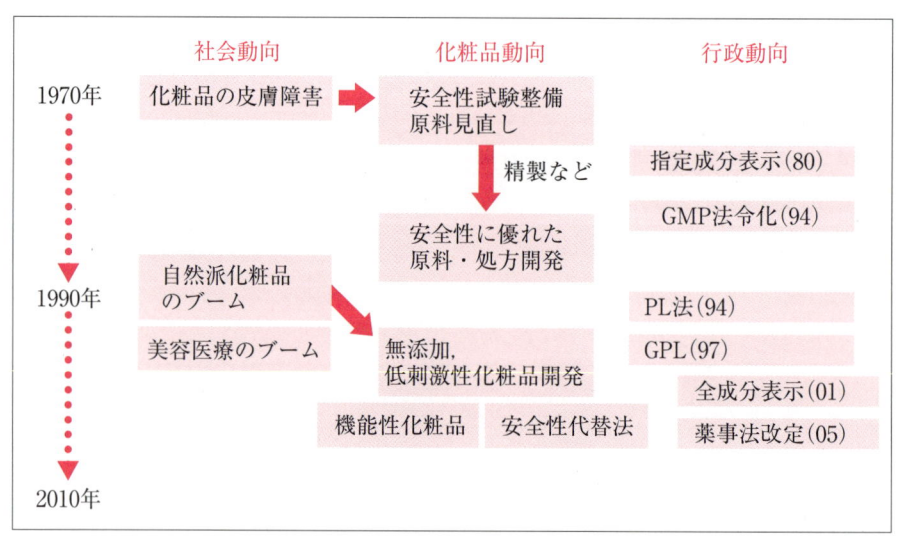

図3.1 安全性に関する化粧品関係の歩み
［出典：福井 寛 著：トコトンやさしい化粧品の本，日刊工業新聞社，2009］

表3.2　新原料を配合する際に必要な安全性試験

試験項目	原料	製品
急性毒性	○	△
皮膚一次刺激性	○	−
連続皮膚刺激性	○	−
感作性	○	−
光毒性	○	−
光感作性	○	−
眼刺激性	○	△
遺伝毒性	○	−
ヒトパッチ	○	○

［出典：光井武夫 編：新化粧品学，南山堂，1993］

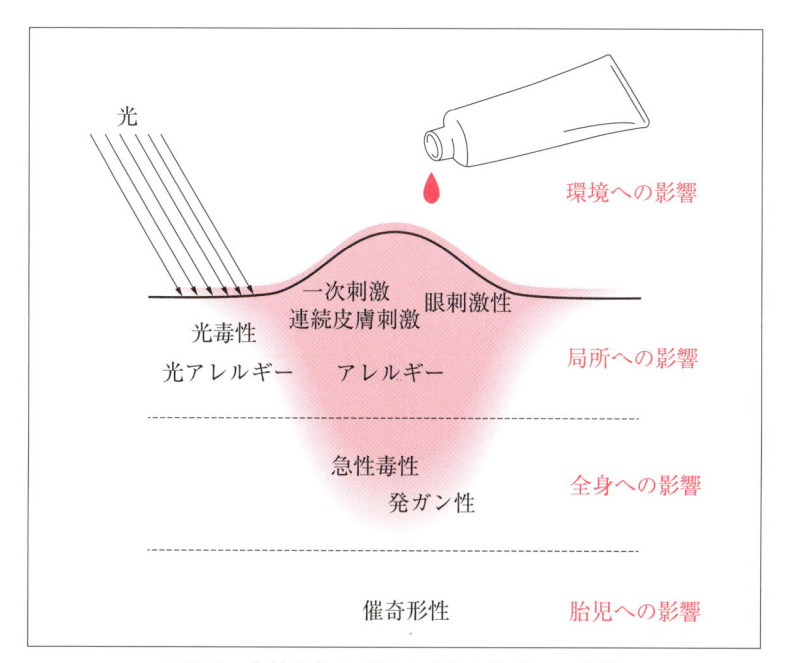

図3.2　化粧品およびその成分の生体への影響
［出典：田上八朗 他監修：化粧品科学ガイド，フレグランスジャーナル社，2010］

準も廃止され，使用する原料の規格も企業責任の範囲となっている．

　化粧品およびその成分の生体への影響は図3.2に示すような様々な作用が考えられる．化粧品および原料の安全性評価については，前述したように企業の自己責任に基づいて行うこととなっているが，安全性に関する考え方を業界として共有化を図るため，『化粧品の安全性評価に関する指針2001』（日本化粧品工業連合会）が作成され，2008年に改定が行われている．また，『化粧品・医薬部外品製造申請ガイドブック2006』にも安全性評価に関する概要が記載されている．次から，化粧品および原料による人への生体への影響とそれらに対する安全性評価について解説する．

3.1.1 皮膚刺激性

皮膚刺激性は，化粧品の安全性の中で最も留意する事項である．皮膚刺激性は，刺激性物質によって起こされる皮膚への刺激（皮膚炎，かぶれ）であり，化学物質，熱，紫外線（UV-B）などが，接触した皮膚の抵抗力を上回ったときに発生する．また，本症の原因は，物質（化粧品）の安全性に問題がある場合のみとは限らず，化粧品が使用されるときの環境条件（温度・湿度），誤った使用方法，使用者の体質や体調が原因となることが知られている．

皮膚刺激の発症のメカニズムは，刺激物質ごとに異なり複雑であるが，①角質の物理化学的

表3.3 皮膚一次刺激試験

試 験 動 物	若齢成熟の白色ウサギ又は白色モルモット
動 物 数	1群3匹以上
皮　　　　膚	除毛した健常皮膚．なお，損傷皮膚での用途を訴求する場合．損傷皮膚でも実施する．
投 与 経 路及 び 方 法	経皮，開放塗布，又は閉塞貼付（24時間）
投 与 用 量	適切に評価しうる面積及び用量（面積にもよるが，通常，開放の場合は流れ落ちない程度である0.03 mL/ 2 cm × 2 cm，閉塞貼付の場合は6 cm^2（約2.5 cm ×2.5 cm）の部位に液体で0.5 mL，固形又は半固形で0.5 g程度とし，さらに投与面積に応じて投与量を増減する．）
投 与 濃 度	原則，皮膚一次刺激性を適切に評価するため，無刺激性を示す濃度が含まれるよう数段階の濃度を設定する
投 与 回 数	1回
投与後処置	必要に応じて洗浄等の操作を実施
観　　　　察	投与後24，48及び72時間目に投与部位を肉眼観察
判定・評価	適切に評価しうる採点法により判定・評価

[出典：日本化粧品工業連合会 編：化粧品の安全性評価に関する指針 2008，薬事日報社，2008]

表3.4 連続刺激試験

試 験 動 物	若齢成熟の白色ウサギ又は白色モルモット
動 物 数	1群3匹以上
皮　　　　膚	除毛した健常皮膚
投 与 経 路及 び 方 法	経皮，開放塗布
投 与 用 量	適切に評価しうる面積及び用量（面積にもよるが，通常，開放の場合は流れ落ちない程度である0.03 mL/ 2 cm × 2 cmとし，さらに投与面積に応じて投与量を増減する．）
投 与 濃 度	原則，連続皮膚刺激性を適切に評価するため，無刺激性を示す濃度が含まれるよう数段階設定する
投 与 回 数	1日1回，2週間（週5日以上）
投与後処置	必要に応じて洗浄等の操作を実施
観　　　　察	投与期間中，毎日投与前及び最終投与後24時間目に投与部位を肉眼観察
判定・評価	適切に評価しうる採点法により判定・評価

[出典：日本化粧品工業連合会 編：化粧品の安全性評価に関する指針 2008，薬事日報社，2008]

変化による角層バリア機能の損傷,②ケラチノサイトの細胞死あるいは炎症メディエーターの放出,③好中球などの炎症性細胞の血管からの浸出や真皮繊維芽細胞のダメージが起こるのが大まかな反応である.

皮膚刺激性は,後述する接触感作性(アレルギー性)反応とは異なり,試験物質の皮膚の細胞や血管系に対する直接的な毒性反応を把握するものである.試験方法には,被験物質を,健常な(あるいは異常な状態も含む)皮膚に単回接触させることによって生じる紅斑,浮腫,落屑(らくせつ)などの変化を観察する皮膚一次刺激試験(表3.3)と,被験物質を皮膚に繰り返し接触させることによって生じる紅斑,浮腫,落屑などの変化を観察する連続皮膚刺激性試験(表3.4)がある.

3.1.2 感作性(アレルギー性)

感作性(アレルギー性)反応は,ある物質が繰り返し生体に接触することにより起こる可能性がある障害で,化粧品では皮膚が反応の場となることから,接触感作性(接触アレルギー性)反応と呼ばれる.前述した一次刺激性皮膚炎とは根本的に異なる.また,喘息やアナフィラキシー・ショックのような血中抗体が関与する低液性の免疫反応に対し,胸腺由来のリンパ球(Tリンパ球)が直接的に関与することから細胞性の免疫反応といわれる.さらに,反応の出現が比較的遅いことから遅延型反応といわれる.

発症のメカニズムは,化粧品を使用することにより皮膚から吸収された成分が,表皮タンパク質と結合して抗原となり,この抗原が細網内皮系に達し,そこで感作されて抗体が作られる.この際,表皮タンパク質と結合する成分を半抗原という.形成された抗体は全身に分布する.このように感作が成立したのち,半抗原となった成分を含む化粧品を使用することにより

表3.5 Maximization test

試 験 動 物	白色モルモット
試 験 群	被験物質感作群,陽性対照感作群,対照群
動 物 数	1群5匹以上
投 与 経 路	皮内及び経皮
及 び 方 法	第1回感作処置:除毛した頸部背側皮膚に①FCA*,②被験物質,③FCAと被験物質の乳化物の皮内注射 第2回感作処置:第1回感作処置の1週間後,同部位に48時間閉塞貼付(濃度設定試験において被験物質による刺激性が認められない場合はSLS**前処置を実施) 惹起処置:第2回感作処置の2週間後,除毛した背部または側腹部に24時間閉塞貼付
投 与 用 量	適切に評価しうる用量
投 与 濃 度	適切に評価しうる濃度
投 与 回 数	各感作処置及び惹起処置とも1回
観 察	貼付除去後24時間及び48時間目に投与部位を肉眼観察
判定・評価	適切に評価しうる採点法により判定・評価

＊FCA:フロインド完全アジュバンド
[出典:日本化粧品工業連合会 編:化粧品の安全性評価に関する指針 2008,薬事日報社,2008]

抗原抗体反応が起こり，細胞からヒスタミンなどの炎症媒介物質が遊離し，感作（アレルギー）が発症する．

皮膚感作性試験は，感作誘導と感作成立後の感作誘発の2段階に分けて行われる．代表的な試験法としては免疫増強剤（アジュバント）を用いて行う Maximization test（表3.5）および Adjuvant and Patch test（表3.6）がある．また，免疫増強剤を用いない Buehler 法なども行われている．

感作性物質としては，色素中の不純物，防腐剤，香料成分，酸化染料などの報告があるが，長期に使用される化粧品の安全性において，感作性の検討は重要な項目のひとつである．

表3.6　Adjuvant and Patch test

試 験 動 物	白色モルモット
試 験 群	被験物質感作群，陽性対照感作群，対照群
動 物 数	1群5匹以上
投与経路及び方法	経皮
	第1回感作処置：除毛した頸部背側皮膚にFCA皮内注射後，擦過した皮膚に被験物質の24時間閉塞貼付
	第2回感作処置：第1回感作処置の1週間後，同部位に48時間閉塞貼付（濃度設定試験において被験物質による刺激性が認められない場合はSLS前処置を実施）
	惹起処置　　　：第2回感作処置の2週間後，開放塗布
投 与 用 量	適切に評価しうる用量
投 与 濃 度	適切に評価しうる濃度
投 与 回 数	第1回感作処置は3回（FCA投与は1回目のみ），第2回感作処置及び惹起処置は1回
観 察	塗布後24時間目及び48時間目に投与部位を肉眼観察
判定・評価	適切に評価しうる採点法により判定・評価

［出典：日本化粧品工業連合会 編：化粧品の安全性評価に関する指針 2008，薬事日報社，2008］

表3.7　光毒性試験

試 験 動 物	白色ウサギ又は白色モルモット
試 験 群	必要に応じて光照射群，光非照射群（対照群）を設定
動 物 数	1群5匹以上
皮 膚	除毛した健常皮膚
投与経路及び方法	経皮，背部皮膚へ2列に開放塗布，片側を遮蔽して光照射
投 与 用 量	適切に評価しうる面積及び用量
投 与 濃 度	必要に応じて数段階濃度
投 与 回 数	1回
光 源	UV-A領域のランプ単独又はUV-AとUV-B領域の各ランプを併用
照 射 量	適切に評価しうる照射量
観 察	投与後24，48及び72時間目に投与部位を肉眼観察
判定・評価	紅斑及び浮腫について適切な採点法で判定し，照射部位と非照射部位の反応の差から光毒性の有無を判定・評価

［出典：日本化粧品工業連合会 編：化粧品の安全性評価に関する指針 2008，薬事日報社，2008］

3.1.3 光毒性

化学物質の中には，光線が照射されることにより皮膚刺激性反応を起こすものがある．このような物質を光毒性物質と呼ぶ．光毒性は特に紫外線の照射によって活性化した物質が，皮膚細胞に対し中毒的に作用して起こる皮膚反応で，適当な波長とある濃度依存の物質があれば，固体的に普遍的に発生する皮膚炎で，一次刺激性皮膚炎に相当する．光毒性を生じる光線の波長域は物質により異なるため，光線の選択が重要である．一般的には紫外線領域に吸収を持つ物質について検討される（表3.7）．

3.1.4 光感作性

光感作性とは，光毒性物質と同様にある種の光線により活性化した物質により引き起こされる感作反応（アレルギー反応）で，紫外線吸収剤，殺菌剤，香料などにあることが報告されている．化粧品をつけた状態で屋外で活動することは一般的であるため，製品および原料に光感作性がないことを確認することは重要である．

光感作性の反応機構は十分に解明されていないが，紫外線により活性化された物質が半抗原となり，これが表皮タンパク質と結合し感作する機構，光エネルギーにより光感作性物質が表皮タンパク質と結合して抗原となり感作する機構などが考えられている．

光感作性試験は，接触感作性試験と同様の方法を用いるが，実験動物に物質を適用後，光を照射することによる光感作誘導操作と，光感作誘導操作後，一定期間経過した後に，物質を適用し光照射を行う光感作誘発操作からなる．光感作誘発操作における光照射部位と非照射部位との皮膚反応を観察し，その程度の違いから光感作性の有無を観察する．

3.1.5 眼刺激性

化粧品には目の周辺に用いられる製品や，頭髪洗浄料など使用時に目に入る可能性のある製品が多くあるため，目に対する安全性の評価も重要である．眼刺激性試験は一般的にDraize法が用いられている（表3.8）．

表3.8　眼刺激性試験

試 験 動 物	若齢成熟白色ウサギ
動　物　数	1群3匹以上
投 与 経 路 及 び 方 法	点眼．片方の眼の結膜嚢内に投与し，上下眼瞼を約1秒間穏やかに閉眼．他方の眼は未処置のまま残し，無処置対照眼
投 与 用 量	0.1 mL（液体），又は0.1 g（固体）
投 与 濃 度	必要に応じて数段階濃度
投与後処置	眼刺激性が強いと予想される場合は，必要に応じて点眼後に洗浄液の適切な処置の実施
観　　察	投与後1，24，48，72及び96時間目に眼の観察．角膜，虹彩の刺激反応が認められた場合，その経過及び可逆性の有無について観察を続ける．
判定・評価	Draize採点法により判定し，Kayらの基準で評価

［出典：日本化粧品工業連合会 編：化粧品の安全性評価に関する指針 2008, 薬事日報社, 2008］

3.1.6 毒性

①単回投与毒性（急性毒性）試験

　単回投与毒性試験は，実験動物に被験物質を比較的大量に1回投与することによって生じる中毒量・致死量・中毒症状を検討する試験であり，誤飲・誤食した場合に急性毒性反応を起こす量や症状を予測するために行われる（表3.9）．単回投与毒性試験の主な目的は，致死量の算出，特に50％致死量であるLD_{50}を求めることであるが，化粧品の原料や製品を試験する場合には，2 g/kgの濃度で特に問題が生じなければ，それ以上の詳細な検討は行わなくてもよいことになっている．投与方法は，経口投与・経皮投与・皮下注射・吸入・腹腔内注射・静脈注射・筋肉内注射の7種類に分けられるが，化粧品では，経口・経皮投与による試験が一般的であり，製品の使用法に大きく依存している．

②反復投与毒性（亜急性・慢性毒性）試験

　試験物質が長期間にわたり連続して適用されたときに起こる全身的な影響を検討する試験である．試験動物，投与方法は単回投与毒性と同様の方法で行い，投与期間は4週間から6カ月である．試験中は体重，摂餌量の変化，一般状態の観察，血液・生化学的検査などを行い，投

表3.9　単回投与毒性（急性毒性）試験

試験動物	：雌雄ラット，又はマウス
動物数	：1群5匹以上
投与経路[注]及び方法	：経口，強制投与
投与用量	：毒性の概略を把握できる適切な用量段階，ただし，2000 mg/kg以上の1用量試験で死亡例が見られない場合は用量段階を設ける必要はない
投与回数	：1回
観察	：毒性徴候の種類，程度，発現，推移，及び可逆性を用量と時間との関連で14日間観察，記録する．ただし，この間に毒性徴候を示し消退しない場合については，さらに観察期間を延長する必要がある． 観察期間中の死亡例，及び観察期間終了時の生存例はすべて剖検し，必要に応じて器官・組織の病理組織学的検査を行う． 毒性徴候及び死亡（遅延死亡を含む）については，可能な限り原因の考察を行う．

[出典：日本化粧品工業連合会 編：化粧品の安全性評価に関する指針 2008，薬事日報社，2008]

表3.10　細菌を用いる復帰突然変異試験

菌株	：ネズミチフス菌（*S. typhimurium*）TA1535, TA1537, TA98, TA100，及び大腸菌（*E. coli*）WP2 *uvrA* など
用量	：5段階以上
対照	：陰性対照；溶媒対照 陽性対照：既知変異原物質（S9 mixを必要としない物質と必要とする物質）
代謝活性化	：S9 mixを加えた試験を並行実施
試験方法	：プレインキュベーション法又はプレート法
判定・評価	：復帰変異コロニー数の実測値とその平均値から判定・評価

[出典：日本化粧品工業連合会 編：化粧品の安全性評価に関する指針 2008，薬事日報社，2008]

表3.11 哺乳類の細胞を用いる染色体異常試験

細　　　　胞	：哺乳類の初代又は継代培養細胞
用　　　　量	：3段階以上
対　　　　照	：陰性対照；溶媒対照
	陽性対照；既知染色体異常誘発物質（S9 mixを必要としない物質と必要とする物質）
代謝活性化	：S9 mixを加えた試験を並行実施
試 験 方 法	①被験物質処理後，適切な時期に染色体標本を作製
	②用量あたり2枚以上のプレートを作成，プレートあたり，100個の分裂中期像について，染色体の形態異常及び倍数性細胞について検索
判定・評価	：染色体異常をもつ細胞の出現頻度及び倍数体出現頻度から判定・評価

[出典：日本化粧品工業連合会　編：化粧品の安全性評価に関する指針 2008，薬事日報社，2008]

表3.12 小核試験

試 験 動 物	：雌マウス，又は雄ラット
動　物　数	：1群5匹以上
投 与 経 路 及 び 方 法	：腹腔内，又は経口強制投与
投 与 用 量	：〜2000 mg/kg
投 与 濃 度	：3段階以上
投 与 回 数	：1回，又は2回連続
対　　　　照	：陰性対照；溶媒対照
	陽性対照；既知小核誘発物質
試 験 方 法	①被験物質処理後，適切な時期に処置して，骨髄塗抹標本を作製
	②個体あたり2000個の多染性赤血球について，小核の有無を検索．同時に全赤血球に対する多染性赤血球の出現頻度を算出．
判定・評価	：小核を有する多染性赤血球の出現頻度，及び全赤血球に対する多染性赤血球の出現頻度から判定・評価

[出典：日本化粧品工業連合会　編：化粧品の安全性評価に関する指針 2008，薬事日報社，2008]

与終了後には解剖して各器官についての観察，重量測定，組織学的な検査などを行い，特定な器官への影響を含む生体への影響を判断する．

3.1.7　遺伝毒性（変異原性）

遺伝毒性は変異原性試験を用いて行う．試験物質が細胞や核の遺伝子に影響をおよぼして変異を起こす可能性を評価するが，これらの試験結果は発がん性試験結果と対応することから，発がん性の予測にも用いられる．試験には細菌を用いる復帰突然変異試験（表3.10），哺乳類の培養細胞を用いる染色体異常試験（表3.11），齧歯類を用いる小核試験（表3.12）などがある．

3.1.8　ヒトによる試験

パッチテストは，試験物質または製品をヒトの皮膚に貼布し，その反応を判定することにより，その物質または製品の皮膚への影響を評価することを目的としている．化粧品の皮膚への影響は，紅斑，浮腫，腫脹，丘疹などの肉眼的に明瞭なものや，痒み，ほてり，しみるなど感

表3.13 ヒトパッチ試験

対象	日本人40例以上
投与濃度	原則,原料においては使用時濃度を考慮して数段階で実施する
陰性対照	通常は溶媒対照又は生理食塩水が用いられる．蒸留水は浸透圧によって皮膚反応を生じる場合があるため,陰性対照として用いるのは好ましくない
貼付部位	原則,上背部(正中線の部分は除く)に閉塞貼付する
観察	・原則,貼付24時間後に貼付(パッチ絆)を除去し,除去による一過性の紅斑の消退を待って観察(通常1時間後,24時間後とするが,皮膚反応の発現状態によっては48時間以後も実施),判定する. ・判定は本邦基準又はこれに準じた方法により実施する．なお,皮膚アレルギーの判定基準(ICDRG基準等)を用いる場合は,判定項目に弱い刺激反応を追加して判定するとよい．
試験結果の評価	皮膚科専門医が紅斑,浮腫等の程度を判定し,評価する．

［出典：化粧品・医薬部外品製造申請ガイドブック2006, 薬事日報社, 2006］

覚的な刺激があるが,感覚的な刺激はこれまでに述べてきた試験では評価したり,予想したりすることが難しいため,ヒトによる直接的な試験が必要である(表3.13).

3.1.9 動物試験代替法

近年,動物愛護の観点から動物を用いない代替試験の検討,開発が行われている．代替法試験の概念としては,1.動物を使用しない方法(Replacement, *in vitro* 試験),2.使用する動物数の削減(Reduction),3.動物が受ける苦痛の軽減(Refinement)の3Rが一般的に受け入れられている．代替法が安全性試験として採用されるためには,再現性や動物実験結果との高い対応性を実証するバリデーションが必要となる．現在,様々な代替法に関するバリデーションが国内外で数多く実施され,その結果に基づくガイドライン案の作成も進んできている．

3.2 化粧品の安定性

化粧品は,使用開始から使い切ってしまうまで長い期間使い続けるものがほとんどであるため,この間,安全性・使用性・有用性が変化することなく,経時的に安定に保たれることが大切である．化粧品の安定性に大きく影響を及ぼす化学的・物理的劣化を下記に記した．

化学的劣化：変色,褐色,変臭,汚染,結晶析出,分解,微生物汚染など
物理的劣化：分離,沈殿,凝集,発粉,発汗,ゲル化,スジむら,揮散,固化,軟化,亀裂など

これらの現象は,内容成分やその処方構成によって,配合されている原料の劣化,原料同士の化学的反応により発生する場合や,温度,湿度,光,容器材質および使用状況など,発生度合いや種類がまちまちである．しかし,品質の劣化は,使用性に大きな影響を与えるだけでな

く，化粧品の持つ美的外観，イメージの損失にもつながる．ゆえに，個々の製品に適した安定性評価試験を行い，どのように変化するかを事前に予測し，安定性の確保に努める必要がある．一方，3～5年の品質安定性を確認することは実質的に困難であるため，経時安定性を短期間で評価するための加速条件での安定性評価も重要である．

3.2.1 一般的安定性評価試験

①温度安定性試験
化粧品を所定の温度条件に静放置し，経日での試料の状態変化について観察，測定する．
設定温度：−20，−10，−5，0，25，室温，30，37，45，50，60℃など
保存期間：1日～1ヵ月，2ヵ月，6ヵ月，1～3年
観察項目：外観変化（色調，褐色への変化，浮遊物，分離，沈殿，発汗，発粉，ゲル化，カビなど）
　　　　　臭い変化
測定項目：pH，硬さ，粘度，濁度，粒子径，乳化型，軟化点，水分揮散
留意点：実際の容器材質を用いて行うのが望ましい．経時使用による中味容量の減少を考慮する．

②光安定性試験
店頭に並べられた化粧品は何らかの光を浴びているため，光安定性は必ず保証しなければならない．化粧品の光安定性試験には次の方法がある．
屋外（日光）暴露試験：真夏の太陽下での条件を考慮し，数日間，数週間，数ヵ月単位で太陽光を暴露し，色調変化，におい変化などを観察する．

③室内（人工光）暴露試験
屋外では一定条件での光暴露試験が困難な場合もあるため，太陽光の分光条件に近い人工光源を用いて行う．代表的な方法には，カーボンアークフェードメーターとキセノンフェードメーターがある．キセノンアーク灯は人工的に作られた光源の中では日光の分光特性にもっとも近似しているといわれている．

④蛍光灯暴露試験
ショーケース内での1日の光照射時間を算定し必要日数間放置し色調変化を観察する．

3.2.2 一般性能・機能性確認試験

　温度・光安定性試験によって化粧品の外観や形状が変化しないかを評価することは重要であるが，化粧品本来の性能や機能性が変化しないかどうかの確認も重要である．以下に各化粧品における代表的な確認項目をあげる．

スキンケア化粧品：伸び，べたつきなどの使用感，つや，洗浄力など
メーキャップ化粧品：隠ぺい力，持続性，耐水耐油性など
頭髪化粧品：セット力，ウェーブ力，髪の光沢への影響，染着力，脱色力など

3.2.3 エアゾール製品の安定性

エアゾール製品は中味原液と噴射剤からなるため，原液の安定性のみだけではなく，噴射剤と原液との相溶性，エアゾール容器からの噴射状態の変化など最終品での安定性を評価する必要がある．

腐食試験：製品を正立および倒立した状態で室温，高温，短期間〜長期間放置した後，開缶して発錆の有無を観察する．

漏洩試験：重量を測定した試料を正立，横倒し，倒立状態で室温，高温に放置した後，その重量変化を調べる．

詰まり試験：所定時間・所定温度に放置した製品のバルブを作動し，内容物の噴射状態を観察する．噴射時間，間隔などを組み合わせた条件で行う．

3.2.4 特殊・過酷保存試験

化粧品は，消費者が使い終わるまで安定性が保証されていることが重要であるが，製品開発において数年単位の安定性を確認することは困難である．そのために，経時安定性を短期間で評価するための特殊・過酷条件での評価方法が種々実施されている．過酷試験は加速試験ともいわれ，化粧品の物理的・化学的変化を温度や振動などのエネルギー変化を極めて短時間に濃縮した形で負荷を与えて起こる変化を観察するものである．

①温度・湿度複合試験

種々の温度と湿度を組み合わせた試験．温度範囲は37〜50℃，湿度範囲は75〜98％などがある．

②サイクル温度試験

年間や日間の温度変化を想定した状態を作り，1日数サイクルさせることで，品質の変化を観察する．

③遠心分離法

一定回転以上の力を試料に与え，分離度合いを比較する．

④振盪法

トラックや列車などの運搬途中の振動による影響を予測する方法で，力と時間を決定し行う．

⑤落下法

一定の容器に充填した試料を，一定の高さから繰り返し落下させ，試料の衝撃安定性について調べる方法．粉末固形ファンデーション，アイシャドー，ブラッシャーなどに適用される．

⑥荷重法

実使用時以上の荷重を加え，試料の折れ強度，変形強度などを測定する．口紅，ペンシルな

どに適用される.
⑦摩擦法
石けんやネールエナメル類の耐久性を評価するのに適する.

　これらの特殊・過酷保存試験は，安定性を短期間に予測推定する方法であるので，予測の精度を高めるために実使用場面の情報を集め，その一致性を高めていくことが大切である.

3.2.5　酸敗に対する安定性試験

　化粧品が長期間空気や高温にさらされると，原料の油脂類や界面活性剤などが変性し，酸敗臭の発生，刺激物質の生成，変色などが起こることがある．そのため，オーブン法，AOM法（active oxygen method）を用いた過酷試験の後，過酸化物価，カルボニル価，重量法，吸光度法などにより酸敗度の評価を行う必要がある.

3.2.6　微生物汚染に対する安定性試験

　化粧品は，油や水を主成分とし，さらに微生物の炭素源および窒素源となる糖や蛋白質が配合されているため，食品と同様にカビや細菌などの微生物に汚染されやすい．これらの微生物汚染は，使用中における2次汚染がほとんどであり，化粧品の開発には使用状況に応じた微生物汚染に対する防腐設計が必要である．化粧品汚染に関与する微生物の一般的な性質と種類は表3.14の通りである.

　微生物汚染に対する安定性の評価方法は，日本防菌防黴学会が編集した防菌防黴ハンドブックまたは日本薬局方「保存効力試験法」に，詳細な説明がされているので参考にしていただき

表3.14　化粧品に感染してくる微生物の一般的な性質

	カビ	酵母	細菌（バクテリア）
生育至適温度	20～30℃	25～30℃	25～37℃
栄養素	でんぷん質 植物性食品	糖質 植物性食品	タンパク質・アミノ酸 動物性食品
生育pH域	酸性側	酸性側	弱酸性～弱アルカリ性
酸素要求性	好気性	好気性～嫌気性	好気性（一般的） 嫌気性（若干あり）
主な生産物	酸類	アルコール 酸類，炭酸ガス	アミン，アンモニア 酸類，炭酸ガス
代表的な汚染菌	アオカビ （*Penicillium*） コウジカビ （*Aspergillus*） クモノスカビ （*Rizopus*）	パン酵母 （*Saccharomyces*） カンジダ症菌 （*Candida albicans*）	枯草菌 （*Bacillus subtilis*） 黄色ブドウ球菌 （*Staphylococcus aureus*） 大腸菌 （*Escherichia coli*） 緑膿菌 （*Pseudomonas aeruginosa*）

［出典：光井武夫 編：新化粧品学, 南山堂, 1993］

たい．実際に微生物を試料に摂取して，死滅するかを確認する方法を Challenge test や Inoculum test というが，USP や CTFA のガイドラインに基本的なことが記載されている．この試験では，カビ・酵母では製品 1 g あたり 1×10^6 cfu（colony forming units），細菌では 1 g あたり 1×10^5 cfu になるように摂取し，1〜28日間まで経過観察する．菌は標準に指定されたものを用いるが，メーカーでは市場からのクレーム品などから分離した独自の菌を併用する場合が多い．

3.2.7 医薬部外品の安定性

医薬部外品の安定性は医薬品で規定されている過酷試験を準拠して設定されている．安定性試験は，温度40℃（±1℃），湿度75％（±5％）の保存条件で6カ月行い，薬剤の含量が規格値の90％以上を保つ必要がある．このデータは室温で3年以上保存した安定性試験データにほぼ匹敵するものと判断されている．製品中の薬剤の安定性を保証するためには，①薬剤そのものの安定性情報の確認，②安定性の確保できる基剤の選択，③光劣化による分解などを生じるものは，光などの影響を最小限にする表記の選定が重要となる．

3.2.8 使用場面を考慮した安定性

化粧品の安定性には，消費される時点でのニーズへの合致や性能が重要になるため，実際に消費者が使用する場面でのことを考えて品質保証（安定性・安全性）をする必要がある．そのいくつかの例を下にまとめた．

石けん・洗顔料類：水混入や水浸漬によるふやけ，粘度低下，使用性の劣化，取れにくさなど．
日焼け止め製品類：スポーツ場面における衣服，水着などの染着性や洗濯性，光劣化促進など．
入浴剤類　　　　：入浴剤を使った残り湯の防腐性，配合生薬の成分による風呂釜や浴槽への影響．タオルへの着色性，誤飲や眼に入った場合の安全性，残り湯の洗濯用水への利用など．
エアゾール製品類：揮発性成分による家庭器具への影響，誤使用による詰まり，中和不出やガス抜けなど．
ヘアカラー製品類：手やタオル，浴室器具類への染着性，タレ落ちなど．

このように，化粧品の安定性を考える場合，化学的・物理的変化の領域を超える事象についても十分考慮しなければならない．

3.3　化粧品の使用性（官能評価）

化粧品には使用性という医薬品とは大きく異なる付加価値がある．化粧品の使用性とは，化粧品を使用した際，人が五感で感じるすべての印象を指すが，皮膚科学的，生物学的有用性以

外に，毎日の化粧品を使用する行為の中で実感する心地良さや満足感など感性にかかわる部分も大きい．このような使用性を評価するには，製品を実際に使用した際の官能評価およびそれらを客観的に証明する物理化学的測定法などが用いられている．

3.3.1 官能評価による使用性評価

　官能評価とは，人の五感を測定手段として，製品の品質特性を描写・識別，比較等を行う評価法である．化粧品においては，触覚だけでなく視覚・嗅覚などの感性を最大限に発揮して使用性を評価するため，評価が複雑となることから妥当性や信頼性が課題となる．化粧品の官能評価に用いられる主な方法を以下にまとめた．

①プロファイル法：多面的な品質特性をもつ資料を描写して一般的な位置づけを行う方法
　　　　　　　　（絶対評価法）

②一対比較法　　：あらかじめスタンダード品を決定し，その対象品と試料の差について数値化する方法．この方法において差がわずかである場合などは，二点識別法や三点識別法を用いる．

③順位づけ法　　：多試料間の順位をつけたい場合に用いる．試験項目の両側いずれかに近いものから順位をつけ，クレーマー検定などで解析を行う．

　上記のような官能評価を行う手法としては，あらかじめ試験項目と尺度を定めた官能プロファイルシートを作成し，項目ごとに試験を行っていくのが一般的である．試験項目は通常，柔らかい〜かたいなどの両極用語の項目と，ツヤがない〜あるなどの単極用語の項目に大別さ

表3.15　官能用語を裏づける代表的な物理化学的評価法

	官能用語例	物理化学的評価法
物理的官能要素	・しっとりする⇔さらっとする ・すべすべ感 ・きしむ⇔なめらか ・抵抗感がある ・伸びが軽い⇔伸びが重い ・止まりが早い⇔遅い ・柔らかい⇔かたい	摩擦感テスター 粘弾性測定（レオメーター）
	・ハリ感がある（肌） ・柔軟性がある（肌）	柔軟性測定（Cutometer）
	・べたつきがある⇔ない	ハンディ圧縮試験法
光学的官能要素	・透明感がある⇔マット感がある ・ツヤがある⇔ない	変角分光測色計（ゴニオスペクトルフォトメーター） グロスメーター
	・化粧もちが良い⇔化粧くずれする ・均一に塗布できる⇔ムラづきする ・にじむ	色彩測定（分光測色計による明度測定） 拡大ビデオ観察（ビデオマイクロスコープ）
	・ぎらつく（てかり）⇔ぎらつかない	光沢計

［出典：光井武夫 編：新化粧品学 第2版，南山堂，2001］

れ，それぞれ5～9段階程度のスコアで評価する．官能評価の結果は集計され評価値の平均値を算出し，試料間の平均値を相対評価するが，その結果に妥当性があるか否かは主成分分析や多変量解析などの統計学的解析を用いて検証する．これらの結果は，製品の使用性評価ばかりでなく，消費者ニーズを発掘する1つのツールにもなりえる．

3.3.2　客観的評価法による使用性評価

官能評価法は主観的であるため，化粧品の使用性を科学的に裏付けるためには客観的な評価法が必要となる．客観的評価法としては表3.15に示した機器を用いた物理化学的評価法が開発されている．客観的な評価方法としては触感的要素（物理化学的官能要素）や視覚的要素（光学的官能要素）を，摩擦感テスターや変角分光測色計を用いる方法がある．

一方で，香りや色などに対する嗜好性は，人の心理的要素を客観化する必要がある．人の心理的要素を直接客観化することは困難であるが，化粧品の使用前後における免疫抗体物質の変化（ストレス）や脳波中のα波の変化（リラックス）などを測定することにより，使用による嗜好性（心地良さ）を客観化すること可能となってきており，今後の発展が期待されている．

第3章　演習問題

1. 化粧品の品質特性を4つ挙げ，それぞれについて説明せよ．

2. 新規化粧品原料を使用する場合に必要な安全性に関する試験項目を述べよ．

3. 皮膚刺激性と感作性の違いについて述べよ．

4. 化粧品の安定性に影響を及ぼす劣化にはどのようなものがあるか．

5. 化粧品の官能評価に用いられる評価法について説明せよ．

第 4 章 化粧品製造装置

　化粧品には多種多様な形態があり，それらに合わせた製造工程が選定されている．最近，機能性を持つ化粧品の需要が多くなってきており，優れた品質の化粧品を開発するため，化粧品の研究と併行して製造装置や製造工程などの技術開発も盛んに行われている．

　化粧品の製造は多品種少量生産であるが，近年，さらに多品種化が進み，季節に応じて生産量を変える多品種変量生産となってきている．また，日本では化粧品の品質を保証するため，製造装置は日本化粧品工業連合会により自主基準において制定された化粧品に関するGMP（Good Manufacturing Practice，ISO22716）に適合することが求められており，製造機種の選択等も重要な課題になっている．

　化粧品の製造工程は使用する原料の秤量からはじまり，包装にいたるまでいくつもの工程を経て製品になっているが，製造装置を大きく分類すると，製品の製造と成形・充填・包装装置に大きく分けることができる．さらに，細分化して分類すると分散，乳化，冷却，混合，粉砕，成形，充填，包装機に分けられる（表4.1）

　以下にこれらの装置について述べる．

表4.1　代表的な化粧品の製造装置

製造装置	乳液・クリーム	化粧水	固体粉体製品	口紅
乳化機 分散機	○	○		○
混合機	○	○	○	○
粉砕機			○	○
冷却機	○			○
成形機			○	○
充填機	○	○	○	○

4.1 乳化機・分散機

　乳化とは，互いに混じり合わない液体を均一化することであり，一般的に油相と水相を均一化する際に乳化剤を使用して行う．乳化機はクリーム，乳液などの製造に幅広く使用されている機種である．化粧製造装置の主流はバッチ式の真空乳化機になる．

　分散とは，固体粉末を液体中で均一にすることである．化粧品においてもっともよく分散される原料に顔料がある．口紅などのメイクアップ化粧品製造において基剤に顔料の分散が行われている．分散機には分散力の強いコロイドミルなどが使用される．

　乳化機，分散機は，通常以下のものが用いられる．

①プロペラミキサー
　低粘度状態の液体混合に利用され，分散力は弱いので予備的な分散・乳化に用いられる．

②ディスパーミキサー
　高速に回転する棒の先端にノコギリ状の回転翼を取りつけたもので，紛体の塊を粉砕し分散する助けをし，通常，顔料の分散や高分子増粘剤を効率的に分散するために使用される．プロペラミキサーよりは分散力が強い（図4.1）．

③ホモミキサー
　ステーター内のタービンを高速回転させることにより，槽内中に対流が起こり，分散を行う．剪断力，対流，衝撃により，均一で微細な乳化粒子を得ることができる．また，化粧品は品質保証が3年間必要であることから，熱力学的には不安定な乳化系のものを安定に保つために微粒子化の要望が強いため，ホモミキサーが多く使用されている（図4.2）．

④ウルトラミキサー
　ディスパーミキサーの衝撃とホモミキサーの剪断力の両方の力を与えることができ，高粘度や紛体を含有している原料を乳化・分散させるために用いられる（図4.3）．

⑤軸複合型撹拌羽根
　複合的な製造工程に対応する試みとして，近年，前半工程ではディスパーミキサーを使用して紛体などを分散し，後半工程ではホモミキサーを使用して乳化をする装置の利用が増加する傾向にある（図4.4）．

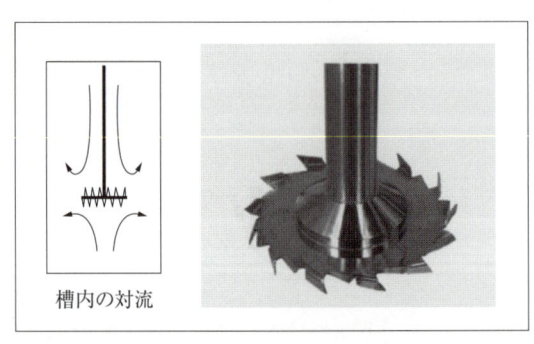

図4.1　ディスパーミキサー

⑥コロイドミル
　固定子表面と，高速回転しているローターの狭い間隙に試料を通過させる（図4.5）．

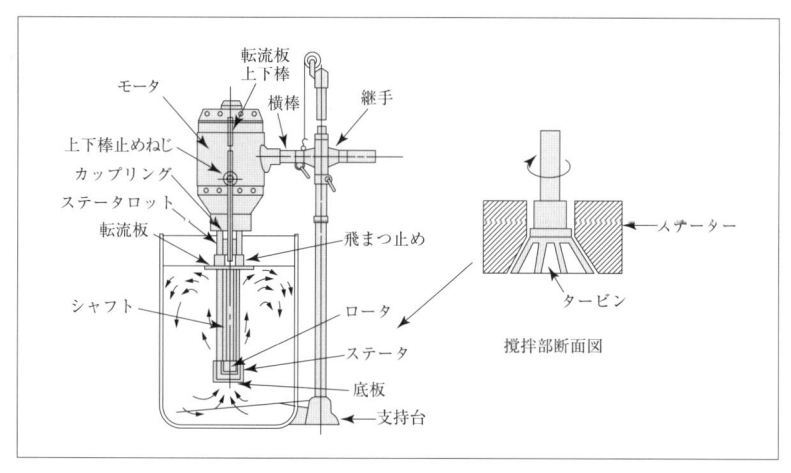

図4.2　ホモミキサー
［出典：光井武夫　編：新化粧品学，南山堂，1993］

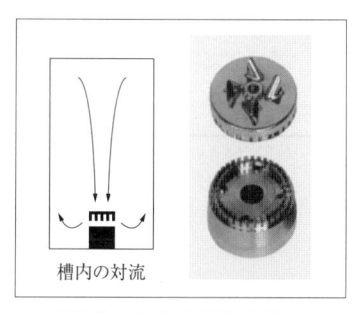

図4.3　ウルトラミキサー

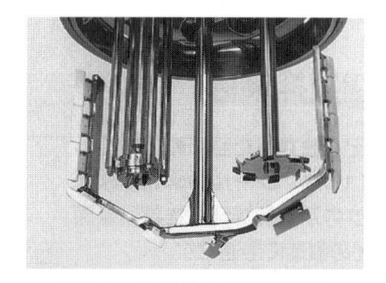

図4.4　3軸複合型撹拌羽根

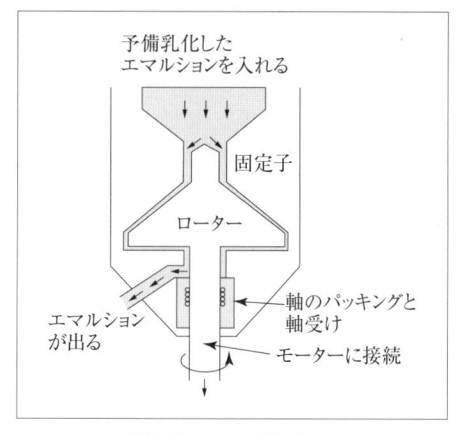

図4.5　コロイドミル
［出典：光井武夫　編：新化粧品学，南山堂，1993］

4.1.1 真空乳化機

真空乳化機は,真空密封中で撹拌,乳化を行う装置である.真空乳化機の構造図およびフローシートを図4.6に示す.フローシートの中心にある真空乳化槽の中で,混合・乳化が行われる.この装置は,真空状態にするため,脱気を行う際,原料に若干のロスがあるものの,製品中に気泡が混入しにくいこと,また空気による酸化のリスクが少なく,安定な製品の製造が可能である.

原料は各溶解槽において,両相成分を設定温度まで加温したのち,真空乳化槽へ投入し,一定時間撹拌し,乳化を行う.その後,一定温度まで冷却し,撹拌を止めた後,常圧に戻して製品を取り出す.製品の基剤処方に合わせて撹拌羽根の形状や組み合わせ,回転数など適した条件を選択することより適用できる範囲が広い.

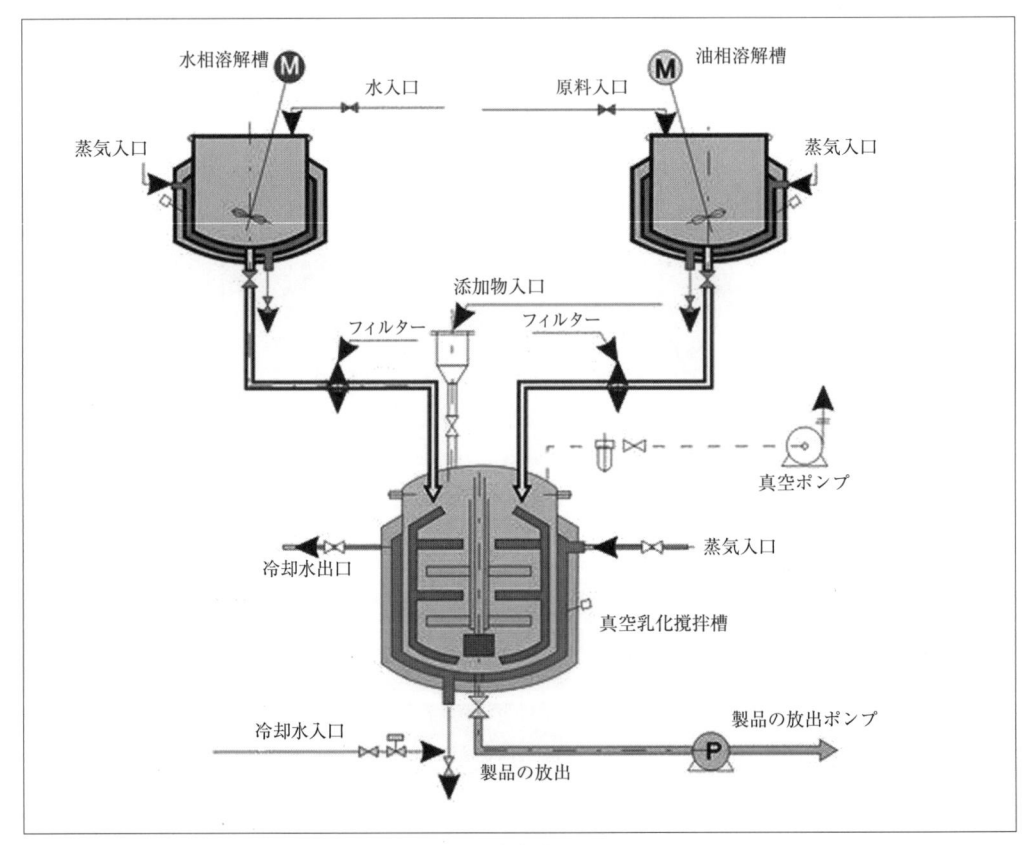

図4.6 真空乳化装置

[出典:http://japanese.cosmeticmakingmachine.com/photo/cosmeticmakingmachine/editor/20120620201457_26761.jpg]

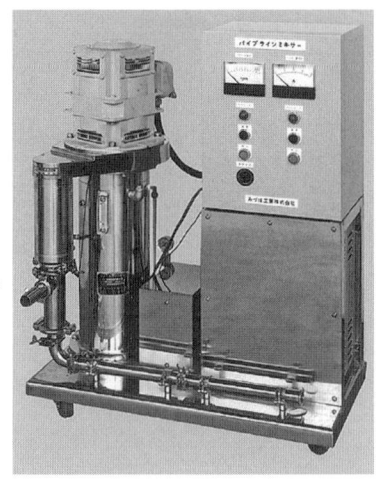

4.1.2 パイプラインミキサー

パイプラインミキサーは連続式乳化機で，ホモミキサー等をパイプ中にセットし，高速回転によってパイプ中を通過する原料を微粒子化する．低剪断から高剪断力まで利用することが可能であり，シャンプーやリンスなど比較的大量の生産に用いられる（図4.7）．

図4.7 パイプラインミキサー

4.1.3 高圧ホモジナイザー

近年，液体の微粒子化において注目されている強力な分散・混合装置に高圧ホモジナイザーがある．高圧ホモジナイザーとしてはキャビテーション型のマイクロフルイダイザー（図4.8）と流体摩擦型のシステマイザー（図4.9）が挙げられる．これらの装置はホモミキサーなどの

図4.8 マイクロフルイダイザー　　　図4.9 システマイザー

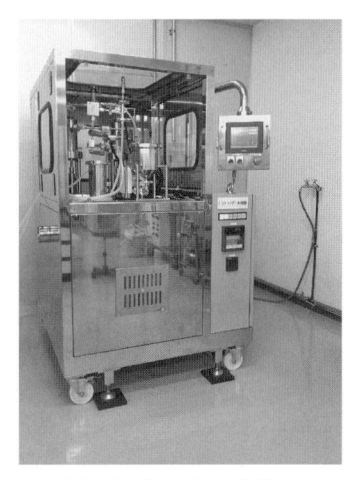

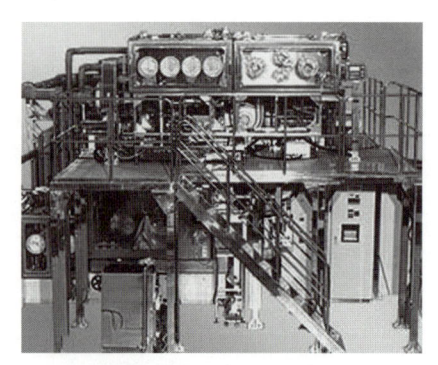

図4.10 アイソレーター
[出典：http://www.shibuya.co.jp/products/pharmaceutical/05 mekkin.html]

高剪断撹拌機とは異なった特徴があり，安定で均一な微粒子が効率的に得られる．また，これらの強い撹拌力を持つ装置を用いることで，皮膚への刺激が強いとされる乳化剤の添加量を減少できる可能性がある．しかし，乳化剤の働きには微粒子化しやすくする働きと，粒子を安定に保つ働きがあるため，実際，乳化剤フリーにするには，高分子増粘剤や粘土鉱物等を使用することによって系の粘性を増加させ，安定に保つ方法がある．また，レシチンやサポニンのような天然の乳化剤を使用する方法もある．

防腐剤フリーの製品には細胞破砕効果を持つマイクロフルイダイザーが利用でき，無菌・無塵状態で製造や充填作業を行うためにアイソレーター（図4.10）の使用が検討されている．

4.2　混合機・粉砕機

化粧品の粉体は，すでに粉砕されたものを用いることが多いので，二次凝集した粒子をほぐし，速やかに混合・分散を行うことを目的に粉砕機を使用されることが多い．また，分散機には湿式粉砕機として使用することができるものもある．

粉体を主体としたアイシャドーやパウダーファンデーションなどの製品の製造に用いられる

図4.11　パウダーミキサー

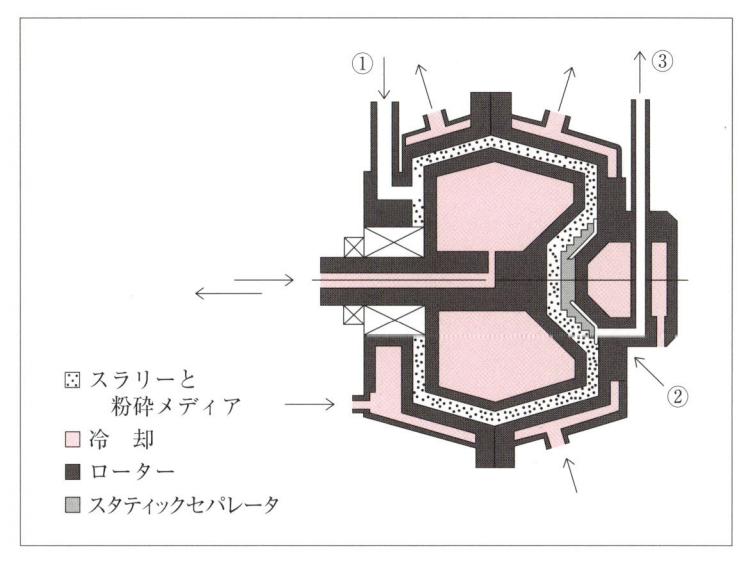

図4.12 アニュラー型ミルの機構
①より供給されたスラリーは粉砕チャンバー内で微粉砕され，ピラミッドスクリーン②で粉砕ビーズから分離されて，③から排出される．
［出典：Fragrance Journal編集部 編：香粧品製造学，フレグランスジャーナル社，2001］

図4.13 プラネタリー羽根　　　　　図4.14 ネリマゼ型羽根

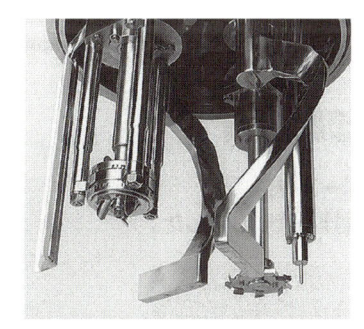

機種には，ヘンシルミキサーやハンマーミキサーがあり，種々の性質の顔料に若干の油分を添加し，均一分散系を得るために用いられる．ヘンシルミキサーにおいては，容器内を羽根が高速回転し，粉砕，混合を行うため操作時間は短時間であるが，製品の温度が上昇してしまうため，変色が起こることがある．

粉体の混合においては，化粧品ではV型混合器，パウダーミキサー（図4.11），リボンスプレンダーなどが一般的に使用されている．また，前述の粉砕機を混合機として用いられることも多い．混合機は粉末化粧品の調色や香料のふきつけなどに使用される．また，口紅の製造工程には，アニュラー型ミル（図4.12）も用いられている．

粉末が多く配合された超高粘度の原料をゆっくりと混合することによって，均一化を行う装置にプラネタリーミキサーやネリマゼ型練合機がある．プラネタリーミキサーは2本の枠型ブ

レードで構成され（図4.13），ブレード相互間とブレードとタンク内面の近い間隔により，デッドスペースが非常に少なく，強力な剪断力が得られ装置である．ネリマゼ型練合機はプラネタリーミキサーに高速高剪断ミキサーを付加した複合的な撹拌羽根が使用される装置である（図4.14）．

4.3　冷却機

通常，乳液やクリームなどの冷却方法には以下のものがある．

4.3.1　かきまぜ法

容器の外部から冷やすことにより，冷却効果の促進と均一性を保つためにかきまぜるもので，乳化機などの二重釜に冷却水を通すことで冷却効果を得る方法である．

4.3.2　プレート型熱交換機

幾層にも狭い間隔で並んだプレートの内部を製品と冷媒が交互に流れるようになったものである．乳化液の流れと冷媒の流れは逆行していて，高温の乳化液が流れるにつれて熱交換が行われ，冷却される構造となっている（図4.15）．また，流動する層の間隔が狭いため，乳化液の粘度が高くなると冷却作業が難しくなる．

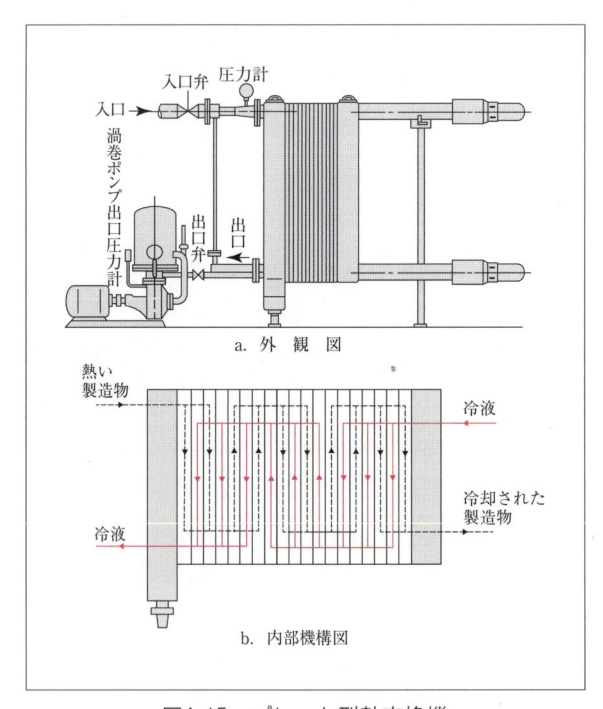

図4.15　プレート型熱交換機
［出典：光井武夫 編：新化粧品学, 南山堂, 1993］

4.3.3 掻き取り式熱交換機

ジャケット付きの円筒構造になっており，円筒内部には回転する掻き取り羽根が取り付けられている．この円筒中で原料の撹拌乳化を行いつつ，押し流され，冷却された筒と接触することにより熱交換をして冷却される（図4.16）．特徴として，急冷が可能であること，連続的に製品を製造できることから，粘度の高い乳液やクリームの製造に一般に広く使用されている．しかし，徐冷を必要とするクリーム，乳液の製造には不適である．

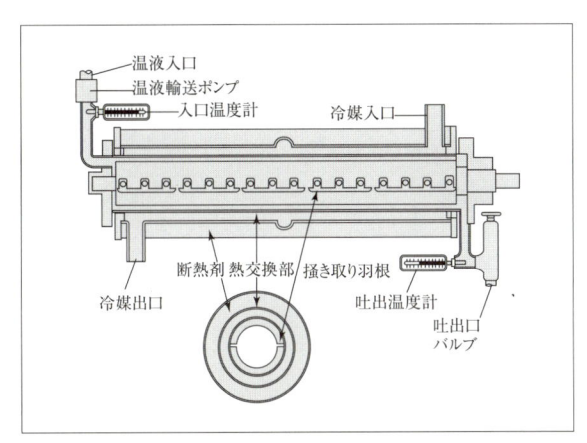

図4.16 掻き取り式熱交換機
[出典：光井武夫 編：新化粧品学，南山堂，1993]

4.4 成形機

口紅，アイシャドー，ファンデーションといったメイクアップ化粧品の製造プロセスには，粉体を加圧成形工程が行われている．

4.4.1 粉末成形機

最近の粉末成形機には自動プレスが採用されている．通常，自動プレス機は＜①中皿供給，②粉体を定量充填，③加圧成形，④製品取り出し，⑤金型を掃除＞の工程を自動的に行う．皿はプラスチック製も使用される．また，皿の誤差，粉末の物性などが自動プレス機の生産性に大きく影響を与える（図4.17）．

4.4.2 多色粉末成形機

近年，アイシャドー製品などに１つの皿に数種の色の異なった半製品を充填成形した製品が多くみられ，このような製品を製造する工程で多色粉末成形機が用いられる（図4.18）．

図4.17　粉末成形機

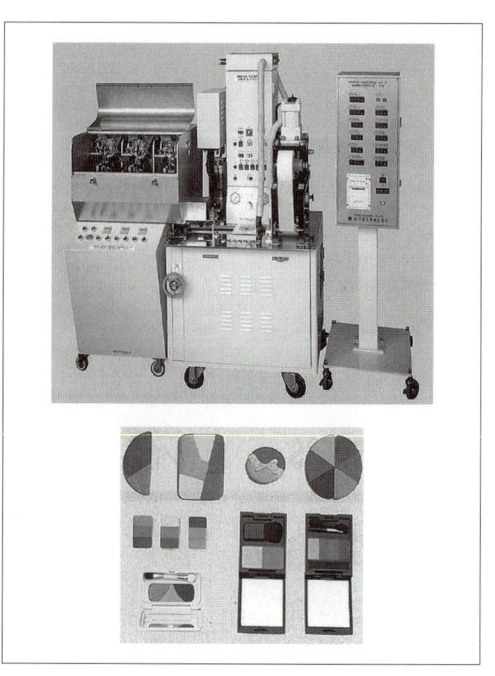

図4.18　多色粉末成形機

4.5　充填機・包装機

　充填作業は化粧品の製品化において重要な工程である．化粧品は充填する中身の種類や容器の形態・容量など多種多様である．これらに対応するため化粧品の充填機は，半自動のものから全自動のものまで多種販売されているが，主流は多品種少量生産対応の充填機である．また，充填機には特定の条件下に対応できても，充填物の粘度，充填する速さ，洗浄性の良いことが要求されるため，これらすべての条件に満足できる充填機の開発に力が注がれている．さらに，エアゾール製品の充填工程は，清潔で衛生状態の良い環境で行わなければならないし，特に，液状で微生物汚染に留意しなければならない製品の充填工程はクリーンルーム内で作業が行われる．

　包装工程ではレーベル貼り機，捺印機，バージンシール機，梱包機，ウェイトチェッカー機などが用いられる．

第 4 章　演習問題

1. 化粧品の製造装置が適合することが求められているものは何か答えよ．

2. 主な化粧品の製造装置の種類について答えよ．

3. 乳化剤フリーの化粧品の製造方法について答えよ．

4. 防腐剤フリー化粧品の製品品質の維持のために，どのような工夫がされているか答えよ．

第 5 章 化粧品パッケージング

　化粧品は，内容物と包装容器から構成されている．内容物の機能も重要であるが，消費者が化粧品の購入時に目にする包装容器のデザインは，商品情報を提供する重要な役割を果たすだけではなく，その化粧品の印象に影響を与えるものであり，化粧品の商品価値に大きく影響を与える．このような心理的効果は，店頭における商品選択で果たす役割のみならず，家庭などの使用場所においても必要であり，使用者の気分を高揚させるようなデザインが求められる．しかしながら，この包装容器の役割は，心理的効果を目的としたデザインだけではない．①内容物の変質を防ぎ，品質を保持する，②消費者が適量を取り出せるなどの使用性を向上させる，③化粧品の商品情報を表示する，④デザインにより販売促進効果を高める，など多岐にわたる．包装容器は，外装容器（外箱）と内装容器に分けられることがある．このうち①と②は，主に化粧品の内容物に直接接する内装容器の機能として重要であり，③と④は，主に化粧品には直に接することのない外装容器の機能として重要である．

　このように多様な役割を果たす包装容器は，様々な法律により管理されており，以下に代表的なものを紹介する．製造物責任法（PL法）は，①設計上の欠陥，②製造上の欠陥，③表示上の欠陥がないことを定めている．薬事法は，原則として製造から3年間は品質が変化しないこと，すなわち，消費者がその化粧品を使い終わるまで品質が変化しないことを定めている．薬事法や化粧品公正取引規約などは，包装容器のデザインに必要な記載事項や記載可能な広告表現などを規定されている．さらに，包装容器リサイクル法は，包装容器の製造や選択において考慮することを求めている．そのため，詰め替え容器の普及など，新しい形態の包装容器も普及してきた．なお，化粧品の包装容器に関する薬事法の詳細，特に包装容器の記載事項は，第2章および巻末の法令文章を参照いただきたい．

　上述のような様々な要因を考慮して，包装容器の素材，包装容器の種類や形状，色などは，適宜選択される．内装容器の素材としては，ガラス，金属，高分子（プラスチック）が主な素

材として使用されている．また，外装容器は，紙やプラスチックが主に使用されている．容器の形状は，細口びん，広口びん，チューブ容器，円筒状容器，パウダー容器，コンパクト容器，スティック容器，ペンシル容器，塗布容器，ポンプ式容器，エアゾール容器，容器に直接ブラシやアプリケーターなどが付随している容器などがあり，内容物の形状や性質により，適宜選択されている．

5.1 包装容器に求められる機能

　容器の最も重要な役割は，内容物と外部環境の境界の役割を果たし，化粧品が工場で生産されてから消費者が使い終わるまでの間，化粧品の品質を保持することである．そのために，①気体・液体の透過性，②遮光性などの密閉性は，重要である．容器や外部への内容物の透過は，容器の変形の原因となり，密閉性等に大きな影響を与える．さらに，このような内容物の外部への透過は，内容物の品質にも影響し，変臭，安定性の低下，変質など様々な劣化現象を起こす．また，内容物への外部環境からの太陽光線や空気の透過や容器素材の添加剤などの溶出は，内容物の酸敗や光分解などの劣化現象の原因となる．さらに，気候条件や環境条件による容器の劣化や内容物の変質などを生じないように，耐候性，耐熱性，耐寒性などの機能も求められる．一般的に，容器に用いられることが多いプラスチックはその種類や製法により，様々な性質を示すために，内容物との相性を確認した上で製品に使用することが求められる．

　包装容器は，内容物の保護機能だけではなく，消費者が使いやすい形状であるとともに，安全に使用できるデザインでなければならない．たとえば，1回あたりの使用量が少ない化粧液のような粘性のある化粧品には，スポイトなどの付随した容器が適切であり，比較的多くの量を手に取るクリームなどは，広口の容器が適切である．その他にも，フタなどの開封性，携帯性などを考慮して，容器のサイズや形状は，決定されている．このような使用性に考慮したデザイン性のみならず，落下時に容易に破損しないこと，鋭角部により人に傷などをつけないこと，指を挟むなどの事故が起きないこと，誤飲・誤食をしにくいこと，微生物などの異物が混入しにくいことなどの安全性に配慮した形状であることが必要である．さらに，化粧品は，健常人のみならず，様々な人が安全に利用できるように，ユニバーサルデザイン的な工夫をすることも求められている．一例を挙げると，目をつぶった状態で使用することの多いシャンプーとリンスの容器を区別するために，シャンプーの容器には，細かな突起をつけてある．この突起は健常人でも使用時に細かな文字を確認することなく，使用することができるために，便利である．

　以上のように，消費者が安全に化粧品を使用するための必要なことのみならず，包装容器の素材や形状は，製造工程における作業性や輸送の効率性などを考慮することも重要である．特に，容器包装リサイクル法により，廃棄物の分別収集のみならず，再商品化（再使用やペレット化）が実施されるようになり，リサイクルや廃棄物処理を考慮することも求められている．そのような社会環境の中で，過剰包装の軽減化，容器の減量化，容器の規格化などの取り組みによる廃棄物の軽減が図られている．ファンデーションなどのメイクアップ用の高価で高級感

あるコンパクトは，内容物を収容する容器を別に用意したリフィル容器が以前から使用されてきたが，ヘアシャンプー，ヘアリンスなどの日常的に使用する比較的廉価な化粧品においても，詰め替え容器の使用が増加してきている．

5.2 包装容器の素材

5.2.1 プラスチック

最近は，プラスチックが化粧品の包装容器の中心的な存在である．プラスチックは，軽量で，透明感，色調，形状などを比較的自由に選択することができる．化粧品容器に使用されるものは，加熱すると軟化する性質を持つポリエチレン，ポリプロピレン，ポリスチレン，ポリエチレンテレフタレートなどの熱可塑性樹脂である．一方，メラミン，ユリア樹脂などの熱硬化性樹脂は，熱可塑性樹脂に比較してその使用は少ないが，アクリル系樹脂は，金属感を出す化学メッキや真空蒸着を行うことができる素材として，高級感を演出する化粧品容器に使用されている．その他に，マスカラのブラシや接合部のパッキン材は，ゴム系の素材が使用されることもある．プラスチックは，加工性，耐衝撃性などに優れているとともに，物流やリサイクルの点においても優れている．その一方で，耐薬品，耐光性，透過性などに劣り，変形，クラッキングを生じることもある特性をもつ．耐薬品，耐光性，透過性で問題となる内容物は，水，エタノール，油性成分，界面活性剤，紫外線吸収剤，防腐剤，香料などが挙げられる．一般的に，プラスチックには，類似した極性をもつ物質を透過しやすい性質があるために，素材により，その特性は異なる．また，空気の透過により，内容物が酸敗したり，プラスチック原料に含まれている染料や安定剤などが溶出したり，化粧品内容物と化学反応を生じることもある．これらの劣化現象を抑制するために，化粧品内容物に接する内部を別の高分子でコーティングした素材，複数の素材をフィルム状に組み合わせて個々の素材のもつ欠点を補った素材，酸化防止剤や紫外線吸収剤を添加した素材などが使用されることが多い．また，遮光のために着色剤や紫外線吸収剤などを添加することもある．なお，小売店で市販されている旅行用の小分け用容器などは，内面部分がコーティングなどの処理がされていない場合もあり，長期間の使用や保存に適していないものもある．

ポリエチレンは，低密度ポリエチレンと高密度ポリエチレンに分類される．低密度ポリエチレンは，柔らかい特性を生かして，チューブなどに使用されることが多く，高密度ポリエチレンは，シャンプー，リンス，乳液，化粧水などのボトルやチューブに使用されることが多い．特に低密度ポリエチレンは，流動パラフィンのような物質を比較的透過しやすく，アルコールや界面活性剤等に接していると，クラッキングを生じることもある．また，通気性も比較的高い．そのため，エポキシ樹脂や耐油性の樹脂で内面をコートすることで，その透過性を改善することが必要となる．

ポリプロピレンは，耐薬品性や耐衝撃性に優れているため，折り曲げに強いことから，化粧品の使用に際して繰返し力を加えるワンタッチキャップなどの用途に適している．また，ポリ

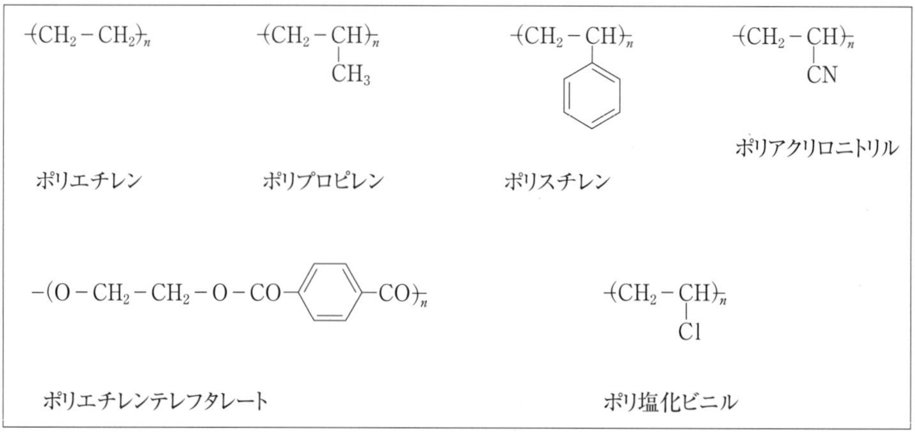

図5.1 主なプラスチックの化学構造

表5.1 主なプラスチックの吸水性

名称	吸水率（％）
ポリエチレン	<0.01
ポリプロピレン	<0.01
ポリスチレン	<0.1
アクリル樹脂（PMMA）	0.3
ABS樹脂	0.3
AS樹脂	0.2

スチレンやポリエチレンテレフタレートは，硬くて透明感があることから，コンパクトやスティック容器などのメイクアップ化粧品の容器や高級感を演出する化粧品などに使用されることがある．特に，ポリエチレンテレフタレートはリサイクル性にも優れた素材であり，さらなる使用の増加が見込まれる．その一方で，ポリ塩化ビニルは，焼却時に有害な塩素系廃棄物を生じるために，使用は減少しつつある．

5.2.2 ガラス

ガラスは，歴史的にも化粧品容器として古くから使用されてきた．ガラス素材として，二酸化ケイ素，酸化ナトリウム，酸化カルシウムを主成分とするソーダ石灰ガラス（軟質ガラス），二酸化ケイ素，酸化カリウム，酸化鉛を主成分とする鉛ガラス（クリスタルガラス），酸化ナトリウム，ホウ酸，二酸化ケイ素を主成分とするホウケイ酸ガラス（耐熱ガラス）などがある．いずれのガラスも化学的に不活性であり，プラスチックのように容器と内容物が化学反応を生じることもなく，加工性に優れているガラスは，化粧品容器として，適切な素材のひとつであり，現在でも多くの化粧品容器として利用されている．多くの化粧品には軟質ガラスが使用されているが，ガラスのもつ重量感や高級感から，芸術作品としての価値をもたせたガラス容器もあり，化粧品よりもインテリア的な目的で制作されている容器もある．このようなデザイン性の高いガラス容器は，クリスタルガラスが使用されることが多い．このクリスタルガラ

スは，一般的なガラスとは組成が異なることから，リサイクルに不向きである．また，ガラスは，耐衝撃性が劣ることによる安全性の問題や重量による物流コスト増加などの経済性の問題など，現代社会の仕組みに適合しにくい一面もある．また，ガラス容器は，アルカリ溶出する性質を一般的にもつ．そのため，香水などの芳香化粧品は変臭，化粧水などは変色や沈殿を生じることがある．一般に硬質ガラスよりも軟質ガラスは，アルカリ溶出量が多い．アルカリの溶出量は適切な試験方法であらかじめ予測することも可能であるが，内容物により異なるので，実際に処方ごとに確認することが必要である．

5.2.3 金属

口紅ケースやコンパクトなどの高級感を演出する必要のあるメイクアップ化粧品および，チューブ容器に用いられてきたが，最近ではプラスチックに置き換わりつつある．一方で，その構造上，多くのエアゾール容器には，金属が用いられている．容器自体の素材としての使用は少なくなっているが，ポンプのスプリングなど，容器の一部部品として使用されている．素材は，アルミニウム，銅，真鍮，鉄，それらの合金が用いられているが，内容物と接する部分では，腐食性を改善するために，表面を樹脂などでコートすることが多い．

5.3 容器の形状

5.3.1 チューブ容器

チューブ容器は，クリーム状やゲル状の内容物の容器として広く利用されており，筒状の容器の胴部に力を加えることにより，適量の中味を取り出すことができる．容器の材質は，アルミニウムやアルミラミネートなどが古くから使用されてきたが，近年では，ポリエチレン単層のものや，ポリエチレンの間にエチレン–ビニルアルコール共重合樹脂やアルミフィルムなどを挟み込んだ多層プラスチックの使用が増えてきた．また，フタの形状は，ネジ式からワンタッチ式に置き換わりつつある．

5.3.2 細口びん（ボトル容器）・広口びん（クリーム容器）

細口びんは，口部の外径が小さい容器で，主に化粧水，乳液，ヘアトニック，オーデコロンなどの溶液状の内容物に使用される．細口びんの口元には，穴の空いた中栓を装着していることが多く，一定量の中味が取り出しやすいように工夫されている．広口びんは，容器の口部の外径が比較的大きく，胴部の外径に近い容器で，主にクリーム状やゲル状の内容物に使用される．容器の材質は，ポリプロピレン，アクリロニトリル，スチレン樹脂，ポリスチレン，ポリエチレンテレフタレートなど，様々な素材が内容物の性質やデザインなどにあわせて使用されている．また，細口びんではガラスが使用されることも多い．いずれの容器も，ネジ式のフタが広く使用され，フタの内面には，発泡性素材などを装着し，気密性を確保していることが多い．

5.3.3 パウダー容器

パウダー容器は，主に粉白粉，ベビーパウダー，ルーズパウダーなどの粉末状の内容物に使用される．パウダー容器には，内容物を容器に直接入れるものと詰め替え容器を装着するものなどがあるが，いずれの形態においても，適量の内容物がパフやブラシに付着するように，ネット状のものが内容物の表面にセットされていることが多い．容器素材は，アクリロニトリルスチレンやポリスチレンなどが使用されている．ネット状の素材は，ナイロン等のメッシュに紙や樹脂の枠をつけたものや，多くの小さな穴があけられているポリエチレン製の中フタに似た形状のものなどが用いられる．パウダー容器には，内容物のみならずパフやブラシなどの塗布用品を収納する空間が設けられており，多くの製品がパフやブラシなどをセットにして販売している．

5.3.4 コンパクト容器

コンパクト容器は，多くの化粧品容器とは異なり，容器とフタがつながっていることを特徴とし，主に固形粉末状のファンデーションやアイメイクなどのメイクアップ化粧品に使用されている．また，フタに鏡を付ける，容器内に小さなブラシやパフなどの化粧道具が収納できるスペースを設けるなど，携帯に適している．内容物は，一般的に別の中皿に充填されたものを容器にセットすることが多く，コンパクト容器をそのままに中味のみを取り替えることができるリフィル容器を採用していることが多い．容器の材質は，屋外で使用することを前提としているために，高級感を演出することのできるアクリロニトリルスチレン，ポリスチレンまたは，金属などが使用されることが多い．

5.3.5 スティック容器

スティック容器は，固形状の内容物に使用され，主に口紅やリップスティックに使用されている．特に，直接肌に内容物を塗布することを目的とした容器で，手で掴みやすい棒状の形状が一般的であり，容器の一部を回転させることにより内容物を容器の外部へと繰り出して使用する．容器内の内底に固定された内容物が，ネジやラセンにより繰り出される．ラセン式は，内容物の外側にラセンが配置されており，口紅に使用されることが多い．ネジ式は，内容物の

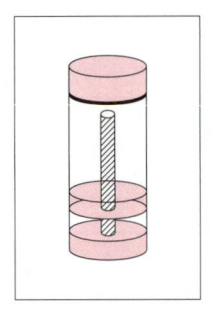

図5.2　スティック式容器（ネジ式）の構造

中心にネジが配置されており，唇の保護を目的としたリップクリームなどに使用されることが多い．容器の材質は，高級感を演出する口紅などには，アクリロニトリルスチレン，ポリスチレンまたは，金属を使用することが多く，リップクリーム等には，ポリプロピレンを使用することが多い．

5.3.6　ペンシル容器

ペンシル容器は，鉛筆（木軸ペンシル）やシャープペンシル（繰り出しタイプ）のような形状をしており，アイライナー，アイブロー，リップペンシルなどのポイントメイクに使用されている．木軸ペンシルは，鉛筆のように容器（木軸部分）も内容物とともに削りながら使用する．繰り出しタイプは，シャープペンシルの芯同様に，内容物のみを交換できるカートリッジ式のものが多い．ポイントメイクに使用する内容物はシャープペンシルの芯のように硬くなく，比較的柔らかい素材でできているため，繰り出しの方式は，ノック式よりも回転式が多い．コンパクト容器やスティック容器などとともに携帯されることがあるために，容器の材質は，プラスチックやアルミニウムなどの金属素材も使用されている．また，繰り出しタイプの繰り出し部分は，精密な構造を保つことが求められるために，他の化粧品容器には使用されることの少ない機械的強度に優れたプラスチックが使用されていることがある．

5.3.7　ブラシなどが付属した容器

ブラシが付属した容器は，主にマスカラやネイル用のマニキュアなどに用いられている．基本的な容器構造の特徴は，フタの内部に長い軸があり，その先端部分にブラシや筆などの塗布具が取り付けられていることにある．フタが締められている状態では，塗布具は，内容物に浸された状態にあり，フタをはずすと内容物が塗布具に適量付着した状態で取り出すことができる．容器の素材は，プラスチックや金属を組み合わせたものが多い．マスカラの容器に付属した塗布具の形状は，内容物の処方に合わせて，様々な工夫がされている．

5.3.8　ポンプ式ボトル

ポンプボトルは，主にシャンプー，ヘアリンス，ボディーシャンプー，ハンドソープなどに用いられている．基本的にポンプボトルは，内容物の入るボトル部分と内容物を押し出すポンプ部分から構成されている．ポンプ部分は，①内容物をポンプ内部に誘導する管，②1回の使用量を貯蔵するポンプ内部容器，③ポンプ内部容器から内容物を外部に排出するピストンとスプリングが付随した管から構成されている．また，①内容物をポンプ内部に誘導する管と②ポンプ内部容器および，②ポンプ内部容器と③ポンプ内部容器から内容物を外部に排出する管の間には，それぞれ弁が設置され，内容物の逆流を防いでいる．一般的にポンプボトル化粧品は，ポンプが押されている状態で販売されており，ポンプを上げることで使用が開始される．このポンプ内部容器から内容物を外部に排出するピストンが付随した管が上がる際に，ポンプ内部容器に内容物が満たされる．そしてポンプを押すと，ピストンの圧力により，ポンプ内部容器の内容物は，外部に押し出される．ピストン部分は，ポリエチレンやポリプロピレンなど

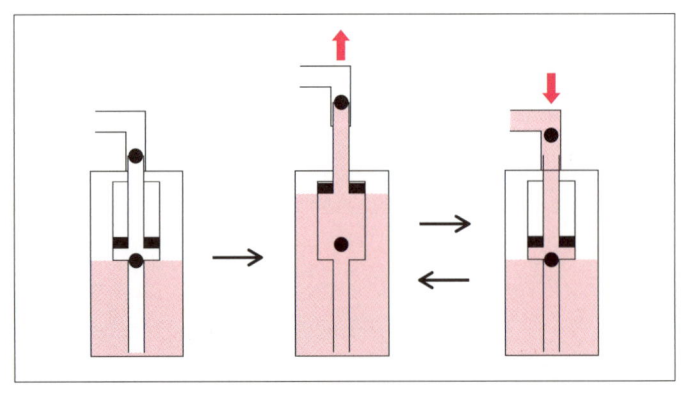

図5.3　ポンプ容器の仕組み

の軟質プラスチックが使用されることが多く，スプリングや逆流防止弁は，ステンレスなどの金属が使用されることが多い．また，ポンピングすることによりボトル底部分が上昇し，内容物を押し出すことによって内容物を取り出すことができるエアレスボトルと呼ばれる容器もある．ボトル内部が外部の空気に触れることがないことが特徴で，美容液などの容器に用いられることが多い．

5.3.9　エアゾール容器

　エアゾール容器は，圧縮したガスの圧力を利用して液体などの内容物を噴射する製品に用いられる容器であり，耐圧容器と噴射装置から構成されることを特徴とする．ポンプ式スプレー容器は，1回の操作で一定量の噴射しかできないが，エアゾール容器は，噴射装置を押し続けることにより，容器内に封入されている噴射ガスの作用により，長時間または，目的量を噴射することが可能である．噴射ガスに使用される液化石油ガス（LPG）は，耐圧容器内部において高圧状態で封入されており，液化している．LPGのような可燃性ガスの使用は環境に対する配慮から，窒素ガスなどを圧縮状態で充填したものもある．エアゾール容器は，耐圧容器であり，その規格には，高圧ガスの取り扱いに関する法律に基づくものであることが求められる．耐圧容器の素材は，一般的に衝撃に対する強度がある金属が用いられることが多いが，内容物と金属との化学反応や金属の腐食を防止するために，内面はコートすることが必要とな

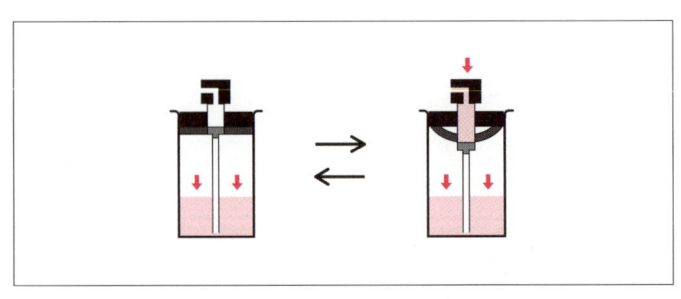

図5.4　スプレー容器の構造

る．また，合成樹脂製の耐圧容器は，主に小型容器に使用されていることが多い．噴射装置は，噴射状態や噴射量をコントロールするもので，一般的に金属製のスプリングを内蔵し，手を離すと噴射が止まるような構造になっている．

第5章　●　演習問題

1. 化粧品の包装容器の役割を簡単に述べよ．

2. リフィル容器や詰め替え容器が普及している理由を説明せよ．

3. 容器に使用される代表的な素材であるプラスチック，ガラス，金属のメリット，デメリットをそれぞれ挙げよ．

4. 旅行用に使用される化粧品の小分け容器に移し替えたものは，長期間にわたり使用しないことが求められる．その理由を述べよ．

5. 手に多量に取り，使用するクリームの容器として，適している容器形状を答えよ．

第 6 章

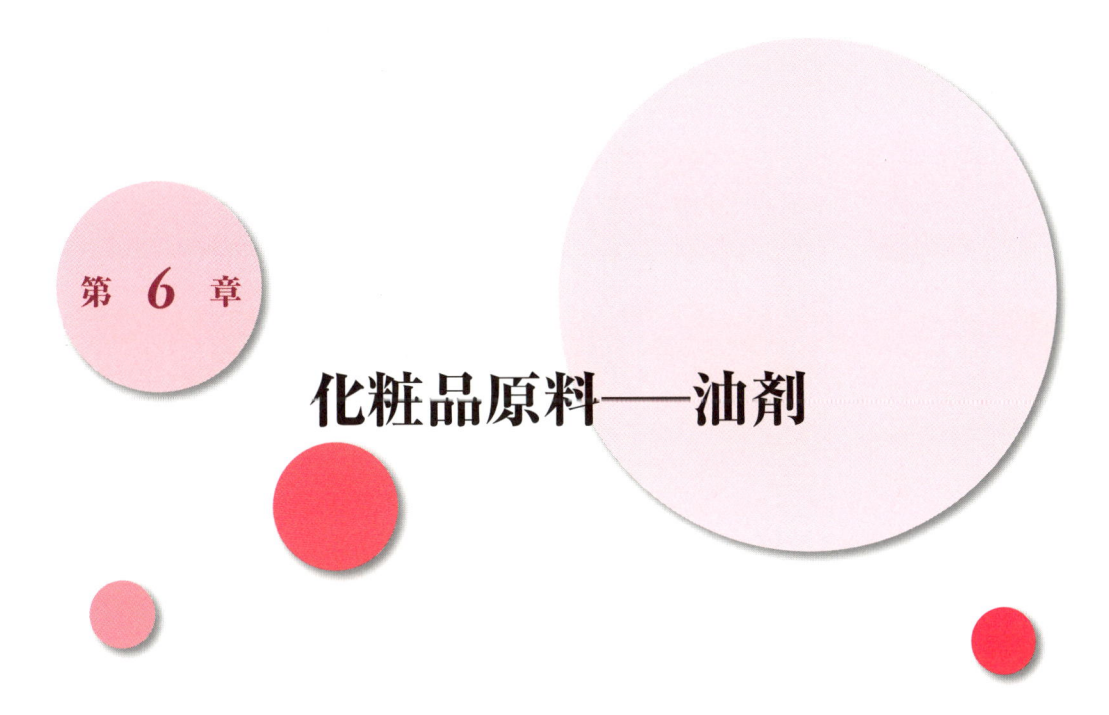

化粧品原料——油剤

　油性原料の多くは，脂質に分類される一群の物質である．脂質の広義な定義は，「生物から得られる水に溶けず，有機溶媒に可溶な有機化合物の総称」であり，化学構造に基づくものではなく，基本的に物性やその由来による．歴史的には，様々な脂質が化粧品に用いられてきたが，現在の化粧品には生物由来の物質のみならず，石油由来または化学的に合成されたものも数多く利用されている．したがって，油性原料は，「生物由来物または石油から得られる脂質や脂質に類似した性質を示す有機化合物」と定義できるであろう．

　油性原料の分類は，図6.1に示したように，一般的に化学構造により行われ，①油脂，②脂肪酸，③高級アルコール，④炭化水素，⑤ロウ，⑥エステル，⑦シリコーン油の7種類に分類されている．最も基本的な化学構造をもつものは，④炭化水素であり，炭素と水素のみから構成されている．この炭化水素の一部の水素（一般的に，末端炭素に結合した1つの水素）をカルボキシル基（COOH）または，ヒドロキシル基（OH）に置換したものが，それぞれ②脂肪酸，③高級アルコールである．そして，①油脂，⑤ロウ，⑥エステルは，②脂肪酸と③高級アルコールの両者またはいずれかの物質がエステル結合（COOまたはOCO）したエステル化合物である．⑦シリコーン油は，ケイ素を含むシロキサン結合（Si-O）をもつ化合物であり，一般的に油性原料に分類される物質であるが，脂質に分類される物質ではない．

6.1　油性原料の基本的特徴

6.1.1　油性原料の分類

　油性原料の分類には，化学構造に基づく分類のみならず，起源に基づく分類や状態（液体または固体など）による分類なども用いられている．起源による分類は，その由来から動物，植

図6.1 油性原料の化学構造の例

物，鉱物（石油から精製），合成の4種類に分類される．状態に基づく分類は，固体，半固体，液体の3つに分類される．上述のように油性原料は，一般的に化学構造に基づき分類されているが，化粧品製造の際は，状態や起源による分類法が優先されることがある．簡単な例を挙げると，クリームの製造等において固さの調整が必要である場合は状態に基づく分類で，天然素材にこだわりを持つ化粧品を製造する場合は起源による分類で，配合する油性原料を選択することがある．

6.1.2 皮脂膜の組成と機能

人の皮膚表面は，皮脂膜と呼ばれる膜で覆われている．皮脂膜は，皮脂腺から分泌される皮脂（脂質）と汗腺から分泌される汗（水分）から構成される一種のエマルションである．皮脂膜の役割は，生体において①適度な水分と空気の透過性を示し，発汗などの体温調整機能を妨げない，②皮膚や毛髪からの過度な水分蒸散を抑制し，乾燥を防ぐとともに，柔軟性や弾力を与える，③外部刺激などを軽減するとともに，外部からの異物の侵入や細菌による感染症の防止（殺菌作用）などが挙げられる．皮脂膜を構成する脂質は，遊離脂肪酸，トリグリセリド，ジグリセリド，モノグリセリド，ロウ，脂肪酸エステル，コレステロール，コレステロールエステルなど様々である．その割合は，人種，性別，年齢，さらには人体の部位，気候条件，季節などによって異なり，一定ではない．また，皮脂を構成する脂質に含まれる主な脂肪酸は，パルミチン酸やパルミトオレイン酸であるが，様々な奇数脂肪酸や分枝脂肪酸も含まれている．奇数脂肪酸と分枝脂肪酸は，直鎖脂肪酸に比較して，水に対する親和性が大きいことや殺菌作用が知られており，これらの脂肪酸が皮脂膜の機能に大きく寄与している．

6.2　油性原料の役割および使用法

6.2.1　皮膚および製品における役割

　油性原料の機能は，大きく2つに分けることができる．1つは，皮膚に対する生理機能であり，もう1つは，商品価値を保持または高める製品機能である．生理機能としては，皮脂膜の役割に近いものであり，①皮膚の水分蒸散を抑制し，皮膚に柔軟性や弾力性の付与（エモリエント効果），②皮膚表面の保護などが挙げられる．製品機能としては，①使用感（展延性，滑沢性，付着性など）の向上，②外観（光沢など）の向上，③添加剤などの溶剤作用，④香料の保留作用，⑤粉体の結合作用などが挙げられる．その他に，溶媒作用による皮膚表面の洗浄作用，皮膚表面でのマッサージ効果の促進，また一部の脂肪酸などには殺菌作用などの機能もある．このように多様な機能をもつ油性原料は，シャンプー，洗顔用化粧品，ファンデーション，口紅，クリーム，乳液，ヘアオイル，ネイルエナメル，香水などの多くの化粧品に配合されている．多くの化粧品において油性原料は，基剤または補助原料として配合されているが，1つの化粧品内で，上述の複数の役割を同時に担っていることが多い．

6.2.2　化粧品中の油性原料

　乳液やクリームのような化粧品において水と油性原料は，共存している．油性原料の中にも，ラノリンのように高い抱水性をもつ物質もあるが，一般的に，油性原料に対する水の溶解度は，ごくわずかであり，水と分離しやすい．そのため，一般的に水と油性原料を配合する多くの化粧品は，乳化剤などのように，水と油性原料を混和させる機能をもつ物質とともに配合される．また，多くの化粧品において配合される油性原料は，1種類ではなく複数の油性原料が組み合わされている．油性原料を組み合わせる場合，油性原料間でも互いに溶け合わないものもある．液状の植物油と固体状のロウは，高温では混和するが，常温ではロウが析出する．このような場合は，混和剤として適切な性質をもつ第3の油性原料が添加され，混和される．

6.3　油性原料の性質

6.3.1　油性原料の品質

　多くの油性原料は，動植物や石油からいくつかの精製工程を経て得られる．しかしながら，一般に精製された油性原料は，化学的に単一な物質ではなく，類似した化学構造をもつ物質の混合物である．例えば，石油から分留により得られる炭化水素の流動パラフィンは，炭素数15〜30の炭化水素の混合物であり，その組成は石油の産地などにより異なる．また，主に牛脂の加水分解で得られるステアリン酸は，その精製度合によりステアリン酸の割合は異なり，パルミチン酸など他の脂肪酸種をかなりの割合で含むことがある．そのため，油性原料の品質基準

は，一般的に液体，固体などの状態，比重，粘度，融点，平均分子量，主要成分の割合などで規定されている．天然油脂では，脂肪酸に含まれている二重結合数を示すヨウ素価や油脂を構成する脂肪酸の平均分子量の目安となるけん化価などが使用されている．なお，クリームなどのように使用感に影響を与える硬さの調整のためには，油性原料に対して独自の品質基準を設定する必要がある．さらに，動植物や石油を原料とするため，精製された油性原料中にも様々な微量成分が含まれる．特に動植物に由来する油性原料は，その生物特有の臭気や色調などが残ることがあり，これらの微量成分が品質や特性に大きな影響を与えることもある．また，油性原料に限ったことではないが，原料中の微量成分がアレルギーなどの原因となることもある．なお，微量成分は悪影響を及ぼすものだけではなく，植物油脂にはトコフェロールやポリフェノールのように酸化防止作用をもつ物質や脂溶性ビタミンなどの生理機能をもつ物質が含まれていることもある．これらの酸化防止作用や生理機能を持つ物質は，その油脂の付加価値を高めるものとして重要な役割を果たすことがある．

6.3.2 油性原料の劣化

油性原料，特に油脂は，経時的に劣化しやすい傾向がある．この劣化の原因は，微生物の作用によるものと，油脂の酸化作用によるものに大きく分けられる．なお，微生物や酸素による油脂の劣化を酸敗という．微生物の作用は，微生物のもつ酵素，すなわちリパーゼによる油脂の加水分解やリポキシゲナーゼによる過酸化脂質の生成などが挙げられる．油脂の酸化作用は，一般的に自動酸化と呼ばれる化学反応によるものであり，日光，酸素，温度，水分，金属，色素（光増感作用）などで促進され，常温においても徐々に進行する．油脂の自動酸化は，特に二重結合を複数有する高度不飽和脂肪酸をもつ油脂で顕著であり，活性酸素の一種であるペルオキシラジカルを生じる．このペルオキシラジカルは別の油脂から水素を奪い，過酸化脂質へと変化する．水素を失った油脂は酸素と反応し，ペルオキシラジカルを生じることで，油脂は連続的に酸化する．また，生成した過酸化脂質は，さらに臭気の原因となる低級脂

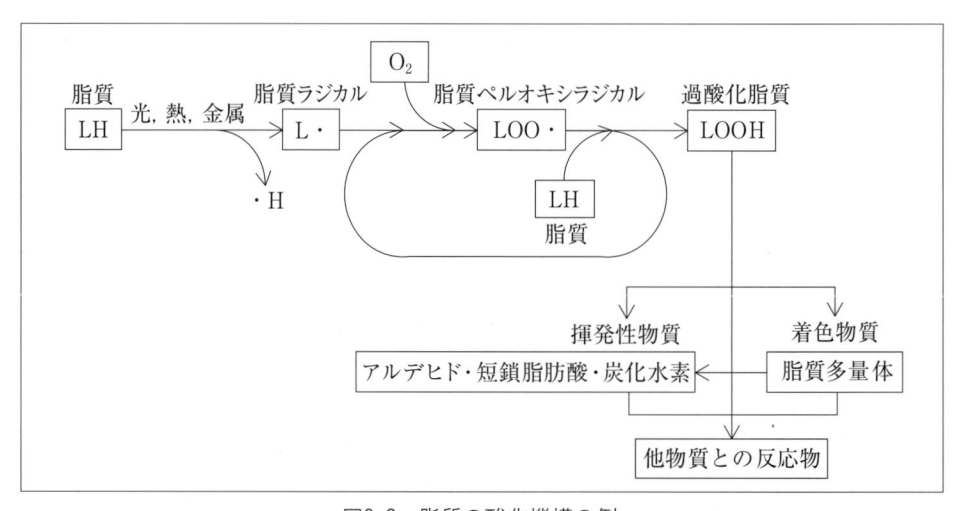

図6.2 脂質の酸化機構の例

肪酸や低級アルデヒドやケトンなどに変化する．

　このような油脂の酸敗による生成物は，油脂の色調，臭気などに悪影響を与えるだけではなく，ペルオキシラジカルや過酸化脂質は，皮膚に対する刺激物でもあり，その生成を抑制することは，油性原料を処方する際に，極めて重要である．そのために，油脂をはじめとする油性原料を含む化粧品は，酸敗を防ぐことが求められる．紫外線などの光の遮断に遮光容器の使用，金属イオンを不活性化するエデト酸塩などの金属イオン封鎖剤，脂質の自動酸化を抑制する酸化防止剤や微生物の増殖を抑制する防腐剤または，同様の機能を示す物質を配合することが多い．

6.4　油性原料の各論

6.4.1　油脂

　油脂は，1分子のグリセリンに3分子の脂肪酸がエステル結合したトリアシルグリセロール（トリグリセリド）を主成分とする物質の総称である．動植物から抽出された油脂は，化粧品原料や加工原料（脂肪酸や石けん等の材料）としても利用されている．なお，常温で液体のものを油（脂肪油），常温で固体のものを脂（脂肪）と称している．

　動物油脂は，牛脂や豚脂のように陸産動物由来と，魚油などの海産動物由来に分類され，その両者で化学的性質や物理的性質は異なる．陸産動物由来の油脂は，飽和脂肪酸や一価不飽和脂肪酸を主な構成脂肪酸としており，常温で固体のものが多い．一方，海産動物由来の油脂は，ドコサヘキサエン酸（C22：6）のような高度不飽和脂肪酸を含む液体のものが多い．高度不飽和脂肪酸は，空気中の酸素と反応しやすく，酸化劣化して乾燥固化するため，水素添加反応により高度不飽和脂肪酸を飽和脂肪酸に変換して固体脂として使用されることが多い．

　植物油脂は，カカオ脂やオリーブ油のように主に種子や実から抽出されるものが大部分であり，脱ガム，脱酸，脱色などのいくつかの工程を経て得られ，その種類は動物油脂よりも多い．植物油脂の状態は，飽和脂肪酸を主成分とする固体脂から不飽和脂肪酸を主成分とする液状油まで様々である．固体状の植物脂は，ミリスチン酸，パルミチン酸，ステアリン酸などの飽和脂肪酸を主たる構成脂肪酸とするトリグリセリドで，カカオ脂，シア脂，パーム脂，ヤシ油などが代表的である．植物油の分類は，構成脂肪酸に含まれる二重結合数（ヨウ素価）で分類され，二重結合数の多い油脂から順に，乾性油（ヨウ素価：130以上），半乾性油（ヨウ素価：100～130），不乾性油（ヨウ素価：100以下）に分類されている．乾性油は，主にリノール酸を主成分とする植物油が多く，大豆油，サフラワー油，月見草油，ブドウ種子油などが代表的である．一般的に魚油と同じく乾燥固化しやすい特徴をもつため，使用されることは少ないが，酸化防止剤を配合するなど，酸敗に十分に注意したうえで，使用されることがある．半乾性油は，主にリノール酸とオレイン酸を主成分とする植物油が多く，ナタネ油，トウモロコシ油，コムギ胚芽油，綿実油，アーモンド油などが代表的である．不乾性油は，主にオレイン酸を主成分とする植物油が多く，アボガド油，オリーブ油，ツバキ油，マカデミアナッツ油など

表6.1 主要油脂の主な脂肪酸組成（％）

原料		14:0	16:0	16:1	18:0	18:1	18:2	18:3	20:0	20:1
植物脂	カカオ脂		24.4		35.4	38.1	2.1			
	シア脂		4.0		41.0	47.4	6.1		1.5	
不乾性油	オリーブ油	0.7	10.6	0.8	3.1	79.1	4.9	0.3	0.2	0.2
	ツバキ油		8.2		2.1	85.0	4.1	0.6		
半乾性油	ゴマ油	0.6	9.7	0.1	5.0	39.4	44.4	0.3	0.4	0.2
	コーン油	0.7	11.9	0.1	2.5	39.5	44.4	0.3	0.4	
乾性油	大豆油	0.3	10.7	0.1	3.5	28.4	49.4	6.9	0.3	0.4
	サフラワー油		8.5		2.8	14.5	74.2			

が代表的である．その他に化粧品に使用される不乾性油に，ヒマシ油がある．ヒマシ油は，ヒドロキシ酸であるリシノール酸（約90％）を主成分とすることが特徴的であり，古くから口紅に使用されてきた．

6.4.2 ロウ

ロウは，1分子の脂肪酸と1分子の高級アルコールがエステル結合した物質の総称であり，油脂と同様に動植物に蓄積される物質である．一般的にロウを構成する脂肪酸や高級アルコールの炭素数は，炭素数20以上の長鎖のものが多い特徴がある．そのため，多くのロウは，常温で固体であり高い融点をもち，温度安定性，疎水性，硬度，光沢に優れた特性を示すものが多い．また，これらの化学構造上の特徴から，長鎖の脂肪酸や高級アルコール製造の原料としても使用される．なお，動植物由来のロウは，上記のエステルの他に，炭化水素，樹脂，脂肪酸，高級アルコールなどがかなりの割合で含まれている場合もあり，ロウの化粧品における特性を理解するためには，これらの成分に注目することも大切である．一例を挙げると，キャンデリラロウには炭化水素が40％程度，樹脂が15％程度含まれている．

ロウの分類は，起源と状態により行われ，①動物性固体ロウ（ミツロウ，ラノリンなど），②動物性液体ロウ（オレンジラッフィー油），③植物性固体ロウ（カルナウバロウ，キャンデリラロウなど），④植物性液体ロウ（ホホバ油）に分類される．ミツバチから採取されるミツロウは，古くからコールドクリームなどの乳化製品や，粘稠性を活かして口紅などのスティック状製品に利用されている．羊毛から得られるラノリンは，包水性があり，皮脂に似たエモリエント効果を示す．カルナウバヤシの葉や葉柄から得られるカルナウバロウや，キャンデリラ植物の茎から得られるキャンデリラロウは，他の油性原料に少量添加することで融点を上昇させる効果があり，スティック状製品に使用されることが多い．ホホバ種子から得られるホホバ油は，植物油と比較すると油性感が少なく，皮膚に馴染みやすいことから，ボディーオイル，クリーム，乳液などに用いられている．

6.4.3 脂肪酸

脂肪酸は，天然由来の油脂やロウを加水分解した後に精製することで得られる物質であり，

表6.2 主な脂肪酸の融点と構造

名称	炭素数：二重結合数	融点（℃）	構造
ラウリン酸	12:0	44.2	$CH_3-(CH_2)_{10}-COOH$
ミリスチン酸	14:0	53.9	$CH_3-(CH_2)_{12}-COOH$
パルミチン酸	16:0	63.1	$CH_3-(CH_2)_{14}-COOH$
パルミトオレイン酸	16:1	0.5	$CH_3-(CH_2)_5CH=CH(CH_2)_7-COOH$
ステアリン酸	18:0	69.6	$CH_3-(CH_2)_{16}-COOH$
オレイン酸	18:1	14.0	$CH_3-(CH_2)_7CH=CH(CH_2)_7-COOH$
リノール酸	18:2	-5.0	$CH_3-(CH_2)_3(CH_2CH=CH)_2(CH_2)_7-COOH$
リノレン酸	18:3	-11.3	$CH_3-(CH_2CH=CH)_3(CH_2)_7-COOH$

　一般的に1価カルボン酸であり、様々な分子種の脂肪酸の混合物である。一般的に、天然由来の脂肪酸の化学構造は、炭素数が偶数の1級カルボン酸である。脂肪酸の融点は、炭素数が多くなるに伴い高くなるが、同じ炭素数では、二重結合の数が多いものほど、融点が低くなる。また、近年では、石油から化学的に合成された合成脂肪酸も化粧品に多く使用されている。合成脂肪酸は、天然にはほとんど存在しない分枝脂肪酸や奇数脂肪酸であり、基本的にその純度は、天然由来の脂肪酸に比較して高い。

　化粧品に使用される動植物由来の脂肪酸は、一般的に炭素数12以上のものであり、大きく飽和脂肪酸と不飽和脂肪酸に分類される。飽和脂肪酸は、牛脂やヤシ油、パーム核油などの加水分解で得られ、ラウリン酸、ミリスチン酸、パルミチン酸、ステアリン酸などの固体状の脂肪酸が用いられる。飽和脂肪酸の用途は、クリームや乳液などに用いるのみならず、水酸化ナトリウム、水酸化カリウム、アルカノールアミン等のアルカリと中和して、石けん原料として使用されることも多い。不飽和脂肪酸は、不飽和脂肪酸を結合する油脂と同じく、飽和脂肪酸に比較して酸化に対して不安定であるため、その使用には酸化防止を行なう工夫が必要である。化粧品に最も多く用いられている不飽和脂肪酸は、主にオリーブ油やツバキ油などから得られる二重結合数が1つのオレイン酸であり、クリームや乳液の他に、毛髪に柔軟効果を与えるために、頭髪用化粧品に多く使用されている。化学合成で得られる代表的な合成脂肪酸は、イソステアリン酸が挙げられる。天然から得られる直鎖の脂肪酸（ステアリン酸）とは異なり、液状で、使用感が良く、水蒸気透過性、酸化安定性に優れているなど、天然由来の脂肪酸にはない特性を示す。そのため、合成脂肪酸は、メイクアップ用化粧品を中心に、多くの製品に用いられている。

6.4.4 高級アルコール

　高級アルコールは、一般的にロウを加水分解して得られるほか、高級脂肪酸を還元することで得られる物質である。その他に脂肪酸と同様に、動植物から得ることのできない奇数や分枝アルキル鎖をもつ高級アルコールなどが、石油から化学的に合成されている。化粧品に用いられる高級アルコールの大部分は、炭素数が6以上の直鎖一価アルコールで、固体状のものが大部分である。直鎖一価アルコールの中でセタノール（セチルアルコール）は、歴史的に古くか

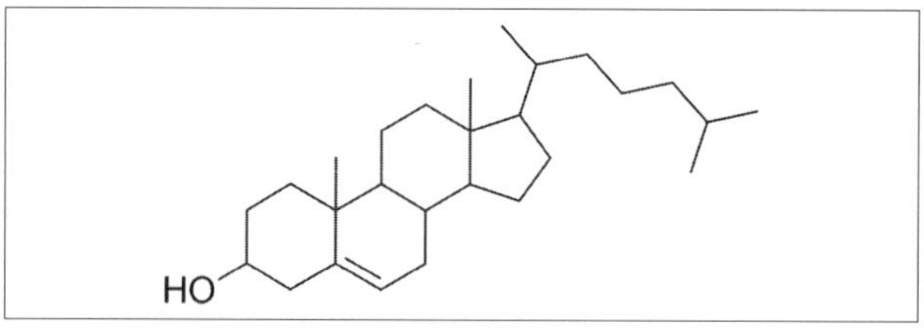

図6.3 コレステロールの化学構造

らクリーム，乳液，スティック状製品などをはじめとする乳化製品に使用され，エマルションの乳化助剤として製品の安定化に寄与している．また，製品に光沢等を与えるとともに，肌に与える感触が良く，皮膚や毛髪へのエモリエント効果を示す．ステアリルアルコールやオレイルアルコールが乳化助剤，エモリエント剤として使用されることが多い．また，ラウリルアルコールは，シャンプーの主要原料として多く用いられているラウリル硫酸エステル類や各種の陰イオン界面活性剤の原料として用いられている．

動植物由来の油脂やロウから得られるアルコールの中には，環状構造をもつアルコールも存在する．これらの環状アルコールの多くは，一般的にステロールと呼ばれる一群の化合物で，コレステロールは，主に動物から得られる代表的なものである．コレステロールは，皮脂膜を構成する成分の一つであり，エマルションの安定性を高める乳化助剤として，様々なクリームや乳液などに用いられる．

6.4.5 炭化水素

炭化水素は，炭素と水素の化合物で，動植物や石油から得られる．石油から分留される炭化水素は，鉱物性炭化水素と呼ばれ，化粧品には通常炭素数が15以上の飽和化合物であるパラフィン系炭化水素が使用され，流動パラフィンやワセリン，パラフィン，セレシンなどの名称のものが知られている．これらの炭化水素は，官能基をもたないために化学的に不活性であるとともに，皮膚への浸透性もほとんどない．これらは，クレンジングやコールドクリーム，マッサージクリームの主要原料として用いられている．流動パラフィンは，炭素数15～30の炭化水素で常温において液状，ワセリンは，炭素数24～34の炭化水素で常温において非晶質の半固体状，パラフィンは，炭素数16～40の炭化水素で常温において結晶性の固体である．マイクロクリスタリンワックスは，炭素数31～70で，融点が60～85℃と高い．融点の高い炭化水素は，口紅やスティック製品に用いられてきたが，最近ではその使用は減少している．動植物性炭化水素は，スクワランやプリスタンが挙げられる．スクワランは，液状の炭素数30の分枝鎖をもつ炭化水素で，深海鮫の肝油から採取した不飽和炭化水素のスクワレンに水素添加したもの，オリーブなどの植物油脂から分別されたスクワレンを水素添加したものに加え，イソプレンを原料に化学合成したものがある．スクワランは安定性が高く，皮膚への親和性，使用感が非常に良いので，スキンケアまたはヘアケア，メイクアップなどに用いられている．プリスタンは，深海鮫の肝油由来のスクワレンとともに含まれる成分で，炭素数19の分枝鎖をもつ炭化水素である．

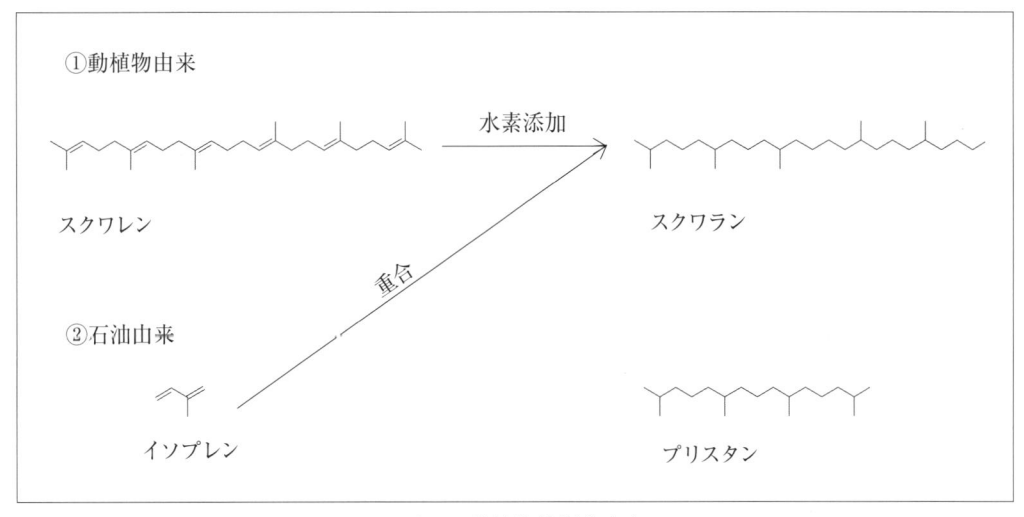

図6.4　動植物性炭化水素

6.4.6　エステル

　エステルは，カルボン酸とアルコールが脱水縮合した化合物であり，様々なカルボン酸とアルコールを原料として，化学合成される．カルボン酸として，脂肪酸の他に，乳酸，リンゴ酸，コハク酸などの水溶性物質も使用される．一方，アルコールとして，高級アルコールの他に，水溶性物質のエタノール，イソプロピルアルコール，グリセリン，プロピレングリコールなども使用される．すなわち，天然では得ることのできないトリイソステアリン酸グリセリルなどの油脂（合成油脂）やオクタン酸セチルのようにロウに類似した化学構造を持つエステルのみならず，ミリスチン酸イソプロピル，乳酸セチル，リンゴ酸ジイソステアリルのようにエステルを構成するカルボン酸とアルコールのいずれかが油性原料であるエステルも合成されている．エステルは，その組合せにより使用目的に適した性状や機能をもつ物質が合成できるため，化粧品油性原料の中で種類は最も多い．また，自由な組み合わせで合成できることから，新しいエステル化合物の研究開発は，盛んに行なわれている．一般的にエステルは，粘性が低い液状で，他の油性原料とともに用いることで，油っぽい感覚を少なくし，エモリエント効果を示す．また，混ざり合わない油性原料の混和，ビタミン類，染料や香料をはじめ様々な物質の溶剤としても用いるほか，増粘剤，不透明化剤などの用途でも用いられる．

6.4.7　シリコーン油

　シリコーン油は，有機ケイ素化合物の縮重合体のうち，低粘度の油状液体のものを示す．なお，重合度の高いものは，シリコーン樹脂と呼ぶ．シロキサンやジメチコンの名称を含む配合成分は，これらの有機ケイ素化合物である．シリコーン油の化学構造は，一般的に直鎖状の高分子であるが，重合度，構造，ケイ素に結合する置換基の種類などにより，その性質は異なる．環状ジメチルシリコーン油は，揮発性をもつ溶剤として使用される．直鎖状ジメチルシリコーンの中で，メチルポリシロキサンは，使用感がソフトであり，撥水性，保護皮膜形成など

の作用を示す．そのため，メイクアップや日焼け止めなどの耐水性が必要となる化粧品で使用されることが多い．また，メイクアップ化粧品に用いられる無機顔料のコーティングなどにも利用されている．メチルフェニルポリシロキサンは，様々な油性原料との相溶性に優れており，さらに油性原料のべたつきを抑制し，感触を向上させることため，基礎化粧品からメイクアップ化粧品まで幅広く使用されている．

第6章　演習問題

1. 油性原料とは，どのような性質をもつ物質であるか説明せよ．

2. 次の油性原料を化学構造の特徴で7種類（油脂，脂肪酸，高級アルコール，炭化水素，ロウ，エステル，シリコーン油）に分類せよ．

> スクワラン・ラノリン・乳酸セチル・パラフィン・パルミチン酸・セレシン・シア脂・カルナウバロウ・パーム脂・サフラワー油・リノール酸・ブドウ種子油・オレイン酸・オリーブ油・ツバキ油・キャンデリラロウ・メチルポリシロキサン・ミツロウ・セタノール・オレイルアルコール・ワセリン・ミリスチン酸イソプロピル・リンゴ酸ジイソステアリル・メチルフェニルポリシロキサン

3. 油性原料の機能を皮膚に対する機能と製品に対する機能に分けて説明せよ．

4. 油性原料を配合する化粧品には，一般的に酸化防止剤や防腐剤が配合されることが多い理由を説明せよ．

5. 乾性油と不乾性油の化学構造上の違いを述べよ．

第 7 章

化粧品原料——界面活性剤

　界面活性剤は図7.1に示すように，分子内に水になじみやすい親水基と油になじみやすい親油基を持ち，溶液の界面において著しい界面活性を示す物質をさす．界面活性とは気体と液体，油と水のような互いに溶解しない液体どうし，固体と液体など，2つの相によって形成される界面に吸着して界面の性質を変えることであり化粧品の基剤を作る上で，また機能を与える上で重要な役割を果たしている（図7.2）．

　乳液には油と水，メイクアップ化粧品やサンケア化粧品には粉末と油分，水が含まれているように，化粧品の多くは水と油，粉末など互いに溶解しない物質が組み合わされて構成されており，粉末や液体を微粒子として他の液体中に懸濁することで均一な剤型が作られる．ここで，液体を微粒子化しもう一方の液体中に懸濁することを乳化，粉末を微粒子化して液体中に懸濁することを分散といい，界面活性剤が重要な役割を果たしている．乳化の場合，界面活性剤は油と水が接する界面に吸着し界面張力を下げることで微粒子化を容易にし，さらに界面活性剤の吸着膜が粒子間の凝集や合一を防ぎ安定性を保っている．一方，粉末を液体中に微細に分散させる場合，界面活性剤は粉末表面に吸着し液体と粉末との濡れを促し，さらには分散し

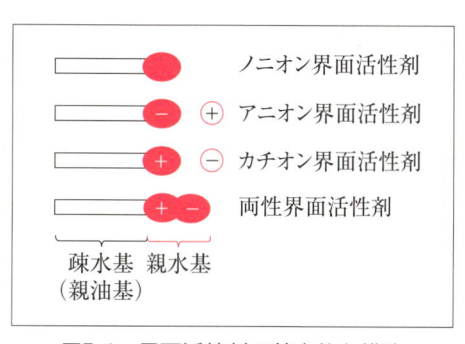

図7.1　界面活性剤の基本的な構造

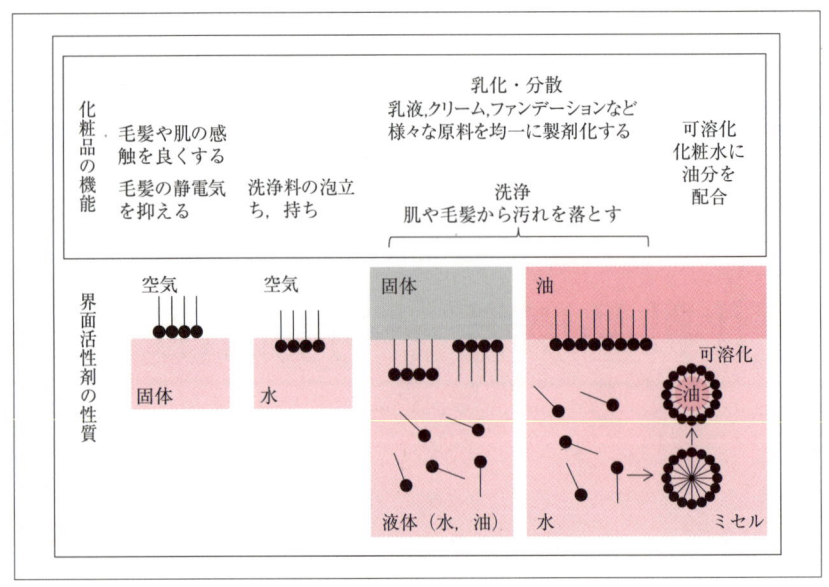

図7.2 界面活性剤の性質と化粧品の機能

表7.1 界面活性剤のHLB値と物性および機能の関係

(a) 界面活性剤のHLB値と水への溶解性

HLB	水への溶解性
13以上	透明に溶解
10〜13	半透明な液
8〜10	安定な乳濁液
6〜8	振り混ぜると乳濁液となる
3〜6	わずかに分散
1〜3	分散もしない

(b) 界面活性剤のHLB値と界面活性剤の機能

HLB	主な用途
15〜18	可溶化剤
13〜15	洗浄剤
8〜18	O/W乳化剤
7〜9	湿潤剤
4〜6	W/O乳化剤
1.5〜3	消泡剤

た粒子どうしの凝集を防ぐ働きをする．これらのプロセスは肌から汚れを落とす洗浄のプロセスとも関係している．親水性界面活性剤は水中で臨界ミセル濃度（cmc）以上において界面活性剤分子が集合したミセルという会合体を形成し，その内部には水に溶解しない油性成分を取り込み安定に溶解させることができる．この現象は可溶化と呼ばれ，水中に油性成分や香料，色素，油溶性の薬剤などを透明に添加することができることから，化粧水や頭髪用製品などに利用される．このほか，界面活性剤は，洗浄，起泡，消泡，湿潤，潤滑，帯電防止，殺菌などの作用があり，化粧品にさまざまな機能をもたらしている．

界面活性剤は親水基と親油基からなり，それぞれの強さの相対的なバランスにより界面活性剤の性質が決まる．これをHLB（親水性-親油性バランス，Hydrophilic-Lipophilic Balance）といい，大きいほど界面活性剤は親水性が大きいことを示す．Griffinはノニオン界面活性剤の乳化実験から経験的に界面活性剤のHLBを数値化する方法を提案し，界面活性剤の性質を表す指標として一般的に用いられている．表7.1に界面活性剤のHLB値と水への溶解性，界面活性剤の機能の関係を示した．

表7.2 代表的な疎水基（親油基）と親水基の構造

疎水基（親油基）	親水基
炭化水素基 $CH_3-(CH_2)_n-$ $CH_3-(CH_2)_n-CH=CH-(CH_2)_m-$ $CH_3-(CH_2)_n-CH(R)-(CH_2)_m-$ 有機ケイ素基 $H_3C-Si(CH_3)_2-O-(Si(CH_3)_2-O)_m-(Si(CH_3)(CH_3-O)-O)_n-Si(CH_3)_3$ ポリオキシアルキレングリコール基 $-(CH(R)-CH_2-O)_m-$ R：Hまたはアルキル基	アニオン基 　カルボン酸塩　$-COO^-M^+$ 　硫酸エステル塩　$-OSO_3^-M^+$ 　ポリエーテル硫酸エステル塩 　　　　　　　　$-O(CH_2CH_2O)_nSO_3^-M^+$ 　リン酸エステル塩　$-OPO_3^{2-}\,2M^+$ カチオン基 　四級アンモニウム塩　$-N^+(CH_3)_3\ Cl^-$ 　　　　　　$-N^+(CH_3)_2CH_2C_6H_5\ Cl^-$ 両性イオン基 　ベタイン型　$-N^+(CH_3)_2CH_2COO^-$ 　カルボン酸塩　アミン型　$-NHCH_2CH_2COOH$ ノニオン基 　ポリオキシエチレン　$-O(C_2H_4O)_nH$ 　グリセリン　$HO-CH_2-CH(OH)-CH_2-O-$

7.1　化粧品に用いられる界面活性剤

　界面活性剤には多くの種類があるが，水に溶解した際にイオンに解離するイオン性界面活性剤と解離しない非イオン界面活性剤に大別される．イオン性界面活性剤は溶解した際に親水性部分が陰イオンとなるアニオン界面活性剤と陽イオンに解離するカチオン界面活性剤さらにアニオン性とカチオン性を同時に持つ両性界面活性剤に分けられる．疎水基としてはアルキル基が一般的であるがジメチルポリシロキサンなどのシリコーン鎖，ポリアルキレンオキサイド鎖を疎水基としたものもある．表7.2に代表的な疎水基（親油基）と親水基の構造を示す．

7.2　アニオン界面活性剤

　水に溶解した時に親水基が陰イオンになる界面活性剤をアニオン界面活性剤といい，親水基の構造からカルボン酸型，硫酸エステル型，スルホン酸型，リン酸エステル型に分類され，一般に中和されてナトリウム塩，カリウム塩，トリエタノールアミン塩として用いられている．表7.3に化粧品に用いられる主なアニオン界面活性剤の構造と機能を示す．

7.2.1　高級脂肪酸石けん

　高級脂肪酸石けんは，最も歴史が古く現在でも汎用されている界面活性剤である．長鎖のア

表7.3 化粧品に用いられる主なアニオン界面活性剤の構造と機能

名称	構造	使用目的
高級脂肪酸石けん	$RCOO^- M^+$　　　$R : C_7 \sim C_{21}$ 　　　　　　　　$M : Na, K, N(CH_2CH_2OH)_3$	洗顔料 ボディ洗浄料
アルキル硫酸エステル塩	$ROSO_3^- M^+$　　　$R : C_{12} \sim C_{18}$	シャンプー 歯磨き
アルキルエーテル硫酸エステル塩	$RO(CH_2CH_2O)_nSO_3^- M^+$　　　$R : C_{12} \sim C_{18}$	シャンプー ボディ洗浄料
アルキルリン酸エステル塩 アルキルエーテルリン酸エステル塩	(アルキルリン酸エステル構造) および (アルキルエーテルリン酸エステル構造)　　　$R : C_{12} \sim C_{18}$	洗顔料 ボディ洗浄料 シャンプー 乳化剤
Nーアシルアミノ酸塩	(N-アシルアミノ酸構造 COOH/COO⁻ M⁺)　　　$R : C_{12} \sim C_{18}$	洗顔料 ボディ洗浄料 シャンプー
NーアシルNーメチルタウリン塩	(N-アシル-N-メチルタウリン構造 SO₃⁻ M⁺)　　　$R : C_{12} \sim C_{18}$	洗顔料 ボディ洗浄料 シャンプー

ルキル基を持つ高級脂肪酸をアルカリで中和して得られる．高級脂肪酸としては，ラウリン酸，ミリスチン酸，パルミチン酸，ステアリン酸，ベヘン酸などが，アルカリには水酸化カリウム，水酸化ナトリウム，トリエタノールアミン，塩基性アミノ酸などが用いられる．アルキル基の短いもの（C12-16）は泡立ちが良く洗浄力に優れることから洗顔料，シェービングクリームに用いられ，アルキル基の長いもの（C18以上）はクリームや乳液の乳化剤として用いられる．

7.2.2 アルキル硫酸エステル塩

　高級アルコールを無水硫酸などによって硫酸化したのちアルカリで中和して得られる．ラウリル硫酸ナトリウムなど，アルキル基の短いものは水によく溶け泡立ちが良く洗浄作用が良好なのでシャンプー基剤や歯磨きの発泡剤に用いられる．

7.2.3 アルキルエーテル硫酸エステル塩

　ポリオキシアルキレンアルキルエーテルを硫酸化しその後アルカリで中和して得られる．エチレンオキシドを導入したことで水溶性や耐硬水性が向上するとともに，皮膚に対する刺激も低く，優れた泡立ちと洗浄作用からシャンプーなどに用いられる．

7.2.4 アルキルリン酸エステル塩・アルキルエーテルリン酸エステル塩

　高級アルコールまたはそのポリオキシエチレン誘導体をリン酸エステル化し，アルカリで中和して得られる．高級アルコールのリン酸エステルとしてはモノエステル塩，ジエステル塩，トリエステルの3種がある．刺激が低く，皮膚に対してマイルドな特徴がある．石けんと異な

り中性で使用することができる．洗顔料やボディ洗浄料などに用いられる．

7.2.5 N-アシルアミノ酸塩

アミノ酸をアシルクロリドでアシル化して得られる．代表的なものに，N-アシルグルタミン酸塩，N-アシル-N-メチル-βアラニン塩，N-アシルサルコシネート塩があげられる．N-アシルグルタミン酸塩は弱酸性でも泡立ちに優れ，耐硬水性も高い．特に，皮膚刺激性が低く安全性の高い界面活性剤としてシャンプー，ボディ洗浄料，洗顔料などに用いられている．

7.2.6 N-アシルN-メチルタウリン塩

アシルクロリドとメチルタウリン塩との脱塩酸反応などによって得られる．安全性に優れ，弱酸性でも硬水中でも使用できるアニオン性界面活性剤である．起泡力や洗浄力に優れ，シャンプーや洗顔料などに用いられる．

7.3 カチオン界面活性剤

水に溶解した時に親水基が陽イオンになる界面活性剤をカチオン界面活性剤という．カチオン界面活性剤はアミン塩型と第四級アンモニウム塩型に分けられるが，化粧品には四級アンモニウム塩が良く用いられている．脂肪酸石けん（親水基は陰イオンに解離）とはイオン性が逆であることから逆性石けんとも呼ばれる．毛髪の表面はマイナスに帯電していることからプラスイオンであるカチオン界面活性剤は毛髪に吸着し柔軟効果や帯電防止効果を示し，リンスやコンディショナーの機能成分として使用されている．また，カチオン界面活性剤には抗菌作用を示す物質が多く，特に塩化ベンザルコニウムや塩化ベンゼントニウムは殺菌性が強いので殺菌，消毒剤として用いられている．表7.4に化粧品に用いられる主なカチオン界面活性剤の構造と機能を示す．

表7.4 化粧品に用いられる主なカチオン界面活性剤の構造と機能

名称	構造	使用目的
塩化アルキルトリメチルアンモニウム	$R-N^+-$ Cl^- R：C_{16}〜C_{22}	ヘアリンス
塩化ジアルキルジメチルアンモニウム	$R-N^+-$ Cl^- R：C_{16}〜C_{22}	ヘアリンス
塩化ベンザルコニウム	$R-N^+$(ベンジル) Cl^- R：C_{12}〜C_{14}	（殺菌剤として）シャンプー ヘアトニック ヘアリンス

7.3.1　塩化アルキルトリメチルアンモニウム

第四級アンモニウム塩型の代表的なカチオン界面活性剤である．主にリンスやコンディショナーなどのヘアケア製品に配合され毛髪に柔軟性を与える．

7.3.2　塩化ジアルキルジメチルアンモニウム

優れた繊維の仕上げ剤であり，毛髪に柔軟性，平滑性，帯電防止性を与える．

7.3.3　塩化ベンザルコニウム

逆性石けんとして知られ，殺菌剤としてシャンプーやヘアトニック，ヘアリンスなどに使用されている．

7.4　両性界面活性剤

分子中にアニオン性の親水基とカチオン性の親水基を併せ持つ界面活性剤を両性界面活性剤という．両性界面活性剤は酸性側ではカチオン性に解離しカチオン界面活性剤として，アルカリ性側ではアニオン性に解離しアニオン界面活性剤として働き，分子が中性となる等電点付近ではノニオン界面活性剤のような性質を示す．化粧品に用いられる両性界面活性剤は，アニオン性の親水基はカルボン酸が一般的で，アミノ基をカチオン性親水基とするアミノ酸型と第四級アンモニウム塩構造を持つベタイン型に大別される．また，イミダゾリン環を持つものも用いられている．

両性界面活性剤は皮膚刺激性が低く，洗浄性，柔軟効果，殺菌力などを併せ持つものが多く，シャンプーや洗顔料などに用いられている．一般にイオン性界面活性剤はpHの変化や共存する電解質によって性質が変化するという問題点を持つが，両性界面活性剤は幅広いpHで使用でき，またイオン性界面活性剤と組み合わせることでイオン性界面活性剤の不利な点を補うことができる．表7.5に化粧品に用いられる主な両性界面活性剤の構造と機能を示す．

表7.5　化粧品に用いられる主な両性界面活性剤の構造と機能

名称	構造	使用目的
アルキルジメチルアミノ酢酸ベタイン	R-N$^+$(CH$_3$)$_2$-COO$^-$　R：C$_{12}$～C$_{18}$	シャンプー 洗顔料 ボディ洗浄料
アルキルイミダゾリニウムベタイン	R-CO-CH$_2$-CH$_2$-N(CH$_2$CH$_2$OH)-CH$_2$-COO$^-$Na$^+$	シャンプー 洗顔料 ボディ洗浄料

7.4.1 アルキルジメチルアミノ酢酸ベタイン

第四級アンモニウム塩のカチオン部とカルボン酸塩型のアニオン部からなる両性界面活性剤である．水への溶解性に優れ幅広いpHにおいて使用できる．起泡性，洗浄性に優れ毛髪の柔軟効果や帯電防止効果があることからシャンプーやリンスに用いられている．

7.4.2 アルキルイミダゾリニウムベタイン

イミダゾリン環を持つ両性界面活性剤である．水溶液中で加水分解し開環している．起泡性と洗浄性に優れ，皮膚や眼に対する刺激がほとんどなく安全性が高い．ベビーシャンプーなどに用いられる．

7.5 ノニオン（非イオン）界面活性剤

水溶液中においてイオンに解離しない親水基を持つ界面活性剤をノニオン界面活性剤という．ノニオン界面活性剤は親水基にエチレンオキシド（$-CH_2CH_2-O-$）などエーテル型酸素を含むポリエチレングリコール型とグリセリンや糖水酸基（OH基）をいくつか集めた多価アルコール型に大別される．ノニオン界面活性剤は親油基となる脂肪酸や高級アルコールの種類，親水基となる多価アルコールの種類やエチレンオキサイドのユニット数などを変えることにより水溶性から油溶性までの幅広い性質のものが得られる．すなわち，さまざまな親水性-親油性バランス（HLB）のものを作ることができ，この構造の多様性により乳化や洗浄などさまざまな機能をカバーしている．表7.6に化粧品に用いられる主なノニオン界面活性剤の構造と機能を示す．

7.5.1 ポリエチレングリコール型ノニオン界面活性剤

高級脂肪酸，高級アルコール，アルキロールアミド，ソルビタン脂肪酸エステルにエチレンオキシドを付加重合して得られる．エチレンオキシド基の親水性は水との水素結合に由来し，このエチレンオキシド基の数で界面活性剤のHLBを変えることができる．EO基は温度の上昇により水素結合が低下するため温度とともに親油性の性質が強くなる．乳化能や可溶化能に優れ，クリームや乳液などの乳化剤として，香料やエモリエント成分，薬剤などを化粧水に配合するための可溶化剤として用いられている．

7.5.1.1 ポリエチレングリコールアルキルエーテル

高級アルコールにエチレンオキシドを付加重合したものである．高級アルコールとエチレンオキシドがエーテル結合しており酸，アルカリ，熱に強く加水分解されにくい．化粧品に用いられているものはアルキル基がラウリル，セチル，ステアリル，ベヘニル，オレイルなどの直鎖アルコールが多く用いられている．エチレンオキシドの付加モル数により親油性から親水性まで幅広いHLBのものが得られる．乳化剤，可溶化剤としてさまざまな化粧品に用いられている．

表7.6 化粧品に用いられる主なノニオン界面活性剤の構造と機能

名称	構造	使用目的
ポリエチレングリコールアルキルエーテル	RO(CH₂CH₂O)ₙH　R：C$_{12}$~C$_{24}$	可溶化剤 乳化剤
ポリエチレングリコール脂肪酸エステル	RO-CO-O(CH₂CH₂O)ₙH　R：アルキル基	可溶化剤 乳化剤
ポリエチレングリコールソルビタン脂肪酸エステル	（構造式）A：RCO または H(OCH₂CH₂)ₙ―	乳化剤 可溶化剤
脂肪酸アルカノールアミド	R-CO-NH-CH₂CH₂OH　R：アルキル基	シャンプー ボディ洗浄料
グリセリン脂肪酸エステル	R-CO-O-CH₂CH(OH)CH₂OH　R：アルキル基	乳化剤
ポリグリセリン脂肪酸エステル	（構造式）R：RCO または H	乳化剤 洗浄剤
ソルビタン脂肪酸エステル	（構造式）R：RCO または H	乳化剤
ショ糖脂肪酸エステル	（構造式）R：RCO または H	乳化剤 シャンプー ボディ洗浄料
ブロックポリマー型	HO(C₂H₄O)ₐ(C₃H₆O)ᵦ(C₂H₄O)ᵧH	ヘア製品 ローション シャンプー

7.5.1.2 ポリエチレングリコール脂肪酸エステル

脂肪酸にエチレンオキシドを付加したものであるが親油基と親水基がエステル結合で結ばれているのでポリエチレングリコール脂肪酸エステルと呼ばれている．エチレンオキシドの付加モル数により幅広いHLBのものが得られる．化粧品には，乳化剤，可溶化剤として用いられている．

7.5.1.3 ポリエチレングリコールソルビタン脂肪酸エステル

ソルビタン脂肪酸エステルにエチレンオキシドを付加したもので，化粧品の乳化剤，可溶化剤として利用されている．乳液やクリームなどのO/Wエマルションには，親油性の界面活性剤を組み合わせて用いられる．

7.5.1.4 脂肪酸アルカノールアミド

ラウリン酸やヤシ油脂肪酸などの脂肪酸とモノエタノールアミンやジエタノールアミンを反

応させて得られる．親油基と親水基がアミド結合で連結されているのでエステル結合よりも加水分解に対して強い．脂肪酸アルカノールアミドは低濃度で非常に高い粘性を示し，泡を安定にする作用があることからシャンプーの原料として重要な成分となっている．

7.5.2　多価アルコールエステル型ノニオン界面活性剤

プロピレングリコール，グリセリン，ソルビトール，ショ糖などの多価アルコールを親水基とし，親油基として脂肪酸エステル化した界面活性剤である．

7.5.2.1　グリセリン脂肪酸エステル

グリセリンと脂肪酸のエステルで安全性の高い親油性界面活性剤である．良く使用されているものはモノステアリン酸グリセリンである．これは通常はW/O乳化剤として作用するが，O/W乳化系に添加することでO/Wエマルションを安定にする働きも持つ．また，これに石けんあるいは親水性非イオン性界面活性剤を配合した自己乳化型のものもある．

7.5.2.2　ポリグリセリン脂肪酸エステル

ポリグリセリンと脂肪酸のエステルで，天然由来の脂肪酸とのエステルは食品添加物として許可されている．ポリグリセリンの重合度と脂肪酸の種類及びエステル化度によって水溶性から油溶性まで様々なHLBのものが得られる．化粧品ではポリグリセリンの重合度は2～10である．エステル化度を高めると親油性界面活性剤となり，W/O乳化剤として機能する．また親水性のものは洗浄料などに用いられる．

7.5.2.3　ソルビタン脂肪酸エステル

グルコースを還元し，アルデヒド基をヒドロキシ基に変換して得られる糖アルコールであるソルビトールを脱水反応によりソルビタンという．ソルビタン脂肪酸エステルはソルビタンと脂肪酸のエステルで乳化剤として広く用いられている．

7.5.2.4　ショ糖脂肪酸エステル

ショ糖と脂肪酸のエステルで安全性の高い界面活性剤であり，天然由来の脂肪酸とのエステルは食品添加物として許可されている．ショ糖は8つの水酸基を持ち他の多価アルコールに比べ親水性が高く，脂肪酸の種類とエステル化度を変えることで水溶性から油溶性まで幅広いHLBのものが得られる．乳化剤として用いられるほか洗浄料などにも配合されている．

7.5.3　ブロックポリマー型界面活性剤

ポリプロピレングリコールを親油基とし，ポリエチレングリコールを親水基とした界面活性剤である．親油基と親水基の重合度をそれぞれ変えられることから種々のHLBをもった界面活性剤が得られる．分子量が大きく皮膚刺激が少ない特徴をもっている．

7.6 その他の界面活性剤

7.6.1 レシチン

大豆や卵黄から得られるリン脂質で主成分はホスファチジルコリン，ホスファチジルエタノールアミン，ホスファチジルイノシトールなどから成る．ホスファチジルコリンは図7.3のようにリン酸エステルのアニオン性基と第四級アンモニウム塩のカチオン性基を有する両性界面活性剤である．天然由来の界面活性剤としてクリームや乳液の乳化剤として用いられている．レシチンは水に分散すると脂質二分子膜を形成し，さらに内部に水を含んだ閉鎖小胞体（リポソーム）を作るが，この特性を活用した化粧品もある．

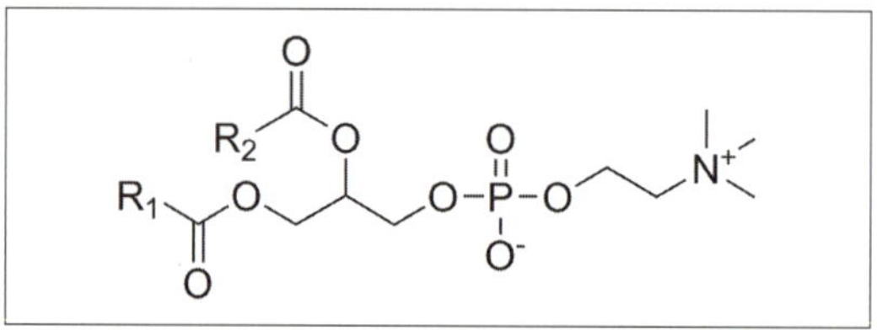

図7.3　レシチンの構造

7.6.2　シリコーン系界面活性剤

メチルポリシロキサンやメチルフェニルポリシロキサン，さらに揮発性のある環状ジメチルポリシロキサンなどのシリコーンは安全性が高く，耐熱性，酸化安定性，耐薬品性などの安定性に優れ，さらに表面張力が低いことで毛髪や皮膚に広がりやすくべたつきが少ないという利点があり化粧品の油剤として優れているが，疎水性が大きく通常の乳化剤では安定なクリームや乳液を作ることが難しい．そこで，水にもシリコーンにもなじむ界面活性剤として，シリコーン主鎖に親水基を導入したものが作られている．図7.4にシリコーン系界面活性剤の代表的な構造を示す．親水基の導入位置によって側鎖型，両末端型などがあり，親水基としては，ポリオキシアルキレン，ポリグリセリンなどがある．

7.6.3　高分子系界面活性剤

ポリアクリル酸のような親水性高分子は化粧品の増粘剤として乳液やクリームなどに配合されている．この構造にアルキル基を導入すると増粘剤としての機能とともに界面活性剤としての機能も得られる．代表的なものとして，図7.5に示すアクリル酸・メタクリル酸アルキル（C10-30）共重合体があげられる．この界面活性剤は乳化剤として有用で，低分子の界面活性剤を配合することなく幅広い極性の油分を乳化でき，さらに高分子による安定化効果により大

図7.4　シリコーン系界面活性剤の構造

きな乳化粒子でも安定に保つことができる．また，これ以外にもポリビニルアルコールやアルギン酸ナトリウム，セルロース誘導体などの高分子は乳化作用や分散作用などを有し高分子界面活性剤として用いられている．

図7.5　アクリル酸・メタクリル酸アルキル（C10-30）共重合体の構造

第7章　演習問題

1. 界面活性剤の構造を親水基の構造から分類せよ．

2. 化粧品における界面活性剤の役割を説明せよ．

3. 両性界面活性剤にはどのようなメリットがあるか．

4. シリコーン系界面活性剤を用いる理由を述べよ．

5. 高分子界面活性剤にはどのようなメリットがあるか．

第 8 章

化粧品原料——色

8.1 太陽光と人工照明

　太陽から地球に降り注ぐ光には，目で見える光（可視光領域の電磁波）と，目では見えない光（可視光領域以外の電磁波）の両方が含まれている．太陽光にはさまざまな波長の光が含まれ，ある［波長-強度］分布の発光スペクトルを持った電磁波の一群とみなすことができる．太陽光の発光スペクトルを大気圏外において測定した場合（Air Mass0）と地上の観測地点から見たとき太陽の位置が約42度角となる地点において測定した場合（Air Mass1.5）（図8.1）の測定結果を図8.2に示した．Air Mass（AM）とは大気の量である．太陽光が測定する地点までに通過する大気量を AM に続く数字で表わす．地表面に垂直に届く場合の大気量をAM1.0としている．図8.2によれば大気圏外での太陽光強度の方が，地上よりも強度が全体的

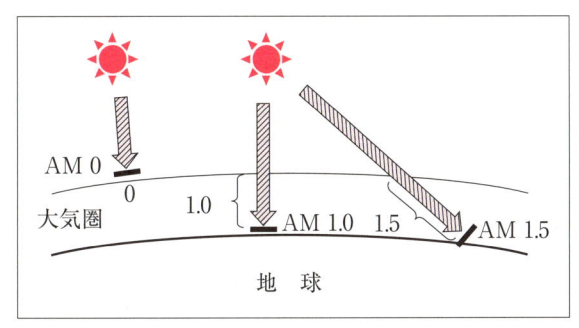

図8.1　基準太陽光（AM0，AM1.0，AM1.5の関係）
AM（Air Mass）は，太陽光が地表に到達するまでの間に通過する大気の量を表し，地表面まで垂直に通過する場合を1.0とする．

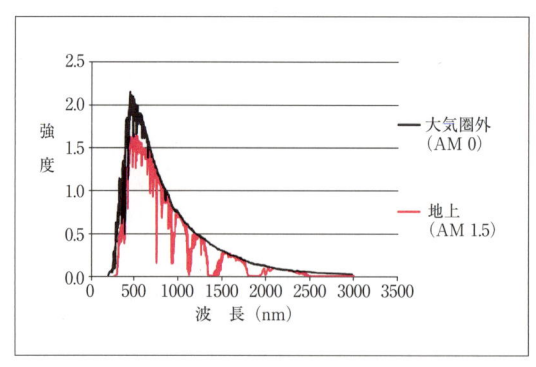

図8.2　太陽光の［波長-強度］分布（大気圏外（AM0）と地上（AM1.5）での比較）
強度の単位は $Wm^{-2}nm^{-1}$．［NREL（国立再生可能エネルギー研究所，米国）のサイトを通じて得た数値データに基づき，グラフ化したもの］

に強い．また大気圏を通過するあいだに，太陽光が酸素，オゾン，二酸化炭素，水などにより散乱，吸収されるため特定の波長の電磁波の強度が弱くなっていることがわかる．

　地上に届く太陽光の波長は図8.2にあるように，およそ300 nmから2400 nmにわたる．1 nmは 10^{-9} m である．このうち，人間の視覚にかかわる光（可視光）の波長は，およそ，380 nmから760 nmの狭い範囲に限られている．この範囲は個人差がある．また，組織により数値が少しずれることがある．この範囲の単一波長の光は短波長から長波長へかけて，ちょうど紫色から赤色に至る虹の色に対応している．500 nmあたりが視覚として緑色である．ニュートンがプリズムを使って太陽光の白色光を虹色の光線に分光し，そして再び集光して元の太陽の白色光に戻したことから，著書『光学』（1670年代発表）のなかで，すでに「光線に色はない．光線は色の感覚を引き起こす性質があるに過ぎない」と主張しているように，光そのものに色がついているわけではない．

　可視光波長領域のすぐ隣りの短波長領域が紫外線領域である．可視光波長領域のすぐ隣りの長波長領域が赤外線領域である．これらの波長の電磁波は通常ヒトの目には見えない．すなわち紫外線だけ，または赤外線だけが照射されているところでは通常ヒトにとって暗闇である．

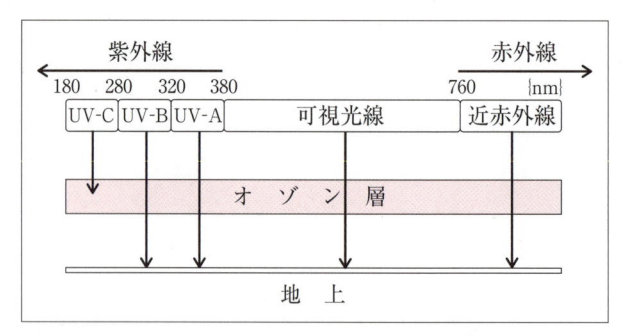

図8.3　太陽光の赤外線，可視光線，紫外線が地上に届く状況
　　　近紫外線領域はUV-A，UV-B，UV-Cに細分化している．

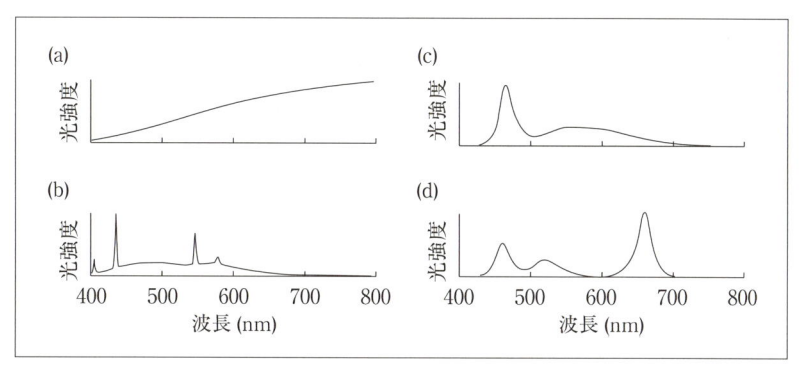

図8.4 人工照明の［波長-強度］分布
（a）白熱電球，（b）蛍光灯，（c）白色 LED，（d）3原色 LED．［東北大学吉澤雅幸研究室のホームページより引用，http://sspp.phys.tohoku.ac.jp/yoshizawa/energy.htm］

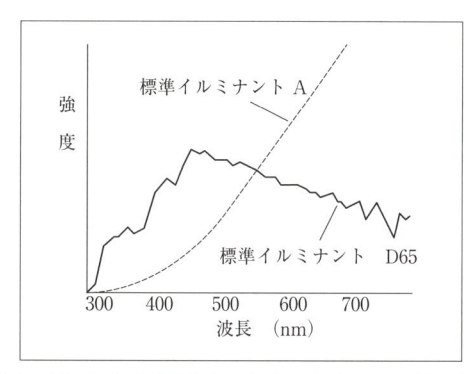

図8.5 標準イルミナント A と標準イルミナント D65の［波長-強度］分布比較

光源としての発光スペクトルの違いは私たちが見る対象物の色を微妙にあるいは大きく変える場合がある．人工照明として白熱電球，蛍光灯，LED の発光スペクトルの例を図8.4にあげておく．

このように，照明により発光スペクトルはさまざまであり，そのため同じ対象物でも照明光の違いにより見た目の色が違ってくることがある．これでは，客観的な色の評価ができないため，国際照明委員会（Commission Internationale de l'Eclairage：CIE）は，色を客観的に測定するための光源として「標準の光」（標準イルミナント）を制定している．イルミナント A（白熱電球）は長波長になればなるほど強度が高くなっていくのに対し，イルミナント D65（D…Daylight，65…色温度6500 k）は太陽光に近いスペクトル（図8.5）であり，現在では D65のスペクトルを実現する光源が標準的な昼光の代表として色彩関連分野でよく使用される．

8.2　対象物の色－光と視覚と色の関係

わたしたちが日常感じる色は，虹色に含まれる色だけではない．たとえば茶色などは，虹色の中には見られない．いくつかの波長の光をある強度比をつけて同時に見たとき虹色の中にな

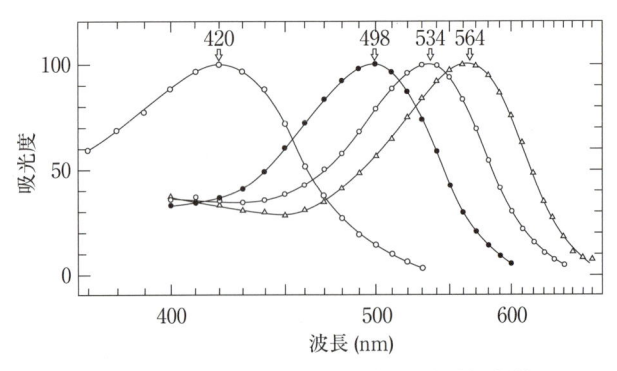

図8.6 ヒト視細胞の波長感受性曲線（実験値）
3種類の色覚視細胞（吸収ピーク値：420 nm, 534 nm, 564 nm）と1種類の明暗視細胞（吸収ピーク値：498 nm）
[出典：Bowmaker J. K. and Dartnall H. J. A.: Visual pigments of rods and cones in a human retina., *J. Physiol.*, **298**, 501-511（1980）]

い色が感じられるのである．対象物から反射される光の波長-強度分布と結果として感じる色の関係を理解するには，そのあいだに介在する，網膜上で最初に光をキャッチする視細胞のしくみを知ることが助けになる．ヒト眼球の奥にある網膜には，光量が十分にある明るい条件下で活躍する，色を見分けること（色覚視）を担う3種類の色覚視細胞と，色の見分けには関与できないが光量の少ない暗がり条件下で対象物をモノクロームで見ること（明暗視）を担う1種類の明暗視細胞がある．これら4種類の視細胞の波長に依存した光の吸収率を測定したものが，図8.6に示されている．色覚に関与する3種の色覚視細胞の吸収スペクトルは，それぞれ最大吸収波長を564 nm, 534 nm, 420 nmに持ち，両側になだらかに広がっている．

対象物の色は，①対象物への入射光スペクトル，②対象物の反射特性（光の［波長-反射率］分布），および③ヒトの持つ視覚機構の三者の組み合わせで決まる．また，2つの対象物がある同じ光源で違う色に見えても，別の波長-強度分布を持つ光源で見たときには，これら2つの対象物の色が同じに見えるときがある．この現象を「照明条件等色（メタメリズム）」という．2つの対象物からの反射光のスペクトルが違っていても，最終的に3種類の色覚視細胞が刺激される割合が同じであれば，同じ色に見えるということである．視覚で感じる色と光の波長の関係については，興味があれば，たとえば参考資料18などを参考にしてみてほしい．

8.3 紫外線

ヒトでは骨の形成に必要なビタミンDの合成が皮膚で行われるが，これには紫外線が不可欠である．また紫外線には殺菌消毒機能がある．これらは紫外線の有用な側面だが，全般に美容や健康に関して有害なことのほうが多い．有害な例として，サンバーン，サンタンといった急性傷害，光老化といった慢性傷害，また皮膚がんの誘発があげられる．

サンタンは，皮膚が「褐色に色づいた状態」で痛みがほとんどない黒っぽい日焼けのことである．紫外線照射数日後から現れ，数週間から数カ月続く．この褐色の肌はメラニン色素によ

るものであり，大量のメラニン色素の沈着は紫外線が皮膚の奥深く浸透するのを防ぐ働きをしている．

サンバーンは，皮膚がやけどをしたように，ヒリヒリ痛む赤い日焼けのことをいう．紫外線照射数時間後から現れ，2～3日続く．急に強い紫外線を浴びたために，皮膚表面の組織が炎症を起こした状態である．やけどと同様，皮膚はやがてはがれ落ちて治っていく．何回もサンバーンを繰り返すことで，皮膚がんの原因にもなりうる．

皮膚は，外側の表皮（0.1 mm－0.3 mm前後）と内側の真皮（1 mm－3 mm前後），さらにその内側の皮下組織で形成されている（図3.1，p.36参照）．

8.3.1　紫外線の分類　UV-A, UV-B, UV-C

紫外線（近紫外線）は波長により3領域に分類され，波長の長い方から，およそ320～380 nmがUV-A（長波紫外線），およそ280～320 nmがUV-B（中波紫外線），およそ180～280 nmがUV-C（短波紫外線）とされる（図8.3）．組織により数値が少しずれることがある．
UV-A（320～380 nm）

UV-Aの皮膚深達度は真皮にまで達する（図8.7）．UV-Aに刺激されたメラノサイトはメラニン色素を大量生産して表皮の角質層に送り込み，紫外線を防御する．これが皮膚が黒っぽくなるサンタンの原因である．またUV-Aは真皮にまで到達するため，真皮中のコラーゲンやエラスチンを変質させて，長期的には，しわ，たるみを起こし，またUV-Bとともにシミの原因にもなる．光老化を進める．紫外線の中では波長が長いので雲やガラスも簡単に通り抜けられ，屋内にいても私たちの皮膚に影響を与える（図8.7）．
UV-B（280～320 nm）

波長が中間的な長さの紫外線．皮膚が赤くなるサンバーンの原因となる．UV-Bは表皮までしか入ることができない．またUV-Aとともにシミの原因にもなる．UV-Bが炎症を起こす力はUV-Aよりはるかに大きい．UV-Bは皮膚の免疫機能を弱らせ，細胞のDNAを傷つけて皮膚がんの原因にもなり，また皮膚内で活性酸素を作りだす．しかし，UV-Bは，皮膚中でコレステロールの一種と化学反応をしてビタミンDが生合成されるのに必要である．食品か

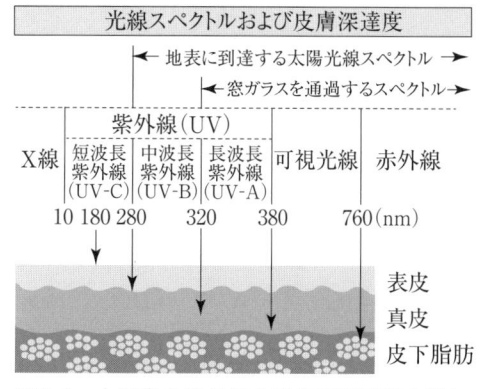

図8.7　太陽光の波長による皮膚深達度の違い

ら平均的に摂取しているビタミンD量を考えると，日陰で30分程度過ごす程度で，十分なビタミンDが供給されるものと考えられている．

UV-C（180～280 nm）

　近紫外線のなかでは最も波長が短い紫外線．細胞のDNAに直に吸収されて損傷を与えるため，殺菌作用も非常に強い．波長が短いためオゾン層で散乱・吸収され，本来，地表には届いていないが，近年問題になっているオゾン層の破壊により，UV-Cも地上に届きはじめることが懸念されている．

8.3.2 紫外線防御剤

　メラニンは表皮基底層に存在する色素細胞（メラノサイト）に外的因子が作用することによって生成される．紫外線防御剤は，外的因子の一つである紫外線A波（UV-A），紫外線B波（UV-B）を散乱または吸収させることで皮膚内にUV-AやUV-Bが入ることを防ぐため，結果としてメラニン生成を抑制する．紫外線防御剤は紫外線散乱剤，紫外線吸収剤に大別される（表8.1）．

8.3.3 紫外線吸収剤

　紫外線吸収剤は，効率的に紫外線を吸収する化合物で，皮膚表面において紫外線を吸収して吸収したエネルギーを害のない熱などのエネルギーに変換させることによって紫外線を無害化する．紫外線吸収剤のなかには紫外線を吸収して生成された化合物が皮膚に悪影響を及ぼす可能性があるため，敏感肌のヒトでは注意が必要である．最近は，安全性・安定性・有効性の観点から様々な化合物（表8.1，図8.8，8.9参照）が開発されつつある．

表8.1　代表的な紫外線防御剤

大分類	小分類	代表例
紫外線防御剤	紫外線吸収剤	パラアミノ安息香酸（PABA）誘導体（図8.8） ベンゾフェノン誘導 メトキシケイヒ酸誘導体（図8.9） サリチル酸誘導体　など
	紫外線散乱剤	酸化チタン微粒子 二酸化亜鉛微粒子　など

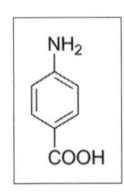

図8.8　パラアミノ安息香酸の構造 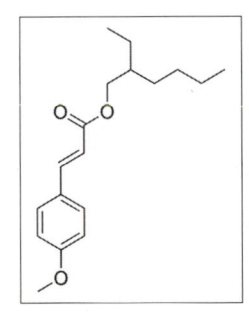　　図8.9　4-メトキシケイヒ酸2-エチルヘキシルの構造

8.3.4 紫外線散乱剤

紫外線散乱剤（表8.1参照）には，一般的に超微粒子（100 nm以下程度）の無機粉体（酸化チタン，二酸化亜鉛など）が用いられる．皮膚に塗布された紫外線散乱剤は皮膚表面に留まり，紫外線を反射し，皮膚内に紫外線を侵入させないことにより効果を示す．一般にこれらは紫外線によって構造が変化しないため，比較的刺激などは少ないとされている．

8.3.5 SPFとPA

紫外線防御剤の強さの指標としてSPFとPAがある．SPF（Sun Protection Factor）はUV-Bを防ぐ効果の指標で，現在，日本国内では2から50＋で表示される．SPFはUV-Bの強さに対する指標ではなく，炎症で皮膚が赤くなる紫外線の時間を，日焼け止めを塗っている場合と塗っていない場合で何倍に伸ばすことができるかという指標である．一方，PA（Protection Grade of UV-A）はUV-Aを防ぐ効果の指標で，＋から＋＋＋＋までの4段階で表示され，＋が多いほどUV-Aを防ぐ効果が強いとされている．

紫外線防御剤は効果の判定が容易なため，多くの消費者はSPFやPAが高い化粧品を使用する傾向がある．SPFやPAが高い日焼け止めには紫外線吸収剤や紫外線散乱剤を必要以上に多く含むことがあるため，肌に負担をかけてしまう可能性があるので，使用する場面に適した紫外線防御剤（紫外線防御用化粧品）を使い分けることが必要である．

8.4 色素の種類，色材とは

可視光線を選択的に吸収することにより，固有の色を持つ有色物質を色素という．化粧品に色を付ける色素のことを色材と呼ぶ．色材を化粧品に配合することで，皮膚や毛髪が彩色されたり，シミ，ソバカス，毛穴などが覆い隠されることで，肌や毛髪を美しく見せることができる．また色材によって紫外線を防御することにも役立つ．

化粧品に配合される色材は，有機顔料，無機顔料，パール顔料などを種々の基剤中に分散させているものがほとんどである．

表8.2　化粧品用色材

無機顔料	白色顔料
	着色顔料
	体質顔料
	真珠光沢顔料
有機合成色素（タール色素）	染料
	レーキ
	有機顔料
天然色素	
高分子粉体	

色材は，溶剤に溶けるか溶けないかを基準にした場合
①染料（水，油，アルコールなどに可溶）
②顔料（水，油，アルコールに不溶）
③レーキ（水溶性染料色素を不溶性にしたもの）
の3種類に分類できる．

色材は，表8.2のように無機顔料，有機合成色素（タール色素），天然色素，高分子粉体に分類することもでき，以降この分類に従って記述していく．

8.4.1 無機顔料（鉱物性顔料）

無機顔料は，分子構造中に有機化合物を含まない．元来，天然に産する鉱物を微粉末状に砕いて作られたもので，鉱物性顔料とも呼ばれる．天然のものは不純物を含んだり品質も安定しないため，現在では合成による無機顔料が主流となっている．無機顔料には白色顔料，着色顔料，体質顔料，真珠光沢顔料がある．化粧品における無機顔料の役割は大きく，着色顔料は製品の色を調整し，白色顔料は白さと被覆力の強さを調整する．体質顔料は希釈剤として色の濃さを調整するとともに肌における使用感触と光沢などをコントロールする．

無機顔料は一般に耐光性，耐熱性，耐溶剤性，耐薬品性にも優れている反面，鮮やかでは有機顔料に劣っている．また無機顔料は金属の酸化物，水酸化物，硫化物，ケイ酸塩が一般的だが，ほかに特殊なものとしてはフェロシアン化合物もある．

白色顔料

白色顔料は製品に着色力，被覆力などの目的で用いる．白色顔料には，二酸化チタンと酸化亜鉛の2種類がある．これらは可視領域に特定の吸収をもたず，また屈折率が大きく不透明（白色）である．

①二酸化チタン（TiO_2）

酸化チタンともいう．チタン鉄鉱（$FeTiO_3$）を原料にして製造される．結晶構造にはアナターゼ型とルチル型があり，ルチル型のほうが被覆力，隠ぺい力に優れているため，化粧品に配合されるのはルチル型が圧倒的に多い．粒子径が小さく白色度，着色力などの光学的性質に優れており，耐光性，耐薬品性にも優れている．

②酸化亜鉛（ZnO）

酸化亜鉛は別名，亜鉛華ともいう．金属の亜鉛に強い熱をかけて酸化したり，炭酸亜鉛（$ZnCO_3$）を熱分解したりして作る白い顔料．被覆力が優れている．ベビーパウダーにも使われる．

二酸化チタンや酸化亜鉛は被覆力にすぐれ，紫外線散乱効果も高いため，主にファンデーションやおしろい，日焼け止め製品に配合されている．その機能をより高めるために，粒子の大きさを小さくする研究が進められ，その結果，1990年ごろからは，ナノマテリアル（粒子の直径が100 nm程度以下）と呼ばれる酸化チタンや酸化亜鉛が化粧品に配合されるようになっ

た．これらを配合することにより，塗布しても肌が白浮きしにくい日焼け止め製品が造られた．

ナノマテリアルは皮膚のバリア機能を突破して肌の深いところにまで入り込んでしまう懸念を指摘する声もある．酸化チタンのナノ粒子については試験報告件数が多く，肌の上から塗っても角質層の深いところまで浸透しないことが確認されているが，日本化粧品工業連合会は，これからもナノマテリアルの安全性研究の進歩に合わせた検証が必要であるとの考えから，今後も調査研究を進めていく姿勢を示している．

また酸化チタンや酸化亜鉛には光触媒作用があり，この点でも少し注意が必要である．微生物の殺菌作用という意味ではよいが，皮膚に対する影響（有機物を分解する作用）を考える必要がある．酸化チタンで光触媒作用が強いのはアナターゼ型のほうである．化粧品にはルチル型が使われているのでもともと光触媒作用は低いといえる．化粧品に使われる酸化チタンの粒子はとても小さく，水酸化アルミニウムやシリカ，シリコーンなどで酸化チタンや酸化亜鉛の表面を処理し，光触媒作用を封じてから化粧品に配合するメーカーが増えている．

着色顔料

着色顔料は，有機合成色素の有機顔料に比べると色は鮮やかさに欠けるが耐光性，耐熱性に優れ，変退色しにくい特徴がある．酸化鉄，酸化クロム，カーボンブラック，群青などがある．

①酸化鉄

酸化鉄を主成分とする着色顔料には，赤色酸化鉄（ベンガラ），黄色酸化鉄，黒色酸化鉄がある．耐光性，耐候性に優れ，色相の変化が見られないことが特長であり，顔料としての着色力，隠ぺい力，分散性などの物性においても優れている．しかし，油性基剤では経時的に酸敗を促進する触媒として作用する欠点がある．これらの顔料は元来，天然から産出したものを粉砕や焼成して製造されていた．しかし，不純物や色調不安定性から現在では工業的に製造している．色調は，製造時の温度，濃度，pHや粉末の粒子の大きさに左右される．

②酸化クロム

無水クロム酸を焼成して製造する暗緑色の粉末で，耐光性，耐熱性，耐薬剤性に優れている．

③カーボンブラック

粉末状もしくは粒状の黒色の固体で，有機物（炭化水素）の不完全燃焼や，熱分解によって生成される．着色力が強い．製法の違いによりベンツピレン（発がん性物質）が混入する可能性があったが，現在では安全な製法が確立している．

④群青

群青はウルトラマリンと称され，古くから親しまれている鮮やかな青色顔料である．元来は天然の瑠璃石（ラピスラズリ）の主成分青金石（ラズライト）に含まれている成分を使っていたが高価であった．現在は工業的に安価に製造している．原料の配合比，焼成温度により青色のほかにバイオレット色，ローズ色，ピンク色など各種色調のものが得られる．耐光性，耐

熱性は高いが，着色力が弱い．硫化物のためアルカリ域では安定だが，pH5以下で硫化水素を発生しながら退色する．

体質顔料

　体質顔料とは，着色が目的でなく，一般の顔料とともに化粧製品中に加えられ，伸展性，付着性，光学的性質の改善のために用いられる無機の白色の顔料のことである．また着色顔料を薄めて，色調を調整する目的でも使われる．屈折率が低く隠ぺい性には関係しない．粘土鉱物の代表的なものは粉砕品であるマイカ，セリサイト，タルク，カオリンである．粘土鉱物は鉱床によって，その組成が異なるため，非常に多くの種類がある．

①マイカ

　マイカは，雲母のことである．天然に産する含水ケイ酸アルミニウムカリウムで一般には，白雲母を微粉砕したものである．

　劈開片は容易に薄層に剥離され，弾性に富むのが特徴．使用感がよく，皮膚への付着性もよい．弾性があるためケーキング（団子状に固まる）を起こしにくく，固形おしろいには重要な顔料である．マイカの表面に二酸化チタンを薄くコーティングすると，キラキラしたパール効果が得られる．合成品も作られている．

②セリサイト

　セリサイトはマイカと同じく天然に産する含水ケイ酸アルミニウムカリウムで，主な産地は日本で結晶は平面板状である．乾燥物の表面が絹のような光沢があることから絹雲母とも呼ばれる無機粉末である．結晶はマイカに比べて微細であり，感触が滑らかでノビもよく，透明感に優れる．合成品も作られている．

③タルク

　すべりのよいやわらかな触感に富む粉末で，滑石（かっせき）といわれる．良質のものは白色であり古くからベビーパウダーの主成分として用いられているほか，おしろい類の粉末基剤として現在でも用いられている．主成分は含水ケイ酸マグネシウムである．粒子径が大きいほどすべりが良く，透明感があり，フェイスパウダー類に，粒子径の小さいものがアイシャドウなどに配合されている．低品質のものは微量のアスベストを含むことがX線回析と電子顕微鏡により確認されている．アスベストを含有する場合，不用意に吸入したりすることのないよう注意が必要である．ベビーパウダーに用いる場合は「タルク中のアスベスト試験法」が設定され，アスベストの存在が認められないタルクを使用するように規制されている［ベビーパウダーの品質確保について（昭和62年11月6日薬審2第1589号）］．

④カオリン

　含水ケイ酸アルミニウムである．カオリンの名は，中国の有名な粘土の産地の高嶺（カオリン：Kaoling）に由来する．高嶺で産出する粘土は，景徳鎮で作られる磁器の材料として有名である．また，同質の粘土（鉱石）はカオリン（kaolin）と呼ばれる．別名白陶土ともいい，長石，雲母などが風化したものである．油や水の吸収性がよく，皮膚への付着性もよいため，おしろい類の粉末基剤として用いられるが，その利用度はタルクよりも少ない．

真珠光沢顔料

　真珠光沢顔料は，古くは高価な天然のパールエッセンス（魚鱗箔）が使用されていた．魚鱗箔は人工真珠を製造するために魚皮や鱗を加工して作られた板状の微結晶である．1600年代，フランスで考案，製造された．魚鱗箔は耐光性・耐熱性を有し，無毒性でもあるため，化粧品などにも使われるようになった．1965年にDupont社によって，雲母を二酸化チタンで被覆した人工の真珠光沢顔料が開発され，化粧品を含む多くの工業製品に使われるようになった．真珠光沢顔料は着色顔料の着色原理と異なる．着色顔料の色は光の吸収と散乱の現象からなるが，真珠光沢顔料は鱗片状をした雲母本体や，雲母と被覆された二酸化チタンとの境界で干渉を起こして色が発生する．被覆する二酸化チタンの厚みに対応して，干渉波長が変化するので，多様な色調の真珠光沢顔料を得ることができる．

8.4.2　有機合成色素（タール色素）

　石炭乾留の副生物として得られるコールタールには種々の芳香族化合物が含まれている．これらの芳香族化合物を原料とし，合成した色素を総称して，有機合成色素と呼ぶ．コールタールが原料であるため，別名コールタール色素（略してタール色素）とも呼ばれる．化粧品には数多くのタール色素が用いられている．化粧品用として認可されているタール色素は安全性を重視しているので光に対して弱いものが多く，紫外線に長い間さらすと変色・退色する．

　化粧品は皮膚に付着するものであるから，安全性確保のため日本では厚生労働省による規制が制定されている．現在タール色素として医薬品，医薬部外品および化粧品に使用ができるものは，厚生省令において83品目に限定し，3つの使用区分に分類して許可している（表8.3）．この色素を法定色素という．具体的なタール色素のリストは当該厚生省令に記載している．

表8.3　医薬品，医薬部外品および化粧品に使用できるタール色素（83品目）

グループⅠ	11品目	すべての医薬品，医薬部外品および化粧品に使用できるもの．
グループⅡ	47品目	外用医薬，外用医薬部外品および化粧に使用できるもの．
グループⅢ	25品目	粘膜以外に使用する外用医薬品，外用医薬部外品および化粧品に使用できるもの．

［医薬品等に使用することができるタール色素を定める省令（昭和41年8月31日厚生省令第30号，最終改正平成20年11月28日）に基づいて作成］

　なお，染毛料と洗髪用品については，これらに記載されていないタール系色素でも，人体に対する作用が緩和なものについては，使用が許可されている．

染料

　染料は化粧品の原料である水，油またはアルコールなどの溶剤に溶けた状態で化粧品に配合され，色効果を発する．水溶性染料と油溶性染料があり，化粧水，乳液，クリームや一部の口紅とネイルエナメルの着色に使用される．染料の数は顔料に比べて多い．化学構造によって分類すると，大部分はアゾ系染料で占められている．赤色2号，だいだい402号，黄色5号など

がある．他にキサンテン系染料（赤色3号など），インジゴイド系染料（青色2号）などがある．

レーキ

レーキは水溶性染料色素を不溶性にしたものである．レーキにはレーキ顔料と染料レーキの2種類がある．レーキ顔料は水溶性染料をカルシウム塩やバリウム塩として水不溶性にしたものである．染料レーキは水溶性染料を硫酸アルミニウムや硫酸ジルコニウムなどで水不溶性にして，さらにアルミナに吸着させたものである．レーキ顔料と染料レーキはともに，口紅，頬紅，ネイルエナメルなどに，顔料とともに使用される．一般にレーキは顔料と比べると酸，アルカリ，光，熱などに対する安定性が弱く，製品系における十分な安定性の確認が必要である．

有機顔料

有機顔料は，構造内に可溶性基を持たない有色粉体である．法定色素中の色素のなかでは，有機顔料の数は染料に比べかなり少ない．有機顔料はほとんどアゾ系顔料（赤色～黄色系）であり，赤色228号，黄色205号，だいだい203号などがある．フタロシアニン系顔料（青色～緑色系）として，青色404号がある．レーキに比べると着色力や光安定性に優れている．

8.4.3 天然色素

天然色素は動物由来のもの，植物由来のもの，酵母など微生物由来のものがある．有機合成色素に比べると，着色力，光安定性，耐薬品性に劣り，また品質や供給面での不安定さもあり，使用実績はあまり多くない．しかし古くから食用にされていたものも多く，安全性の面や薬理的効果の面から，近年見直されている．しかし，天然だから安全というわけでもなく，ア

表8.4 天然色素の分類と対応する天然物の例とそれに含まれる色素

分類	天然物	色素名	色
カロテノイド系	ニンジン トマト クチナシ	βカロチン リコピン クロシン	黄橙 赤 黄
フラボノイド系	蕪 紫蘇 紅花 紅花	ラファニン シソニン カルサミン サフラワーイエロー	赤 赤紫 赤 黄
ポルフィリン系	葉緑植物全般	クロロフィル	緑
フラビン系	酵母	リボフラビン	黄
キノン系	エンジ虫 西洋アカネ 紫根	コチニール（カルミン酸） アリザリン シコニン	青赤 橙 紫
ジケトン系	ウコン	クルクミン（ターメリック）	黄

カネ色素は，遺伝毒性及び腎臓への発がん性が認められたため平成16年に食品添加物リストから削除された．代表的な天然物とそれに含まれる色素の例を表8.4に示す．

この中から，化粧品に使用されている天然色素をいくつか記す．カロテノイド系に属するものとしてβカロチンがある．黄〜橙色の色素でニンジンから初めて抽出された．脂溶性でバターの着色にも使われており，化粧品では乳液やクリームの着色に使用される．フラボノイド系に属するものとして，紅花のカルサミンがある．カルサミンは紅花花弁から抽出される赤色系の色素で古くから紅類に用いられてきた．現在でも一部の口紅や頬紅に使用されている．キノン系に属するものとしてコチニール（カルミン酸）がある．コチニールはサボテンに寄生する雌のエンジ虫を乾燥して粉末化したものから抽出して得られる赤色の色素であり，口紅の着色に用いられる．

8.4.4　高分子粉体

高分子樹脂の重合技術の進歩によって，球状の高分子粉体が得られるようになり，粒子径の大きさに応じた，良い感触の粉体がつくられている．ポリエチレンパウダーやナイロンパウダーなどがある．ポリエチレンパウダーは微粒子としてメイクアップ製品に用いられたり，スクラブ剤としても使用される．ナイロンパウダーは直径10μm程度の粉体で，耐熱性，耐溶剤性に優れ，メイクアップ製品とくにファンデーション類に配合し製品の伸びをよくする．

第8章　演習問題

1. 可視光線の波長の範囲および地上に届く太陽光の最大強度の波長を答えよ．

2. 光源によって同じ対象物の色が違って見えることがあるが，光源の何が違うからか述べよ．

3. 紫外線が皮膚に有害である例と有益である例を2つずつ挙げよ．

4. 次の空欄に適する用語を答えよ．
紫外線防御剤は紫外線（　①　）剤と紫外線（　②　）剤に分類され，それぞれの代表例として（　③　），（　④　）が挙げられる．

5. 化粧品の色素成分として使用してよい有機合成色素について述べよ．

6. 染料，顔料，レーキの違いを簡単に述べよ．

7. 酸化チタンの化粧品としての2つの役割を述べよ．

第 9 章

化粧品原料——香料

「私たちの住む地球には多くの香りに満ち溢れています．植物は香りで昆虫を誘ったり，動物たちも香りで種の保存を図ったりします．

　人間も，食べ物の香りに食欲を刺激されたり，木々の香りで季節の移り変わりを感じたりと，香りからさまざまな刺激や情報を得ています．もし世界に香りがなかったら，私たちの生活はなんと味気ないものになることでしょう．人間の生活と香りは切っても切れない不可欠なものとなっています．

　香料業界では「香り」という言葉と「香料」という言葉を意識的に使い分けることにしています．嗅覚を刺激する主に自然界に発生するにおいを「香り」，主に商業目的で製造販売される香気を持った有機化学物質またはそれらの集合体を「香料」としています．」

香料工業界では上記のように香料を定義している．

　一般の方から香料についての質問を受ける時，私はよく「コンビニにある製品に使われているのが香料です」と答える．コンビニにはほぼすべての食品，化粧品，雑貨類を販売しているので，非常に特殊な用途で香料を使用する商品を除きすべてそろっているといえる．

　もちろん生鮮食料品や香りを付けていない商品もあるが，化粧品，医薬部外品[*1]，トイレタリー製品，ハウスホールド製品（芳香剤，消臭剤）などには，特別な理由がない限り香料が使用されている．したがって，この章で化粧品原料——香料について述べる．

---

*1　医薬部外品は，化粧品と医薬品の中間に位置する製品群で，薬事法によるものと厚生労働大臣指定のものがある．ベビーパウダーや制汗剤，デオドラント石けんや養毛剤や脱（除）毛剤，口腔洗浄剤，殺虫剤などの製品がある．

9.1 香料の分類

まず，図9.1のように香料は食品香料（フレーバー）と香粧品香料（フレグランス）に大別される．

フレーバーとフレグランス

香料とは，動植物および動植物から得られた精油や単離された化合物，また香気を有する合成された化合物，またはそれらの混合物で，食品や化粧品などさまざまな製品に香気を与えるための物質のことである．香料は，花などの天然の香りの成分を圧搾，抽出，蒸留などによって採られる「天然香料」と，人工的に作られる香りのある物質「合成香料」とを素材として，いろいろの組み合わせで調合して創られる．香料の多くは揮発性の液体である．

主に食品に付与することを利用目的とした香料をフレーバー，化粧品やハウスホールド製品などに付与することを利用目的とした香料をフレグランスと呼ぶ．フレーバーは，加工食品の製造工程で失われた香りを補うなど，食品が本来持っている香りを追求・再現するのが一つの方向であり，これに対してフレグランスは，香りが人々のイマジネーションを刺激したり，消費者の多彩なニーズに対応したりするために作られる創造の産物でもある．フレグランスを一般的に香水・コロンなどのことを指すと思われる方が多い．それは狭義な意味で正しい（13章で述べる芳香化粧品）．しかし，香料業界ではもっと広い意味で使用している．

業界の多くのコンセンサスが得られそうなフレグランスの定義は，化粧品，トイレタリー製品，ハウスホールド製品，芳香剤に代表されるような製品などに使用される香料ということができる．（現実に多くの香料会社がフレグランスという言葉を使用している．本稿でもフレグランスという言葉によって話を進める．一部，香粧品香料という語も使用するがフレグランスと置き換えてもよい．）

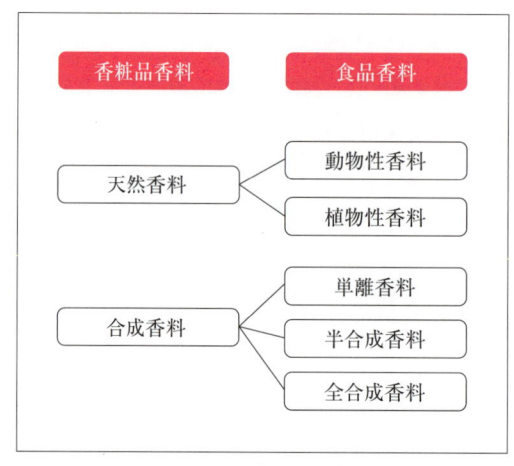

図9.1 香料の分類

9.2 天然香料

9.2.1 動物性香料

19世紀から第二次世界大戦前にかけては動物香料も多く使用されていた．しかし戦後市場自体が拡大し，また米国，アジアにも普及したため動物香料は供給に支障をきたした．さらに，ワシントン条約や絶滅種の保護もあり急激に生産，使用は減少した．過去において通常使用されていたものは主に以下の4種である．

①ムスク（麝香・Musk）

ムスクは，ジャコウ鹿（*Moschus moschiferus*）のオスの生殖腺分泌物を乾燥したものである．ジャコウ鹿はチベット，中央アジア盆地に棲息しておりマーキングしたメスをおびき寄せるため繁殖期には強烈なにおいを出す．製品は暗褐色の粒状で，時には白色結晶が見られる．当然大変貴重で高価であったが，1926年にスイスのRuzickaがトンキンムスクからその成分musconeを同定し，3-methylcyclopentadecan-1-oneの構造決定をした．この化学構造からその後の大環状ムスクの合成への大きな道を開いた．

ムスクチンキ：高級フレグランスに使用される．ジャコウ粒をアルコールで抽出したもの．

ムスクアブソリュート：ジャコウ粒を有機溶剤で抽出しレジンとし，さらにアルコール抽出したもの．

現在は「絶滅の恐れのある野生動植物の種の国際取引に関する条約」（ワシントン条約）により保護され，中国等で飼育され，殺すことなく採取しているが生産量は少ない．価格も非常に高価であり，品質，供給の安定性がよくないため合成ムスクの使用が大半を占める．

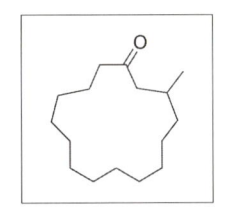

図9.2 muscone（3-methylcyclopentadecanone）

②シベット（霊猫香・麝香猫・Civet）

アフリカ（特にエチオピアのアビシニア高原），南アメリカ，東南アジアの各地に棲息するジャコウ猫（*Viverra civetta*）は雌雄ともに肛門近くに袋状の分泌腺を持つ．その分泌腺から細いスプーン状のもので分泌物を採取しペースト状のものを得る．調合には，さらにチンキ，アブソリュートとして使用する．

広範囲に分布するジャコウ猫であるが，香料としてのシベットを採るのはエチオピアのみで，ここでは繁殖・シベット採取が産業の一つとなっている．

香気成分：civetoneという大環状ムスクで，その他カルボン酸類，インドール，スカトー

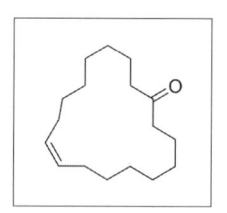

図9.3 civetone (9-cycloheptadecen-1-one)

ル等を含有．このciveltoneもRuzickaが同定合成し，その後の香料合成化学の発展，特にムスクの合成に寄与し1926年ノーベル賞を受賞した．

③カストリウム（海狸香・Castoreum）（ビーバー香）

カストリウムは海狸香と呼ばれ，寒冷地域に棲息するが，香料原料としてはカナダやシベリアのビーバー（*Castor fiber*）の雌雄が持つ生殖腺と肛門の間にある分泌腺を切り取り，中にあるクリーム状の物質を採取し乾燥したものである．

シベリアンカストリウムとカナディアンカストリウムでは多少香調が異なるが，毛皮の関係もあり量的にはカナディアンが優勢である．

主要香気成分はサリチル酸類の他にカストルアミン，テトラメチルテトラヒドロイソキノリンなどを含み，レザー，シプレー，オリエンタル調の香水，男性用化粧品に使用される．ムスクやシベットのようにキーとなる化合物は見つかっていない．

④アンバーグリス（龍涎香・Ambergris）

マッコウクジラ（*Physter macrocephalus*）はイカを常食とし，その嘴が体内に蓄積して病的腸内結石を形成する．胆汁，胃液，ステリン，血液などの分泌物が不消化物を包み込み体外へ排泄する．排泄物は比重が海水より軽く，これが龍涎香である．クジラの体内に残留することもあれば，漂流し海岸に打ち上げられることもある．

捕鯨が盛んであった頃にはクジラの体内に残されていたものを採取し香料原料として利用したが，商業捕鯨が全面禁止になった現在では，海上に浮いていたり海岸に打ち上げられていたりした漂流物のみが供給源で，非常に貴重なほとんど入手不可能なものになってしまい，主に合成アンバーに代わられた．長期間の漂流で光，酸化，微生物により反応が進み（一種の熟成），香気はよいものとなる．主要成分はアンブレインで，主要香気成分はその分解物の$α$-ambrinolとambroxaneである．

乾燥させアルコールに溶解してから2～3年間熟成させたものを高級フレグランスの保留剤などに使用する．

図9.4 $α$-ambrinol

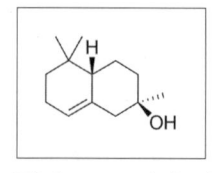

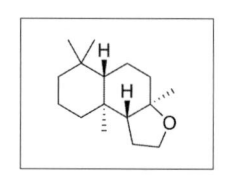

図9.5 ambroxane

動物香料の成分の科学的研究はその分子構造を決定することにより (muscone, civetone, ambrinol, ambroxane)，構造と匂いの関係を考察し，また自然から手に入らない重要な成分を合成するための理論技術の進歩をもたらした．近年になり，化学的な構造の精査も光学異性体に及び，その合成を行う研究の成果が不斉合成であるが，［コラム 香料に関わるノーベル賞］で述べる．

9.2.2 植物性香料

植物性香料は，一般に精油と呼ばれ香粧品ばかりでなく，アロマテラピーにも広く使用される．植物の，枝葉，花，つぼみ，根茎，木皮，樹脂などから得られ，一般に水より軽く，テルペン化合物を主成分とする揮発性の油で，なたね油やヤシ油などの油脂類とは異なり，精油 (essential oil) と呼ばれ区別されている．使用の歴史は古く，メソポタミア，古代エジプトにさかのぼり，特にクレオパトラの使用は有名である．香料の植物は1000種以上あるが，実際栽培され安定供給されるものは150種ほどである．しかし，気候の変動により品質と供給量が不安定であること，価格も変動しやすいことから使用量の面では減少している．動物性香料の項でも述べたが近年の分析および合成技術の進歩で，多くの香料物質の合成が可能となった．また，単に精油を分析するだけではなく，ヘッドスペースでの分析も精度が増し合成香料をうまく利用するようになっている．もっとも，香水などの高級な製品では天然香料の持つ高級感のあるまろやかな香りは合成香料では表現できないこともあり不可欠である．

• 植物の採油部位

採油部位	植物名
花	Rose, Tuberose, Jasmin, Ylang Ylang
葉	Patchouli, Eucalyptus, Citronella
全草	Peppermint, Geranium, Lavender
果実（豆）	Vanilla, Tonka, Fennel
果実（果皮）	Orange, Lemon, Bergamot
種子	Angelica, Anis, Nutmeg, Celery, Carrot
樹幹	Sandalwood, Cedarwood, Camphor
蕾	Cassis
樹皮	Cinnamon, Cassia
根	Vetyver, Angelica
根茎	Calamus, Orris, Ginger
苔	Oakmoss, Cedarmoss, Treemoss
樹脂	Balsam Peru, Benzoin, Elemi

• 植物香料の形態

エッセンシャルオイル (essential oil)：各部位を水蒸気蒸留，圧搾などで得られる精油．

アブソリュート（absolute）：コンクリート，レシノイドをアルコール処理して，香気成分を取り出したもの．水蒸気蒸留ができない植物についてはエッセンシャルオイルを得られず（jasmin, tuberose 等）アルコールにも溶解性の良いアブソリュートを用いることが多い．

レジノイド（resinoid）：コンクリートと同様に溶剤抽出を行うが，原料が樹脂，コケ類（oakmoss, labdanum, opopnax 等）である．さらにアブリュート処理が行われる．

コンクリート（concrete）：部位を有機溶剤で抽出し，溶剤を減圧除去し濃縮したワックス状のもの．コンクリートのまま使用する場合もあるが，アルコール等の溶媒に溶けにくく香料に濁りを生ずるため注意を要する．

（チンキとは，tincture で動物性天然香料 4 種に利用され，動物の分泌物をエタノール抽出したものである．）

・採油法

1）水蒸気蒸留法

精油の成分が熱により変化が少ないものについては，この蒸留法が装置も簡便で，多くの量を処理でき，経済的にも有利であるため広く利用されている．精油の主成分の沸点は150-300℃であるが水蒸気の温度で蒸留できるため比較的蒸留温度は低いものとなる．多くの精油採油に利用される．

2）圧搾法

オレンジ，レモン，ベルガモットなどのシトラスの果皮から精油を採取する方法である．古くは果皮に手作業で傷をつけ家内工業的に行っていたが，最近ではローラーを用い自動化されている．

3）抽出法

水蒸気蒸留は簡便で大量処理ができるが，精油の重要な成分が熱的に不安定な場合は適用できない．また水溶性成分の多いものにも適用できない．そこで低温で溶剤を利用した抽出が行なわれている．

・アンフロラージュ（油脂吸着法）

香料産業初期から実用化されていた方法で，精製した油脂に花びらを並べ香りを吸着させる．その油脂をアルコールで抽出し，アルコールを除去するとアブソリュートが得られる．ジャスミン，チュベロース等の高級精油がこの方法で製造される（現在では多くが溶剤抽出法に移行されている）．

・溶剤抽出

ベンゼン，ヘキサンが代表的な溶剤であるが，植物の当該部位（主に花）から抽出する方法である．大量処理が可能であり，室温付近で撹拌し花香を溶剤に移行させ，花を除き低温で溶剤を除去すると，あとに軟膏状のコンクリート（concrete）が残る．これは花に含まれていた蝋物質のためで，コンクリートからアルコールで抽出したものをアブソリュート花精油を得るのである．

図9.6

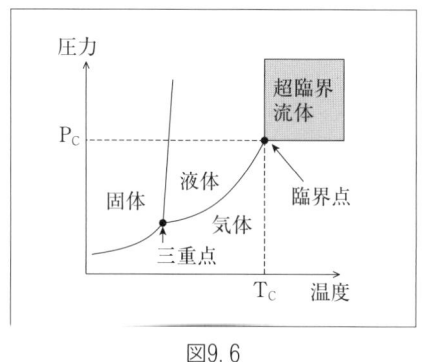

- 超臨界 CO_2 抽出

1970年代終わりころから開発された新しい抽出法で，通常気体の二酸化炭素は圧力，温度が31.1℃，7.4 MPaの時超臨界状態を示し，溶剤として用いる．この超臨界状態の流体で植物の芳香成分を抽出する．これを「エクストラクト」と言う．常圧に戻し，CO_2を除去することで精油の抽出物が得られる．低温ですべてのプロセスを行うので天然成分が変性せず，自然に近い香りを得られる．当初は装置が高価であったが，スケールアップにも成功し工業化されている．

- 代表的な天然香料を示す3大フローラル

① Jasmin

ジャスミンはその成分の熱安定性の関係から商業的に使用できるオイルは製造できない．アブソリュートは古くから製造されており，香水の調合には不可欠である．伝統的にはアンフロラージュ法が用いられ，品質的にも高い（熱がかからない）ものが得られたが，手間がかかり高価なものとなり生産量も多くが望めず，有機溶剤を用いた抽出によりアブソリュートが生産されている．

＜主な香気成分＞

Indol

cis-Jasmon

Methyl jasmonate

② Rose

ローズもジャスミンと並ぶ天然香料の王様である．観賞用を含め多くの種があるが，以下の2種は香料として重要である．

1) Rosa damascene Mill

現在ブルガリアの"ローズの谷"で栽培されている種であり，品質的にも，価格的にも最高級である．アブソリュートもあるがオイルを Rose otto といい水蒸気蒸留により得られる．（otto はトルコの意で，トルコでも生産されている．）

Rose otto を 1 kg 得るためには3500 kgのバラの花が必要といわれている．

2）Rosa centifolia　L

　　フランスのグラース地区やアフリカのモロッコや地中海沿岸で栽培されており，オイルよりアブソリュートが使用される．Rose アブソリュートを 1 kg 得るためには600 kg，～700 kg の花が必要である．したがって，Rose Otto よりは安価であるがソフトでスパイシーな上品なローズである．

＜主な香気成分＞

Geraniol

Citronellol

Phenylethyl alcohol

③ Muguet

　　実はミューゲを植物香料として取り上げることは適切ではないかもしれない．理由を述べると，植物の抽出物としてミューゲの天然の香料は生産されていない．抽出はできるが成分的に特徴を示す化合物が顕著でなく，オイルもあまり取れない．本書は一般的なカルチャー書ではないのであえて取り上げた．しかし三大フローラルに挙げられ，ミューゲの香調は香水には欠かせないものである．したがって，合成香料の組み合わせ（調合）によるフローラルの実践的な例である．

＜ミューゲに主に使用される合成香料＞

Hydroxy citronellal

Lilial

Cyclamen aldehyde

Lyral

　　三大フローラルを含め，以下に現在使用されている主な植物性香料を挙げる．

アビエス	abies	ラブダナム	labdanum
アンブレットシード	ambrette seed	ラバンジン	lavandin
アニス	anis	ラベンダー	lavender
アルモアーズ	armoise	レモン	lemon
ペルーバルサム	balsam peru	レモングラス	lemongrass
バジル	basil	ライム	lime
ベンゾイン	benzoin	リセアキューベバ	litsea cubeba
ベルガモット	bergamot	ロベージ	lovage
ボアドローズ	bois de rose	マンダリン	mandarin
カラマス	calamus	マージョラム	marjoram
カナンガ	canaaga	ミモザ	mimosa
キャラウェー	caraway	ミント	mint
カルダモン	cardamon	ミルラ	myrrh
カシア	cassia	ミルトル	myrtle
セダーウッド	ceadrwood	ナルシス	narcissus

セロリ	celery	ネロリ	neroli
カモミール	chamomile	ナツメグ	nutmeg
シナモン	cinnamon	オークモス	oakmoss
シトロネラ	citronella	オリバナム	olibanum
クローブ	clove	オポポナックス	opoponax
コリアンダー	coriander	スゥートオレンジ	sweet orange
コスタス	costus	オレンジフラワー	orange flower
クミン	cumin	オリス	orris
ダバナ	davana	パセリ	parsley
ディル	dill	パッチューリ	patchouli
エレミ	elemi	パルマローザ	palmarosa
エストラゴン	estragon	ペッパー	pepper
ユーカリプタス	eucalyptus	ペチグレン	petitgrain
フェンエル	fennel	パイン	pine
ガルバナム	galbanum	ローズ	rose
ゼラニウム	geranium	ローズマリー	rosemary
グレープフルーツ	grapefruit	クラリーセージ	clay sage
ヒノキ	hinoki	サンダルウッド	sandalwood
ホーユ	ho oil	スパイクラベンダー	spikelavender
ヒアシンス	hyacinth	スターアニス	star anis
インモルテル	immortelle	バニラ	vanilla
ジャスミン	jasmin	ベチバー	vetiver
ジョンキル	jonquil	ヴァイオレット	violet
ジュニパー	junper	イランイラン	ylang ylang

Muguet は市場では供給されていない.

9.3 合成香料

　合成香料は他の化学と同様に自然界の化学物質の合成から始まった．19世紀に植物香料の主成分となっているシンナミックアルデヒド，ボルネオールが合成されて以来，合成化学の発展に伴い数を増やしてきた．重要な合成単品の発見には基本的に天然香料を分析し同定し，合成を研究するという過程をとり，現在でも基本的には同様の考え方は続いている．理論的には天然物を完全に分析その成分を再構築すれば再現可能ということになるが，現在でも未確認の微量成分が多く不可能である．

　広い意味での合成香料は3000種以上に上るが，実際に汎用されるものは600種位と考えられる．合成香料は天然香料にない特徴を持っている．天然香料の問題点として，気候等により品質，供給量，価格が不安定であり，また大量に同じ品質のものを供給できない．この点合成香料は逆に長所として品質，供給量，価格とも安定している．

　人間の最も敏感な感覚に訴える香料は，香りの微妙なニュアンスと厳しい品質管理とが求め

られる．このため，酸化・還元・縮合・転位・エステル化などの化学反応を利用する香料の製造は，医薬品と同じ方式が採用され，精製には細心の注意が払われ，必要に応じて熟成という工程をとる．

・合成香料の分類

一般には石油化学系の合成反応（全合成）で生産されると思われやすいが，実際は天然物からの単離した単離香料，天然物からの原料（おもにテルペン）を出発原料とし合成した半合成香料，そして石油化学的な合成のいわゆる"合成香料"がある．

シトラール（citral）を例に取り3つの工程について述べる．

9.3.1 単離香料

Orange oilからのリモネン，ハッカ油からのメントール，そのほかに linalool, geraniol,

COLUMN　香料に関わるノーベル賞（1）　キラルな分子と香料

野依良治博士
［理化学研究所ホームページより］

日本の香料業界に関連するノーベル賞受賞は2001年の野依良治博士の化学賞である．この時のタイトルは「キラル触媒による水素化反応の研究」であった．ではキラルとは何か？

自然界には構成する原子の数や種類がまったく同じで手はキラルなものの一例で，右手とその鏡像である左手は互いに重ね合わせられない（右手の掌と左手の甲を向かい合わせたときに重なり合わないということである）．キラルな分子とは右手と左手のように鏡像異性体を持つ．また身近な例では右巻き，左巻きの巻貝がある．これらは完全に重ねることができない．

化学の分子の観点ではCH_4構造で置換基がすべて異なると互いに鏡像が重ならない異性体を生じる．これらの物理定数は同じであるがその性質が異なる．

例えば，調味料に使われるグルタミン酸ナトリウムは，「左」分子はうまみ成分として働き，「右」は働かない．自然界は，2つの物質を巧みにつくり分けるが，人工的に合成すると左右の物質は対となり，同じ割合でしか作ることができなかった．

キラル化合物が社会問題となった最も有名な例は，サリドマイドの薬害である．サリドマイドには上記鏡像異性体があり，鎮静効果と奇形を引き起こす左右2種類の分子（R体，S体）である．しかし事前にS体に催奇性があることがわからずにラセミ体（R体，S体の50/50混合物）を使ったことが原因だった．

そこで，有用な分子だけを効率的に合成することができないか．野依博士は金属が炭素などの有機化合物に結合した有機金属触媒に着目した．

rhodinol 等がある.

シトラールは Lemongrass oil, Listea Cubeba oil, Vervena から単離され調合原料, 合成原料として利用される.

9.3.2　半合成香料

ピネン-ミルセンからの linalool, geraniol, citronellol, menthol の合成は天然から得られるピネンを原料とした半合成である. テルペン骨格を持つので反応のステップを少なくできる利点がある.

ピネンからシトラールの合成の例を挙げる (図9.7).

ミルセンから得られるジエチルゲラニルアミンを水素受容体存在下, Ru-ホスフィン錯体を触媒としてシトラールエナミンに異性化し加水分解してシトラールを得る.

化学反応を促進する作用がある金属原子に, 左右を選別する働きを持つ有機化合物を配位させた独自の不斉触媒を開発し, 「不斉合成」の可能性を世界で初めて提示. その後, 世界最高の効率をもつ不斉触媒反応に世界で初めて成功した.

この触媒は, 自然界の酵素よりもはるかに小型でありながら, 片方だけを高い効率でつくり出せる. 薬品や香料, 食品などへの応用が広がり, アミノ酸, 抗生物質, ビタミンなどの合成や新薬開発などに道を開いた. その功績にノーベル賞が与えられた.

香料に関する業績の中では, 不斉合成を利用した代表的な例として ℓ-メントールの工業生産がありここに紹介する.

ハッカの成分であるメントールのすっとする独自の香りは左手にあたる分子にしかないが, 不斉合成ではその左手だけ (ℓ-メントール) だけを99%の割合で製造できるようになった. 高砂香料で実用化され, 現在も世界に多くのシェアを持つ ℓ-メントールを製造している.

キラル有機金属触媒を用いた ℓ-メントールの不斉合成

9.3.3 合成香料

石油由来の原料から出発しており，長年にわたり毎年新開発され市場に紹介されてきた．近年は数的には減少している．長年使用されるもの（Galaxolide, Hedion 等）もあれば市場から姿を消すものもあり，その種類を正確に捉えることができないほどである．現在は1000種ほどが入手可能と思われる．

ここに基本的な合成香料の例を挙げた．動物香料からのムスク，アンバー，また植物香料の成分であるテルペン類の合成（ここではシトラールを例に挙げた，図9.8），さらに多くの合成法，製造法が開発され，また市場，調香師の要求もあり新しい合成香料が開発されている．歴史的に見ても新しい合成香料の開発が新しい香調を生んできたといえる．

近年は合成香料が求めてきた安定性，生産性が環境問題に影を落とし，例えば合成ムスクにおいては生体内から発見されるというようなことが起こり，徐々に生分解性の良い化合物に置き換えられてきている．

化粧品原料としての香料は上記の天然香料と合成香料をバランスよくブレンドしたものであり，その仕事を調香といい，行うのが調香師である．その詳細は13章で述べる．

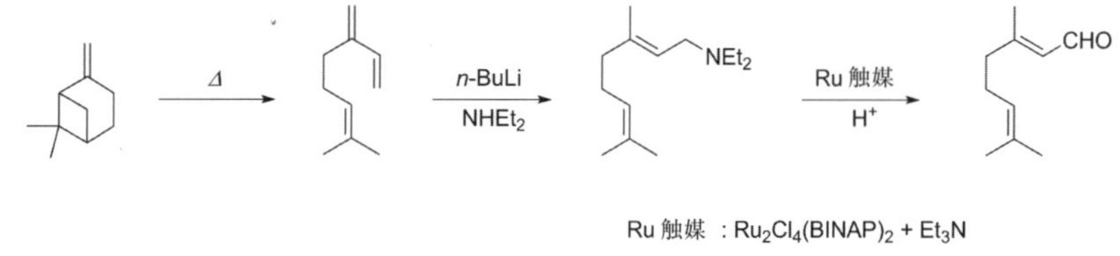

図9.7　シトラールの半合成

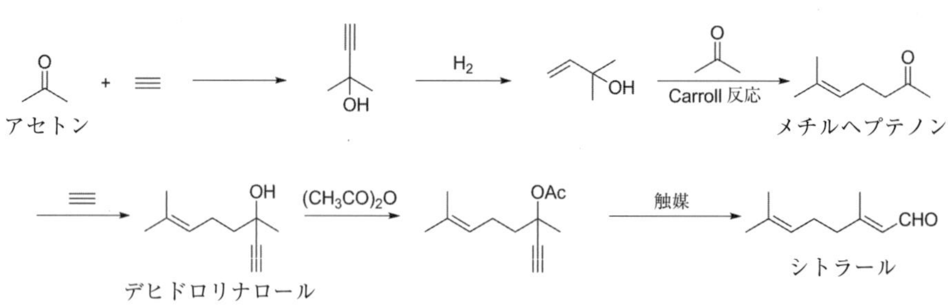

図9.8　シトラールの全合成

9.4 香料統計

参考として，日本の香料の生産・輸出入の統計を示す．

	種別	数量・金額	平成20年	平成21年	平成22年	平成23年	平成24年
国内生産	天然香料	数量	574	620	555	652	674
		金額	1,787	1,832	2,125	2,549	2,824
	合成香料	数量	15,546	10,762	14,284	13,271	11,252
		金額	33,344	22,524	32,732	32,814	27,759
	食品香料	数量	57,841	54,875	65,027	52,637	51,845
		金額	139,036	126,160	158,041	131,189	131,335
	香粧品香料	数量	6,741	6,522	6,872	7,059	6,945
		金額	17,968	17,686	18,700	18,890	19,440
	合計	数量	80,702	72,779	86,738	73,619	70,716
		金額	192,135	168,202	211,598	185,442	181,358
輸入	天然香料	数量	8,917	15,865	12,648	10,942	19,932
		金額	16,879	16,284	14,349	18,289	19,395
	合成香料	数量	117,806	111,447	139,978	162,939	185,154
		金額	38,554	29,103	36,505	33,927	42,566
	食品香料	数量	4,161	3,703	3,831	4,012	3,765
		金額	23,806	22,259	21,889	22,406	21,970
	香粧品香料	数量	3,519	3,480	4,018	4,681	5,557
		金額	7,370	6,603	7,614	8,209	9,570
輸出	天然香料	数量	134	167	97	101	114
		金額	471	901	658	665	818
	合成香料	数量	43,195	36,800	33,395	29,115	25,921
		金額	22,651	14,709	17,996	16,908	16,991
	食品香料	数量	5,061	5,026	5,395	5,489	4,138
		金額	15,031	13,827	14,951	14,525	11,236
	香粧品香料	数量	4,676	5,107	5,751	6,514	5,926
		金額	7,014	6,877	7,687	8,695	8,465

(単位：トン，百万円)

※国内生産は日本香粧学会会員からの香料統計資料の製造の合計．
※輸出入は財務省の貿易統計に収載されているもの．

第9章　演習問題

1. 近年,天然香料の使用が少なくなってきたが,その理由を述べよ.

2. 香料原料の合成では半合成が主流である.半合成の利点を述べよ.

3. サリドマイドを不斉合成し安全な一方だけを投与しても,副作用が認められることが多い.その理由を述べよ.

4. ℓ-メントールの合成にはキラル触媒を用いるが,シトラールの合成では用いない.その理由を述べよ.

第 10 章 スキンケア化粧品（基礎化粧品）

　皮膚は身体を構成している器官の1つである．この皮膚は外界の乾燥，紫外線，酸化といった外部環境や，化学物質，細菌などの外部因子から生体を守り，防御するバリアとしての役割や，生体の内部環境の恒常性を維持する役割など，さまざまな変化に対応し身体を守る重要な器官といえる．しかし，皮膚は，外部環境の変化，内分泌系や神経系の変化，加齢などにより，その働きや仕組みにアンバランスを生じ，恒常性維持機能が崩れ，肌荒れや肌の衰えが生じる．この皮膚の乱れを改善し，恒常性を維持し，皮膚をいつまでも美しく保つ役割をするのが，スキンケア化粧品である．ゆえに，具体的なスキンケア化粧品の機能，役割は以下のように考えられる．

1）皮膚の汚れ等を取り除き，清潔に保つ（洗浄）
2）皮膚を健やかに整え，肌荒れや肌の乾燥を防ぐ（保湿，柔軟）
3）外的刺激から肌を保護する
4）皮膚の新陳代謝を活発にし，肌の生理活性を促す
5）ストレスを緩和する

　上記の機能，役割を果たすために，スキンケア化粧品は，洗浄，清拭，抗乾燥，抗紫外線，美白，しわ・たるみ改善など多くの機能を備えている．しかし，これらの機能を持ったスキンケア化粧品も適切な使用方法をされなければ，その機能を十分に発揮することはできない．スキンケア化粧品の使用は，①洗顔料によるメイク落とし，素肌洗い，②化粧水による水分・保湿剤の補給，③乳液，クリームによる水分・保湿剤・油分補給，新陳代謝を促進し肌を柔軟にする，が基本の順序となり（ベーシックケア），この基本パターンでは補えない，あるいは十分でない機能を乳液やパックなどの化粧品がパーソナルケア（スペシャルケア）として追加使用される．

　本章では，代表的なスキンケア化粧品について，機能，成分，製造法，種類などについて述

10.1 洗顔料

洗顔料は,化粧行動の第1段階に使用されるものである.洗顔料の主な目的は,皮膚生理代謝物(皮脂,角質層の屑片,皮脂の酸化物,汗の残渣),空気中の塵埃,微生物を取り除くことにある.また,女性の場合はメイクアップ化粧品などを取り除くという目的が加わる.これら,さまざまな皮膚の汚れに対して,適正かつ快適な洗浄が行えるように種々のタイプの洗顔料が製造されている(表10.1).洗顔料を大きく分類すると,界面活性剤を比較的多く配合し,使用時に水を加え手掌上で泡立ててから使用する「界面活性剤型」と呼ばれるタイプと,使用

表10.1 洗顔料の剤型別分類

剤型	形状(名称)	特徴
界面活性剤型	固形 (石けん,透明石けん,中性石けん)	全身用洗浄料の主流.手軽で使用感もよい.ただし,使用後つっぱり感がある
	クリーム・ペースト (クレンジングフォーム)	顔専用で使用感,泡立ちに優れている.使用性簡便.弱酸性〜アルカリ性で目的に応じてベースを選択する
	液状または粘糊液状 (クレンジングジェル)	弱酸性〜アルカリ性.弱酸性のベースは洗浄力弱く,アルカリ性ベースの方は洗浄力強い.頭髪,ボディ用洗浄料が主流
	顆粒/粉末 (洗粉,洗顔パウダー)	使用性簡便.水を配合していないためパパインなど酵素配合が可能
	エアゾール使用 (シェービングフォーム,二重缶容器)	発砲して出てくるシェービングフォームタイプとジェル状で出てきて使用後発泡させる(後発泡)タイプがある.後発泡は二重缶容器使用
溶剤型	クリーム・ペースト (クレンジングフォーム)	乳化タイプのクレンジングクリームはO/W型が主流.油分をゲル化(固化)させたタイプも洗浄力高い.ハードメーク用
	乳液 (クレンジングミルク)	O/W型乳化タイプ乳液.クレンジングクリームより使用後の感触がさっぱりしている.使いやすい
	液状 (クレンジングローション)	洗浄用化粧水.ノニオン界面活性剤,アルコール,保湿剤の配合量多い.コットン使用のため物理的拭き取り効果もある.ライトメーク用
	ジェル (クレンジングジェル)	油分を大量に配合した乳化タイプ.液晶タイプは洗浄力高く洗い流し専用でさっぱりしている.水溶性高分子ゲル化タイプは洗浄力弱い
	オイル (クレンジングオイル)	油性成分に少量の界面活性剤,エタノールなど配合.洗い流し専用で洗い流し時O/W乳化する.使用後はしっとり
その他	パック (クレンジングマスク)	水溶性高分子を使用したピールオフタイプのマスク.緊張感強く,剥離時皮膚表面や毛穴の汚垢を除去

[内藤昇 他:フレグランス・ジャーナル,No.92, 1988]

時に皮膚上で汚れと十分になじませたのち拭き取りあるいは洗い流す「溶剤型」と呼ばれるタイプに分けられる．ここでは，界面活性剤型および溶剤型の代表的な形状について解説する．

10.1.1 界面活性剤型洗顔料

界面活性剤型の洗顔料は，使用時に水を加えて手掌上で泡立ててから使用する．汚れは界面活性剤のはたらきにより乳化，分散させてから取り除く（図10.1）．代表的なものには石けん，クレンジングフォームがある．

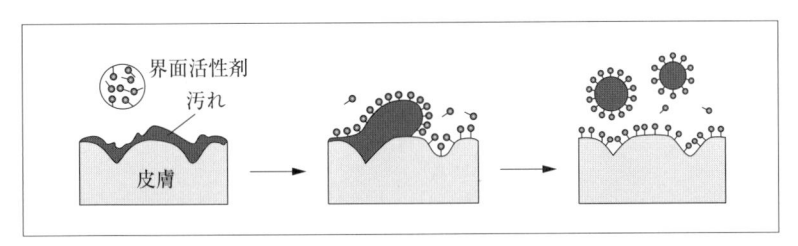

図10.1 界面活性剤型洗顔料による汚れ除去

①石けん

石けんは最も古くから用いられている洗顔料であり，脂肪酸のアルカリ金属塩の総称である．石けんの原料は動植物性油脂（脂肪酸トリグリセリド）であり，炭素数16から18の脂肪酸を中心とする牛脂系と炭素数12から14の脂肪酸を中心としたヤシ油系およびオレイン酸系の組み合わせが一般的である．

石けんの製造は，石けん素地（ニートソープ）を作るまでの工程と，ニートソープから各種石けんを作る仕上げ工程からなる（図10.2）．ニートソープの製造工程には，油脂をけん化・塩析する方法（①），脂肪酸を中和する方法（②）および，脂肪酸のメチルエステルをけん化する方法（③）がある．仕上げ工程には，機械練りと枠練りがある．機械練り石けんは，ニートソープを水分約15％まで乾燥させたのち薄片にして添加物を加え，よく練り，押し出し機で棒状に固めたのち，型打ち機で成形したものである．機械練り石けんは，泡立ちはよいが，溶けやすく，水を吸収して膨潤しやすい．枠練り石けんは，ニートソープに添加物を加えて均一

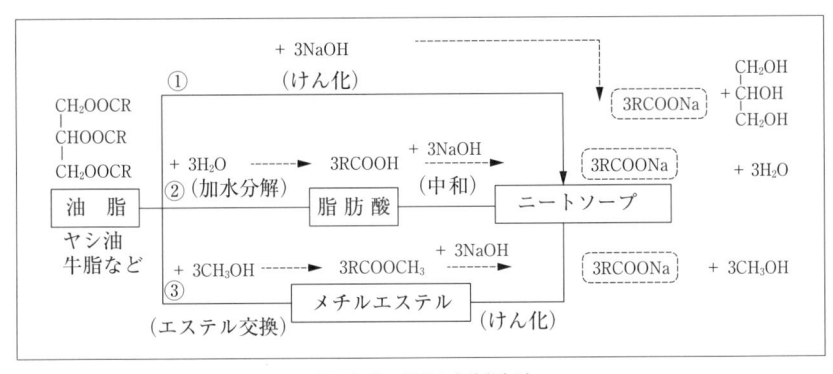

図10.2 石けん製造法
[出典：佐藤孝俊・石田達也 編著：香粧品科学，朝倉書店（1997）]

に混ぜたのち枠に流し込んで冷却固化したものである．枠練り石けんは溶けにくく，泡立ちはやや劣るが溶け崩れすることがない．

②クレンジングフォーム

クレンジングフォームは，脂肪酸石けんを含む界面活性剤を主成分とし，過度の脱脂を防ぐ目的でエモリエント剤（油分）および保湿成分を配合したもので，石けん使用時のようなつっぱり感がなく，しっとりとした感触になる．

クレンジングフォームには，脂肪酸石けんを主成分とした高級脂肪酸系（処方例1）と，ア

処方例1　高級脂肪酸系クレンジングフォーム

脂　肪　酸	ステアリン酸	8.0%
	パルミチン酸	8.0
	ミリスチン酸	18.0
	ラウリン酸	2.0
エモリエント剤	ヤシ油	2.0
ア　ル　カ　リ	水酸化カリウム	5.0
保　湿　剤	プロピレングリコール	4.0
	グリセリン	5.0
界面活性剤	グリセロールモノステアリン酸エステル	2.0
	POE（20）ソルビタンモノステアリン酸	2.0
防　腐　剤		適量
キレート剤		適量
香　　　料		適量
色　　　素		適量
精　製　水		46.0

【製法】
脂肪酸，エモリエント剤，保湿剤，防腐剤を加熱溶解し70℃に保つ．予めアルカリを溶解してあった精製水を，撹拌している油相中に添加する．添加後はしばらく70℃に保ち中和反応を終了させる．つぎに融解した界面活性剤，キレート剤，香料，色素を添加し，撹拌混合，脱気，濾過ののち冷却を行う．

［出典：田村健夫・広田博 著：香粧品科学，フレグランスジャーナル社（1990）］

処方例2　アミノ酸系クレンジングフォーム

アミノ酸系		
界面活性剤	N-アシルグルタミン酸ナトリウム	20.0%
保　湿　剤	グリセリン	10.0
	PEG400	15.0
	ジプロピレングリコール	10.0
その他界面活性剤	アシルメチルタウリン	5.0
	POE・POPブロックポリマー	5.0
	POE（15）オレイルアルコールエーテル	3.0
エモリエント剤	ラノリン誘導体	2.0
防　腐　剤		適量
キレート剤		適量
香　　　料		適量
色　　　素		適量
精　製　水		30.0

【製法】
精製水に保湿剤，N-アシルグルタミン酸ナトリウムを添加する．キレート剤添加後加熱撹拌溶解を行う．エモリエント剤，その他界面活性剤，防腐剤を加熱溶解したものを水相に添加する．撹拌混合後，香料・色素を添加し十分混合後，脱気，濾過，冷却を行う．

［出典：光井武夫 編：新化粧品学，p.331，南山堂（1993）］

ミノ酸系界面活性剤を主成分としたアミノ酸系（処方例2）の2種類がある．前者は，泡立ちもよく，すすぎも簡単で使用後もさっぱりしている．後者は，弱酸性低刺激性であるが，気泡

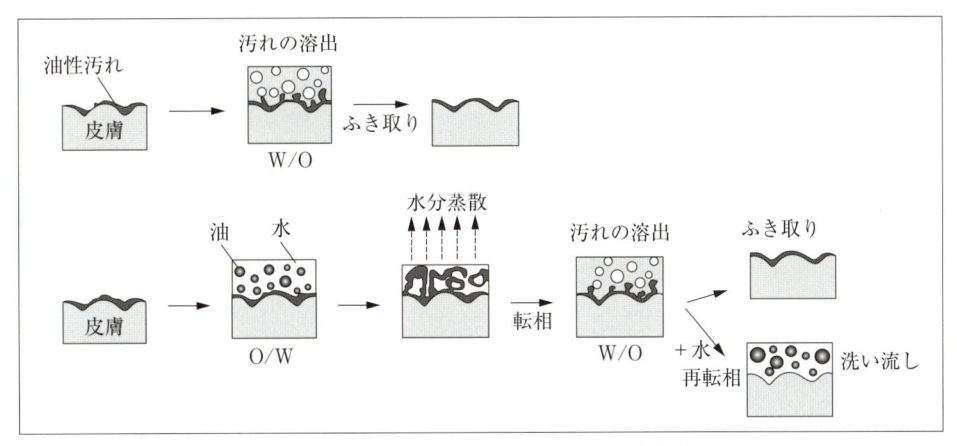

図10.3　クレンジングクリームの汚れ除去機構

処方例3　O/W型クレンジングクリーム

油　　　　分	：ステアリン酸	2.0%
	セチルアルコール	1.0
	ワセリン	20.0
	流動パラフィン	30.0
	イソプロピルミリステート	10.0
保　湿　剤	：プロピレングリコール	5.0
界面活性剤	：モノステアリン酸グリセリン	2.5
	POE(20)ソルビタンモノステアリン酸エステル	2.5
ア ル カ リ	：トリエタノールアミン	1.0
防　腐　剤	：	適量
酸化防止剤	：	適量
香　　　料	：	適量
精　製　水	：	31.0

【製法】
油分，界面活性剤，防腐剤を70℃で加熱溶解，これを他の原料を溶解した水相に徐々に加え乳化する．

［出典：田村健夫・広田博 著：香粧品科学，フレグランスジャーナル社（1990）］

力が弱いのが欠点である．また，近年は洗浄力の向上，他の洗顔料との差別化を図るためスクラブ剤を配合した製品も開発されている．

10.1.2 溶剤型洗顔料

溶剤型洗顔料は，汚れを液体の油基剤に溶解，分散させて，拭き取り（ティッシュオフ）や洗い流しによって皮膚から取り除くもので，主にメイク落としとして使用されることが多い（図10.3）．

①クレンジングクリーム

液体油を主成分とするエマルションで，W/O型，O/W型がある．W/O型は連続層が油であるため，汚れをすばやく溶出するが洗い流すことができず，拭き取ることで除去する．一方，O/W型は，洗顔時のマッサージによりW/O型に転相して油を溶かしだし，汚れを拭き取ることができるが，水を加えるとO/W型に再転相するため，洗い流すこともできることから，市場では主流となっている（処方例3）．

②クレンジングジェル

透明または半透明の油性ジェルで，ジェル特有のみずみずしい使用感と，水で容易に洗い流せることから，人気を集めている．また，メイクを洗い落す際，汚れを溶かしだす速度が速く，クレンジング力が強い．

10.2 化粧水

化粧水は，通常，透明な水溶液であり，洗顔料の後に使用され，皮膚に水分や保湿成分を補給し，皮膚を健やかに保つスキンケア化粧品である．一般的に水不溶性物質を可溶化法により，精製水に溶解させて製造されるが，近年では，マイクロエマルション法で作られた半透明のものや，粉末の入った化粧水もある．マイクロエマルションの最大の利点は，エモリエント剤（油分）を大量に配合できるため，保湿剤・界面活性剤そのもののべたつきを緩和することができるという点である．化粧水の配合成分は，主に角質層への水分・保湿成分を補給するものであるが，そのほかに柔軟，収れん，洗浄など目的に応じて必要な成分を配合する．（表10.2）．

10.2.1 柔軟化粧水（ソフニングローション）

角質層に水分，保湿成分を補い，皮膚を柔軟にし，みずみずしく，なめらかな，しっとりした肌にする化粧水である．弱アルカリ性のものが多かったが，最近は皮膚表面のpHに近い弱酸性の化粧水が主流である（処方例4）．

10.2.2 収れん化粧水

角質層に水分，保湿成分を補うほかに，一時的に肌を引き締め，過剰な皮脂や汗の分泌を抑え皮膚を正常に保つための化粧水である．使用感がさっぱりしているため油性肌や夏用として

表10.2 化粧水に用いられる主成分

構成成分	主な機能	代表的原料	添加量
精製水	角質層への水分補給 成分の溶解	イオン交換水	30〜95%
アルコール	清涼感 静菌 成分溶解	エタノール イソプロパノール	〜20%
保湿剤	角質層の保湿 使用感 溶解	グリセリン，プロピレングリコール，ジプロピレングリコール，1,3-ブチレングリコール，ポリエチレングリコール（300, 400, 1500, 4000）などの多価アルコール，ヒアルロン酸，マルチトールなどの糖類，ピロリドンカルボン酸などのアミノ酸類	〜20%
柔軟剤 エモリエント剤	皮膚のエモリエント 保湿 使用感	エステル油 植物油（オリーブ油，ホホバオイルなど）	適量
可溶化剤	原料成分の可溶化	HLBの高い界面活性剤（ポリオキシエチレンオレイルアルコールエーテルなど）	〜1%
緩衝剤	製品のpH調整（皮膚のpHバランス）	クエン酸，乳酸，アミノ酸類 クエン酸ソーダ	適量
増粘剤（粘液質）	使用感 保湿	アルギン酸塩，セルロース誘導体，クインスシードガム，ペクチン，プルラン，キサンタンガム，ビーガム，カルボキシビニルポリマー，アクリル酸系ポリマー，ラポナイト	〜2%
香料	賦香	ゲラニオール，リナロール，他	適量
防腐剤	微生物安定性	メチルパラベン，フェノキシエタノール	適量
色剤	着色	許可色素	適量
褪色防止剤	褪色防止 変色防止	金属イオン封鎖剤 紫外線吸収剤	適量
<薬剤> ・収れん剤 ・殺菌剤 ・賦活剤 ・消炎剤 ・美白剤	皮膚のひきしめ 皮膚上の殺菌 皮膚賦活 抗炎症 メラニン生成阻害	スルホ石炭酸亜鉛，スルホ石炭酸ソーダ ベンザルコニウム塩酸塩，感光素 ビタミン・アミノ酸誘導体，動植物抽出物 グリチルリチン誘導体，アラントイン アルブチン，コウジ酸，ビタミンC誘導体	適量

［出典：光井武夫 編：新化粧品学，p.333，南山堂（1993）］

も向いている．夏用やTゾーン用としてはエタノールの配合量を多くしている．pHは酸性である（処方例5）．

10.2.3 洗浄用化粧水（ふき取り用化粧水）

クレンジングクリーム等で化粧を落とした後，肌に残った油分を拭き取るタイプの化粧水である．洗浄効果を上げるために，非イオン性界面活性剤とエタノールの配合量を多くするとと

処方例4　柔軟化粧水	
保　湿　剤：ジプロピレングリコール	4.0%
グリセリン	5.0
エモリエント剤：オレイルアルコール	0.2
界面活性剤：POE(20)ソルビタンモノラウリン酸エステル	1.0
アルコール：エタノール	10.0
香　　　　料：	適量
色　　　　剤：	適量
防　腐　剤：	適量
緩　衝　材：	適量
精　製　水：	79.8

【製法】
精製水に保湿剤，緩衝剤を室温にて溶解し水相とする．エタノールに残りの原料を溶解し，先の水相に混合し可溶化する．その後色剤により調色後濾過，充填を行う．

［出典：田村健夫・広田博 著：香粧品科学，フレグランスジャーナル社（1990）］

処方例5　収れん化粧水	
保　湿　剤：ジプロピレングリコール	1.0%
ソルビット	1.0
界面活性剤：POE(20)オレイルアルコールエーテル	1.0
収　れ　ん　剤：スルホ石炭酸亜鉛	0.2
クエン酸	0.1
アルコール：エタノール	15.0
香　　　　料：	適量
防　腐　剤：	適量
緩　衝　剤：	適量
色　　　　剤：	適量
褪色防止剤：	適量
精　製　水：	81.7

【製法】
精製水に保湿剤，収れん剤，緩衝剤，褪色防止剤を室温下で溶解する．エタノールに香料，界面活性剤，防腐剤を溶解する．このエタノール相を前述の水相に添加混合し可溶化する．色剤により調色し，濾過，充填し製品とする．

［出典：光井武夫 編：新化粧品学，p.338，南山堂（1993）］

もに，保湿剤を加えることで，さっぱりした使用感が出るようにしている（処方例6）．

10.2.4　多層式化粧水

水層と粉末層または水層と油層のように二層以上からなる化粧水で，使用時は振とうして両層を混ぜ合わせて用いる．水層と粉末層の化粧水はカーマインローション（カラミンローション）と呼ばれ，日焼けによる肌のほてりを鎮める成分が含まれ，夏場に用いられることが多い．水層—油層系は，少量の界面活性剤を配合することで使用時に乳液状態になり，使いやすく良好な使用感を持たせることができる．また，界面活性剤の代わりに粉末を配合すると，振とうすることにより粉末乳化し，均一層にして使用することもできる（処方例7）．

10.3　乳液

乳液は，化粧水とクリームの中間的な性質をもつもので，皮膚のモイスチャーバランスを保つように，主に水分・保湿剤・油分を補給し，皮膚の保湿・柔軟性機能を果たす化粧品である．乳液の目的と機能別分類を表10.3にまとめた．

乳液の構成成分は，後述するクリームと類似したものが多いが，固形油分やロウ類の配合量

処方例6　洗浄用化粧水

保　湿　剤	：ジプロピレングリコール	6.0%
	1,3-ブチレングリコール	6.0
	PEG400	6.0
可 溶 化 剤	：POE(20)ソルビタンモノラウリン酸エステル	1.0
洗　浄　剤	：ポリオキシエチレンポリオキシプロピレンブロックポリマー	1.5
ア ル コ ー ル	：エタノール	15.0
香　　　料	：	適量
防　腐　剤	：	適量
緩　衝　剤	：	適量
色　　　剤	：	適量
褪色防止剤	：	適量
精　製　水	：	64.5

【製法】
精製水に保湿剤，緩衝剤，褪色防止剤を室温下にて溶解する．エタノールに可溶化剤，洗浄剤，香料，防腐剤を溶解する．このエタノール相を前述の水相に添加し可溶化する．色剤にて調色し，濾過後充填する．

[出典：光井武夫 編：新化粧品学，p.338，南山堂 (1993)]

処方例7　カーマインローション

アルコール	：エタノール	15.0%
保　湿　剤	：グリセリン	2.0
	1,3-ブチレングリコール	2.0
粉　　　末	：酸化鉄(ベンガラ)	0.15
	酸化亜鉛	0.5
	カオリン	2.0
薬　　　剤	：カンファー	0.2
	フェノール	0.02
香　　　料	：	適量
褪色防止剤	：	適量
精　製　水	：	78.13

【製法】
エタノール，保湿剤に香料を入れて溶解する．精製水にカンファー，フェノールを溶解し，ここに粉末，褪色防止剤および前述のエタノール保湿剤相を加え撹拌し，粉末を湿潤分散する．150メッシュ程度で濾過して製品とする．

[出典：光井武夫 編：新化粧品学，p.340，南山堂 (1993)]

が少なく，流動性のあるエマルションであるため，肌に対してののびがよく，なじみやすい．しかし，熱力学的に不安定な系であるため，エマルションの安定性を保持する手段を講じる必要がある．安定性を保持する手段としては，①乳化粒子を細かくする，②内・外相の比重差を小さくする，③外相の粘度を上昇させる，などがある．乳化のタイプは，乳液ではさっぱりとした使用感が得られるO/W型がほとんどである．乳液は微生物による汚染を防止するためや乳化をスムーズにするために加熱して製造するケースが多い．乳液の処方別分類を表11.4に示した．

10.3.1 保湿・柔軟乳液

皮膚の保湿および柔軟性を目的とし，細胞間脂質機能を補う．一般的にO/W型で油分量10～20％，保湿剤量5～15％程度の製品が多い（処方例8，9）．

表10.3 乳液の目的と機能別分類

目的・機能	製品分野
皮膚の保湿・柔軟	エモリエントローション 　（モイスチャーローション，ミルキィーローション，ナリシングローション，ナリシングミルク，スキンモイスチャー，モイスチャーエマルションなどと呼ばれ，季節，対象肌，嗜好などによって乳化タイプ，油分・保湿剤量などが調整される）
皮膚の血行促進・柔軟	マッサージローション
洗浄・化粧落し	クレンジングローション
生活紫外線の防御	サンプロテクト 　（プロテクトエマルション，サンプロテクター，UVケアミルクなどと呼ばれる）
（その他：各項参照） 紫外線防御 化粧下地 角質柔軟 毛髪の保護 ボディ・ハンド用	日焼け止め化粧品 メイクアップローション 角質スムーザー エルボーローション ヘアーミルク ハンドローション ボディローション

［出典：光井武夫 編：新化粧品学，p.341，南山堂（1993）］

表10.4 乳液の処方別分類

乳化型	乳化剤	油分量（%）	代表製品例
O/W型	石けん （高級脂肪酸石けん）	3～30	エモリエントローション サンプロテクト ハンドローション
	石けん＋ノニオン界面活性剤併用		
	ノニオン界面活性剤	10～50	クレンジングローション エモリエントローション
	水溶性高分子 （高分子乳化）	10～40	マッサージローション エモリエントローション
	蛋白質界面活性剤 （蛋白質乳化）	10～40	エモリエントローション
W/O型	ノニオン界面活性剤	30～50	マッサージローション エモリエントローション
	有機変性粘土鉱物		
多相エマルション $\begin{pmatrix}\text{multiple}\\\text{emulsion}\end{pmatrix}$	ノニオン界面活性剤	—	（W/O/W型とO/W/O型があるが，安定性に問題点も多いため市場にはほとんどみられない）

［出典：光井武夫 編：新化粧品学，p.342，南山堂（1993）］

処方例8　エモリエントローション（O/W型）

油　　　　分	ステアリン酸（反応後一部石けんとなる）	2.0%
	セチルアルコール	1.5
	ワセリン	4.0
	スクワラン	5.0
	グリセロールトリ-2-エチルヘキサン酸エステル	2.0
界面活性剤	ソルビタンモノオレイン酸エステル	2.0
保　湿　剤	ジプロピレングリコール	5.0
	PEG1500	3.0
ア ル カ リ	トリエタノールアミン	1.0
防　腐　剤		適量
香　　　料		適量
精　製　水		74.5

【製法】
精製水に保湿剤，アルカリを加え70℃に加熱調整する．油分を溶解し，これに界面活性剤，防腐剤，香料を加え70℃に調整する．この油脂を，先に調整した水相に加え予備乳化を行う．ホモミキサーにて乳化粒子を均一にしたのち，脱気，濾過，冷却する．

［出典：光井武夫 編：新化粧品学，p.344，南山堂（1993）］

処方例9　エモリエントローション（W/O型）

油　　　　分	マイクロクリスタリンワックス	1.0
	ミツロウ	2.0
	ラノリン	2.0
	流動パラフィン	20.0
	スクワラン	10.0
保　湿　剤	プロピレングリコール	7.0
界面活性剤	ソルビタンセスキオレイン酸エステル	4.0
	POE(20)ソルビタンモノオレイン酸エステル	1.0
防　腐　剤		適量
香　　　料		適量
精　製　水		53.0

【製法】
精製水に保湿剤を加え70℃に加熱調整する．油分を加熱溶解後，界面活性剤，防腐剤，香料を加え70℃に調整する．この油相を攪拌しながら，先に調整した水相を徐々に加え予備乳化を行う．ホモミキサーで乳化粒子を均一にしたのち，脱気，濾過，冷却する．

［出典：光井武夫 編：新化粧品学，p.345，南山堂（1993）］

10.4　クリーム

　クリームは化粧水とともに古くから汎用されてきたスキンケア化粧品で，皮膚に水分，油分を補い，保湿や柔軟効果を付与する．皮膚の保湿を保つには，皮膚表面の皮脂と角層中の細胞間脂質や天然保湿因子と水のバランスが重要であるが，年齢や季節，ストレス，体質などにより皮脂や脂質，天然保湿因子の量が減少し，保湿のバランスが崩れ，角層バリア機能の低下が起こり，肌荒れが生じてしまう．クリームには表に示したように，皮脂，脂質，天然保湿因子に類似した油性原料や，保湿剤が配合されているため，バリア機能の低下した皮膚を改善する．化粧水を使用し，しばらく置きクリームを塗ることで，肌の閉塞効果で水分の蒸散を防ぎ，肌の保湿を促進することができる．クリームの機能別分類を表10.5にまとめた．
　クリームは半固形状に固まっているので，乳液などと比べて，エマルションの安定性の幅が

表10.5　クリームの目的・機能別分離

目的・機能	製品分野
皮膚保湿・柔軟	エモリエントクリーム（栄養クリーム，ナリシングクリーム，モイスチャークリーム，バニシングクリーム，ナイトクリームなどと呼ばれ，季節・対象肌・嗜好などによって乳化タイプ，油分・保湿剤量などが調整される）
皮膚の血行促進・柔軟	マッサージクリーム
皮膚の洗浄・化粧おとしなど	クレンジングクリーム
化粧下地・メイクアップベース	メイクアップクリーム，ベースクリーム，プレメイクアップクリーム
その他特殊目的 （例）紫外線防御 　　　脱毛 　　　整髪 　　　防臭 　　　ひげそり 　　　角質軟化	日やけ止めクリーム，サンタンクリーム ヘアリムーバー ヘアクリーム デオドラントクリーム シェービングクリーム 角質軟化クリーム

［出典：光井武夫 編：新化粧品学，p.347，南山堂（1993）］

広く，油分・保湿剤・水分などを幅広い比率で配合できる．このため，さまざまな使用感，季節，使用者の年齢，化粧習慣や嗜好性の違いに応じた処方作製が容易である（表10.6）．クリームにもO/W型とW/O型の乳化型があり，目的に合うタイプのものが使われる．O/W型は，一般的に親水性の界面活性剤が使われ，油性成分は非極性油分から，非常に極性の高い油分まで幅広く用いることができる．一方，W/O型の場合，界面活性剤は親油性のものが中心となり，油性成分は非極性油分が中心となる．O/W型およびW/O型の一般的な製造方法は図10.4に示す．両タイプとも予備乳化を行った後，乳化機（ホモミキサー）による処理を行い，乳化粒子を均一にする．

10.4.1　弱油性クリーム（バニシングクリーム）

肌に伸ばすと消失（vanish）するようにみえるため，この名称がついた．水とステアリン酸からなるO/Wの乳化物で，保湿効果のある多価アルコールを添加したものである（処方例10）．

10.4.2　O/W型中油性クリーム

エモリエントクリーム（栄養クリーム，ナイトクリーム，モイスチャークリームなど）の大部分はこのタイプに属する．中油性の名称の由来は，油相が30〜50％が前後でバニシングクリームとコールドクリームの中間的性質を持つためである．適度にさっぱりとした使用感で，幅広い用途に使用できる（処方例11）．

表10.6 クリームの処方別分類

クリームの型式	構成成分 油相量(％)	構成成分 乳化剤	代表例 代表製品例	代表例 古い呼び方
O/W型	10～30	・高級脂肪酸石けん ・ノニオン界面活性剤 ・蛋白質界面活性剤 ・石けん＋ノニオン界面活性剤併用 ・ミツロウ＋ホウ砂＋ノニオン界面活性剤併用	エモリエントクリーム	油相量を10～20％で石けんを主な乳化剤としているものをバニシングクリーム
O/W型	30～50		エモリエントクリーム	中油性クリーム
O/W型	50～85		マッサージクリーム クレンジングクリーム エモリエントクリーム	コールドクリーム
W/O型	20～50	・ノニオン界面活性剤 ・アミノ酸＋ノニオン界面活性剤（アミノ酸ゲル乳化） ・有機変性粘土鉱物 ・石けん＋ノニオン界面活性剤	エモリエントクリーム	―
W/O型	50～85		マッサージクリーム クレンジングクリーム エモリエントクリーム	コールドクリーム
無水油性	100	・油性ゲル化剤	リクィファイニングクリーム（クレンジングクリーム）	―
O/W/O型	10～50	・親水性ノニオン界面活性剤＋親油性ノニオン界面活性剤 ・有機変性粘土鉱物	エモリエントクリーム	―
W/O/W型	5～30	・親水性ノニオン界面活性剤＋親油性ノニオン界面活性剤	エモリエントクリーム	―

［出典：光井武夫 編：新化粧品学，p.347，南山堂（1993）］

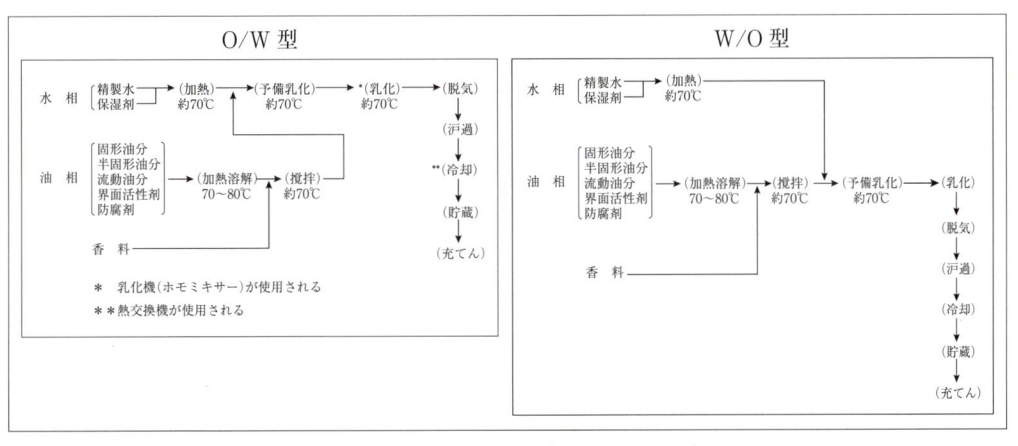

図10.4 O/W型，W/O型クリームの工程図
［出典：光井武夫 編：新化粧品学，pp.349-350，南山堂（1993）］

処方例10　バニシングクリーム（O/W型）

油　　　　分	ステアリン酸	5.0%
	ベヘニルアルコール	3.0
	パルミチン酸セチル	3.0
	パルミチン酸イソプロピル	6.0
	流動パラフィン	3.0
保　湿　剤	1,3-ブチレングリコール	7.0
界面活性剤	ラウリン酸ポリグリセリル-10	1.0
アルカリ	水酸化カリウム	2.8
防　腐　剤		適量
酸化防止剤		適量
香　　　料		適量
精　製　水		69.2

【製法】
精製水に保湿剤，アルカリを加え70℃に加熱調整する．油分を加熱溶解後，界面活性剤，防腐剤，酸化防止剤，香料を加え70℃に調整する．これを先の水相に加え予備乳化を行う．ホモミキサーにて乳化粒子を均一にしたのち，脱気，濾過，冷却を行う．

［出典：http://www.cosmetic-info.jp/］

処方例11　エモリエントクリーム（O/W型）

油　　　　分	硬化ヤシ油	6.0%
	ステアリン酸	3.0
	セタノール	4.0
	スクワラン	8.0
	ジカプリン酸ネオペンチルグリコール	4.0
保　湿　剤	1,3-ブチレングリコール	7.0
	グリセリン	3.0
界面活性剤	モノステアリン酸ポリオキシエチレンソルビタン	2.3
	親油型モノステアリン酸グリセリン	1.7
	ステアロイル-N-メチルタウリンナトリウム	1.0
防　腐　剤		適量
香　　　料		適量
精　製　水		60.0

【製法】
精製水に保湿剤，アルカリを加え70℃に調整する．油分を加熱溶解後，界面活性剤，防腐剤，酸化防止剤，香料を加え70℃に調整する．これを先の水相に添加し予備乳化を行う．ホモミキサーにて乳化粒子を均一にしたのち，脱気，濾過，冷却を行う．

［出典：田村健夫・広田博　著：香粧品科学，フレグランスジャーナル社（1990）］

10.4.3　O/W型油性クリーム（マッサージクリーム）

　マッサージのときに用いられるクリーム．皮膚の血行を改善し，皮膚全体の機能を向上させる働きをもつ．ミツロウとホウ砂の反応によって生成する石けんを乳化剤として用いてきたが，最近は乳化剤全体に占める石けんの製品への含有量は低くなっている（処方例12）．

10.4.4　W/O型エモリエントクリーム（コールドクリーム）

　コールドクリームが代表である．W/O型のエマルションは油っぽく，べたつく使用感であったたが，アミノ酸ゲル乳化法，有機変性粘度鉱物ゲル乳化法が開発され，幅広いニーズに

処方例12　マッサージクリーム（O/W 型）

油　　　　　分	固型パラフィン	5.0%
	ミツロウ	10.0
	ワセリン	15.0
	流動パラフィン	41.0
保　湿　剤	1,3-ブチレングリコール	4.0
界面活性剤	モノステアリン酸グリセリン	2.0
	POE(20)ソルビタンモノラウリン酸エステル	2.0
アルカリ	ホウ砂	0.2
防　腐　剤		適量
酸化防止剤		適量
香　　料		適量
精　製　水		20.8

【製法】
精製水に保湿剤，ホウ砂を加え70℃に加熱調整する．油分を加熱溶解後，界面活性剤，防腐剤，酸化防止剤，香料を加え70℃に調整する．これを先に調整した水相に徐々に添加し予備乳化を行う．ホモミキサーにて乳化粒子を均一にしたのち，脱気，濾過，冷却を行う．

［出典：光井武夫 編：新化粧品学，p.353，南山堂（1993）］

処方例13　エモリエントクリーム（W/O 型）

油　　　　　分	流動パラフィン	30.0%
	マイクロクリスタリンワックス	2.0
	ワセリン	5.0
界面活性剤	ジグリセロールジオレイン酸エステル	5.0
防　腐　剤		適量
香　　料		適量
水　相(1)	L-グルタミン酸ナトリウム	1.6
	L-セリン	0.4
	精製水	13.0
水　相(2)	プロピレングリコール	3.0
	精製水	40.0

【製法】
水相(1)を50℃で加熱溶解したものを，同じく50℃に加熱した界面活性剤部へ撹拌しながら徐添して，W/D 乳化組成物（アミノ酸ゲル）を作る．油相を70℃に加熱溶解したものの中に前述の W/D 乳化組成物を均一に分散する．さらに水相(2)を70℃に加熱したものをこの分散液中に十分撹拌しながら添加し，ホモミキサーで均一に乳化したのち，脱気，濾過，30℃まで冷却する．

［出典：光井武夫 編：新化粧品学，p.355，南山堂（1993）］

対応したクリームを作成することが可能となった（処方例13）．

10.4.5　O/W/O 型マルチプルクリーム

薬剤の安定化，香料の徐放効果，従来と異なる使用感を目的として作られる（処方例14）．

10.5　ジェル

水性ジェルと油性ジェルに分類され，外観状態が均一で透明～半透明の形状でみずみずしい感触を与える．水分補給，保湿以外の血行促進，洗浄，メイク落とし用製品として幅広い機能を有している．水性ジェルは水分を多く含んでいるため，肌への水分補給，保湿効果，清涼効果の基材ベースや，ライトメーク用クレンジング剤等の基材ベースとして利用される．油性ジェルは，油分を多く含んでいるため肌へ油分を補給し，肌の乾燥を防ぐ製品の基材として用

処方例14　マルチプルエマルション（O/W/O 型）

<パートA>

油　　　　分	スクワラン	5.0%
	グリセロールトリ2-エチルヘキサン酸エステル	3.0
	ワセリン	1.0
保　湿　剤	ジプロピレングリコール	5.0
	グリセリン	5.0
界面活性剤	POE(60)硬化ヒマシ油	2.0
防　腐　剤		適量
酸化防止剤		適量
精　製　水		79.0

<パートB>

油　　　　分	シクロメチコン	15.0%
	ジメチコン	10.0
	ペンタエリスリトールテトラエステル	5.0
粘　土　鉱　物	有機変性粘土鉱物	1.0
界面活性剤	POEグリセロールトリイソステアリン酸エステル	0.3
香　　　料		適量

【製法】
パートAの調整：保湿剤，防腐剤，酸化防止剤，精製水を70℃で均一溶解し，これに油分，界面活性剤を70℃に調整したものを加えホモミキサーで均一混合し，30℃まで冷却する．
パートBの調整：油分を加熱溶解後，粘土鉱物，界面活性剤，香料を加え70℃に調整し均一に分散・溶解して油性ゲルを得る．事前に調整しておいたパートA68.7%を，パートBの中へ十分に撹拌しながら徐添する．ホモミキサーで均一に混合したのち，脱気，濾過，30℃まで冷却する．

［出典：光井武夫 編：新化粧品学 第2版，p.379，南山堂（2001）］

いられている．また，ハードメークとのなじみがよいため，メイク落としの基材としても利用される．ジェルの目的と機能分類を表10.7に示す．

水性ジェルの主成分は，カルボキシビニルポリマーやメチルセルロースなどの水溶性高分子（ゲル化剤）である．一方，油性ジェルは，界面活性剤や液晶構造を利用して，内外相の屈折率を合わせて透明にした乳化タイプである．以下に水性ジェルと油性ジェルの処方例を示す．

10.6　エッセンス（美容液）

エッセンスは化粧水と異なって，粘性があり，保湿機能とエモリエント機能を有するもので，肌荒れを防ぎ，皮膚を健やかに保つものである．日焼けによるシミ・ソバカスを防ぐための美白効果や，紫外線防御効果など様々な機能を有したエッセンスもある．言い換えると，美容液は，化粧水など従来のスキンケア化粧品では，「物足りない」，「補いきれない」効能効果，使用感触を有する，付加価値の高い化粧品といえる．エッセンスの製造方法はその形状により，化粧水，乳液，クリームなどと同様の方法で作られる．エッセンスの分類，処法例を以下にまとめた（表10.8）．

表10.7 ジェルの目的・機能別分類

目的・機能	ジェルタイプ		特徴
水分補給 保湿	水性ジェル (高分子増粘タイプ)	油分なし	みずみずしく,清涼感があり,さっぱりした使用感を持っているので,夏期使用や脂性肌用に向いている.オクルージョン効果は少ない
		少量油分含有	
保湿維持 油分補給	油性ジェル (乳化または液晶タイプ)		油性タイプのため,油性クリームのような重厚感がある.冬期や,乾燥肌用の保湿,油分補給として適している
血行促進 (マッサージ用)	水性ジェル		水性ジェルなのでみずみずしい感触と高分子のすべりを利用して,なめらかなのびでマッサージしやすい.保湿剤が多く水が少ない系では温熱を感じる
洗浄 メーク落とし	水性ジェル (高分子増粘タイプ)	油分なし	水洗い,拭き取り両方ができ,さっぱりしているがハードメークには洗浄効果が劣る.洗浄力小
		少量油分含有	
	油性ジェル (乳化または液晶タイプ)		メークとのなじみがよく,使用途中でO/Wから転相しさらに軽くなる.その後の水洗性もよく,ハードメーク落とし用として最適.洗浄力大
	オイルジェル		メークとのなじみはよいが,水洗できないため,拭き取って使用する.油膜が残るためクレンジングフォームなどによる再洗浄が必要.洗浄力大

[出典:光井武夫 編:新化粧品学,p.357,南山堂(1993)]

表10.8 エッセンスの目的・機能別分離

形状	技術	特徴
透明・半透明 化粧水タイプ	可溶化,マイクロエマルション,Liposome, Disclike Capsule	化粧水に比べ,一般的に保湿剤の配合量多い.保湿剤および水溶性高分子の選択・組み合わせにより使用性調整,美容液・エッセンスのもっとも一般的な製剤
乳化タイプ	O/W型 W/O型 W/O/W型	エモリエント剤(油分)を多量に配合することができるため,紫外線吸収剤をはじめとする油溶性成分を多量に配合する製品に適している.撥水性を要求される製品にはW/O型乳化が適している
オイルタイプ	—	古くから化粧油として用いられてきた.オリーブ油,ホホバ油,ミンク油,スクワランなどの動植物性油脂をベースとして固型・半固型油の配合により使用性を調整する.他製剤に比べ使用性も悪く市場から淘汰されつつある
2剤混合タイプ	上記技術に加え,スプレードライ,フリーズドライ,マイクロカプセル	薬剤,製剤の不安定化を避けるためあるいはビジュアルな変化を持たすため2剤とし使用時混合させる.液-液と液-粉末の組み合わせがある.粉末は溶けやすいように製剤化されている.
その他	粉末入化粧水タイプ アルコール高配合タイプ	皮脂分泌の多いTゾーン専用エッセンス,粉末配合により化粧もちを良くする アクネ用として用いられる殺菌機能を持つ部分使用エッセンス

[出典:光井武夫 編:新化粧品学,p.360,南山堂(1993)]

処方例15　油性ジェル（乳化タイプ）

油　　　　分	流動パラフィン	12.0%
	グリセロールトリ-2-エチルヘキサン酸エステル	50.0
保　湿　剤	ソルビトール	10.0
	PEG400	5.0
界 面 活 性 剤	アシルメチルタウリン	5.0
	POEオクチルドデシルアルコールエーテル	10.0
香　　　　料		適量
精　製　水		8.0

【製法】
精製水に保湿剤，アシルメチルタウリンを加え70℃に加熱調整する．油分にPOEオクチルドデシルエーテル，香料を加え70℃に加熱調整する．これを先の水相に徐々に添加する．ホモミキサーにて乳化粒子を均一にしたのち，脱気，濾過，冷却を行う（水相と油相の屈折率が近いため，外観が透明〜半透明のジェル状となる）．

［出典：光井武夫 編：新化粧品学，p.358，南山堂（1993）］

処方例16　モイスチャージェル

保　湿　剤	ジプロピレングリコール	7.0%
	PEG1500	8.0
水溶性高分子	カルボキシビニルポリマー	0.4
	メチルセルロース	0.2
界 面 活 性 剤	POE (15) オレインアルコールエーテル	1.0
ア　ル　カ　リ	水酸化カリウム	0.1
防　腐　剤		適量
褪色防止剤		適量
色　　　　剤		適量
キレート剤		適量
香　　　　料		適量
精　製　水		83.3

【製法】
精製水に水溶性高分子を均一に溶解させた後，PEG1500，褪色防止剤，色剤，キレート剤を添加する．ジプロピレングリコールに界面活性剤を加え50〜55℃で加熱溶解し，これに防腐剤，香料を加える．先に調整した水相を撹拌しながらこれを徐々に添加する．最後にアルカリ水溶液を添加し，中和のため十分に撹拌する．

［出典：光井武夫 編：新化粧品学，p.359，南山堂（1993）］

10.7　パック

　パックは古くから用いられている化粧品の1つであり，保湿，血行促進，皮膚上の古い角質細胞片や汚れの除去，あるいは肌を滑らかにする目的で使用される．パックには表10.9に示したように用途に合わせて様々な形状がある．

　皮膚にパック剤を適用し，一定時間をおいて乾燥させた後，パック剤を取り除く処理をパックといい，この時のパックの機能は以下の通りである．

①パックからくる水分，保湿剤，エモリエント剤と塗布されたパックの閉塞効果により，角質層は保水され柔軟となる．

②パックの吸着作用と同時に，乾燥剥離時に皮膚表面の汚れ，垢を取り去る．

③皮膚剤や粉末の乾燥過程では，皮膚に適度な緊張を与え，乾燥後一時的に皮膚温を高め血行を良くする．

　パックの主な処法例を「処方例19」「処方例20」に示す．

処方例17　透明保湿エッセンス

保　湿　剤	：ソルビトール	8.0%
	1,3-ブチレングリコール	5.0
	PEG1500	7.0
	ヒアルロン酸	0.1
アルコール	：エタノール	7.0
界面活性剤	：POE オレインアルコールエーテル	1.0
エモリエント剤	：オリーブ油	0.2%
香　　料	：	適量
防　腐　剤	：	適量
褪色防止剤	：	適量
緩　衝　剤	：	適量
精　製　水	：	71.7

【製法】
精製水に保湿剤，褪色防止剤，緩衝剤を順次室温にて溶解する．エタノールに界面活性剤，エモリエント剤，香料，防腐剤を順次溶解後，前述の水相に可溶化する．これを濾過する．

[出典：光井武夫 編：新化粧品学，p.362，南山堂 (1993)]

処方例18　紫外線防止エッセンス

油　　分	：ステアリン酸	3.0%
	セタノール	1.0
	ラノリン誘導体	3.0
	流動パラフィン	5.0
	2-エチルヘキシルステアレート	3.0
保　湿　剤	：1,3-ブチレングリコール	6.0
界面活性剤	：POE セタノールアルコールエーテル	2.0
	モノステアリン酸グリセリン	2.0
アルカリ	：トリエタノールアミン	1.0
紫外線吸収剤	：オクチルメトキシシンナメート	4.0
	ジベンゾイルメタン誘導体	4.0
防　腐　剤	：	適量
香　　料	：	適量
精　製　水	：	66.0

【製法】
精製水に保湿剤，トリエタノールアミンを溶解し加熱して70℃に保つ．油分を70〜80℃にて加熱溶解後，界面活性剤，紫外線吸収剤，防腐剤，香料を順次溶解し温度70℃にする．前述の水相を撹拌しながら油相を添加し乳化を行う．ホモミキサーで乳化粒子を均一に調整後，脱気，冷却する．

[出典：光井武夫 編：新化粧品学，p.363，南山堂 (1993)]

10.8　保湿化粧品

　化粧品の品質特性の1つに"有用性"がある．化粧品の有用性には，保湿，紫外線防御，洗浄，メイクアップなどがあげられるが，その中でも保湿作用に対する需要は高く，多くの化粧品に保湿剤が配合されている．

　皮膚はもともと保湿機能を備えている．皮膚の表面には薄い皮脂膜が存在し，体内からの水分の蒸散を防いでいる．また，皮膚の中にもアミノ酸，無機塩類，ピロリドンカルボン酸，乳酸塩，尿素などの天然保湿因子（NMF：Natural Moisturizing Factor）と呼ばれる物質が存在し，水分を保持している．しかしながら，皮膚が老化したり，乾燥状態が続いたりすると，

表10.9 パックの目的・機能別分離

タイプ	製品形態	特徴
ピールオフタイプ	ゼリー状	透明または半透明のゼリー状で，塗布乾燥後透明な皮膜を形成する．皮膜剥離後は保湿柔軟効果，洗浄効果を示す
	ペースト状	不透明ペースト状，粉末，油分，保湿剤を比較的多く配合できるため乾燥し，皮膜形成，剥離後は十分なしっとり感を与える
	粉末状	粉末主体で使用時水などで均一に溶いて塗布する．水の蒸発潜熱により冷たくてさっぱりしていて緊張感も強く，夏期向きである
拭き取りまたは洗い流しタイプ	クリーム状	通常のO/W型乳化タイプのクリームであり，塗布しやすくするため硬度を低くすることと，使用後十分なしっとり感を与えるため保湿剤量が多い
	泥状	粘土鉱物を含んだ粉末を，水＋エタノール＋保湿剤よりなる水相に混合，乾燥後拭き取りは難しく，洗い流し使用が中心
	ゼリー状	透明または半透明のゼリー状，水溶性高分子の配合によりゼリー状とするも，皮膜剤量が少ないため拭き取りまたは洗い流しの使用法となる
	エアゾール（泡状）	泡状の製品を塗布するが，使用したガスに気化熱をうばわれるため，皮膚表面がチクチク，ヒリヒリする欠点がある
固化後剥離タイプ	粉末状	主成分を焼石膏としており，水を加え水和反応熱により発熱させ，固化させる
貼布タイプ	不織布ゲル貼布タイプ	ゲルの性質により使用性が左右されるが，新しいタイプのパックとして注目される．使用法も簡単であり，他のスキンケア化粧品との組み合わせ効果も高い
	不織布含浸タイプ	不織布に化粧水，エッセンス類を含浸させてあり，冷たくて快適である．使用法も簡単である

［出典：光井武夫 編：新化粧品学, p.364, 南山堂（1993）］

皮脂や天然保湿因子の量が減少して保湿機能が衰えてくる．この衰えを補うのが保湿化粧品の役割である（図10.5）．

10.8.1 保湿剤

保湿化粧品の多くには吸湿性の高い水溶性の保湿剤が配合されている．水溶性保湿剤には水酸基（-OH）をもつものが多いが，これは水酸基が電気的に極性をもち，同じく極性をもつ水分子（H-O-H）と水素結合するからである．

多価アルコール類は分子中に複数の水酸基をもち，保湿剤として汎用されている．保湿剤として用いられる多価アルコール類には，グリセリン，プロピレングリコール（ジプロピレングリコール），1,3-ブチレングリコール，ポリエチレングリコールなどがある．

また，カルボキシル基（-COOH）をもつカルボン酸類も極性をもち，乳酸ナトリウム，ピ

処方例19　ゼリー状ピールオフタイプ

皮　　膜　　剤	：ポリビニルアルコール	15.0%
増　　粘　　剤	：カルボキシメチルセルロース	5.0
保　　湿　　剤	：1,3-ブチレングリコール	5.0
アルコール	：エタノール	12.0
香　　　　料	：	適量
防　　腐　　剤	：	適量
緩　　衝　　剤	：	適量
界面活性剤	：POEオレイルアルコールエーテル	0.5
精　　製　　水	：	62.5

【製法】
精製水に緩衝剤，保湿剤を添加後70～80℃に加熱する．ここに増粘剤，皮膜剤を添加し撹拌溶解を行う．エタノールに香料，防腐剤，界面活性剤を添加溶解後，前述の水相に添加し可溶化する．脱気，濾過，冷却する．

［出典：光井武夫　編：新化粧品学，p.367，南山堂（1993）］

処方例20　粉末状ピールオフタイプ

このタイプは，水に溶解したときアルギン酸カルシウムとしてゲル化させ，皮膜形成させる．

粉　　　　末	：カオリン	30.0%
	タルク	20.0
ゲ ル 化 剤	：アルギン酸ナトリウム	10.0
		35.0
ゲル化反応剤	：硫酸カルシウム	5.0
ゲル化調整剤	：炭酸ナトリウム	適量
色　　　　剤	：	適量
香　　　　料	：	

【製法】
粉末，ゲル化剤，ゲル化反応剤，ゲル化調整剤，色剤，香料を順次加え，混合し充填する．

［出典：光井武夫　編：新化粧品学，p.368，南山堂（1993）］

ロリドンカルボン酸ナトリウムなどが保湿剤として用いられている．

　ニワトリのトサカに多く含まれるヒアルロン酸は酸性ムコ多糖の1つで真皮にも存在するが，保湿剤として保湿化粧品に配合され，皮膚の表面で保湿作用をもたらす．

　これらのうち，グリセリン，乳酸ナトリウム，ピロリドンカルボン酸，ヒアルロン酸などは，天然保湿因子として皮膚の中に存在する物質である．

　一方，角層にはセラミドやコレステロールなどの角質細胞間脂質が充満しているが，これら

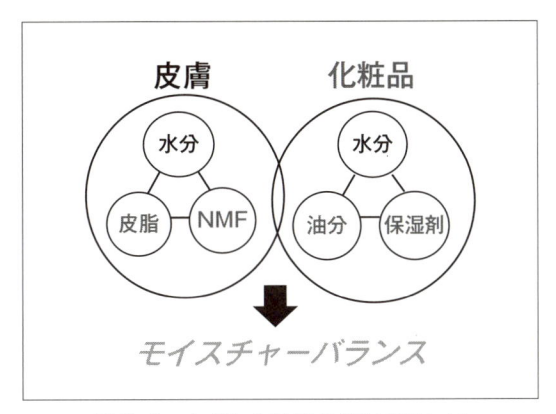

図10.5　皮膚と化粧品の保湿バランス
［出典：光井武夫　編：新化粧品学，p.325，南山堂（1993）］

も保湿剤として用いられている．皮膚の表面で油層を形成し，肌荒れで経表皮水分蒸散量（TEWL：Trans-epidermal Water Loss）が増加した角層を整然とした状態に近づけることによる保湿作用がある．

10.8.2 保湿化粧品のはたらき

　皮膚内の水分量や水分の蒸散を防ぐ皮脂の量は，皮膚の老化とともに減少する．空気が乾燥する冬季になると肌がカサカサに乾き，痒みを伴う老人性搔痒症が多発する．この原因の1つが近年明らかとなった．乾燥状態が続くと表皮が神経線維を誘導する因子を放出するようになり，本来であれば真皮の奥深くに存在する神経線維が徐々に表皮に近い位置まで侵入してくる．神経線維が表皮に達すると少しの刺激でも皮膚に痒みをもたらす．搔破行為により皮膚のバリア機能は破壊され，外来からの異物も皮膚内へ侵入しやすくなり，炎症が併発する．このような状態になると抗炎症剤を用いて痒みを抑えるが，保湿化粧品の塗布を継続することにより，表皮まで浸潤していた神経線維が真皮の奥深くまで戻り，痒みの軽減に有用な効果をもたらすことが証明されている．

第10章　演習問題

1. スキンケア化粧品の機能，役割とは何か．

2. スキンケアを行う際のスキンケア化粧品の使用順序とその目的について説明せよ．

3. 洗顔料には大きく分けると2種類のタイプがある．それぞれのタイプの特徴と洗浄の原理を説明せよ．

4. 化粧水と乳液の違いは何か．

5. O/W 型と W/O 型のスキンケア化粧品では使用感が大きく異なるが，それぞれの使用感とその仕組みについて述べよ．

6. 皮膚の中に存在する天然保湿因子を3つ述べよ．

7. 皮膚の保湿機能の仕組みを簡潔に述べよ．

8. 化粧品に用いられている保湿剤を3つ述べよ．

第 11 章 メイクアップ化粧品

　メイクアップとは化粧料を顔に塗布し，美しく装うことである．特別な場面で使用されるだけではなく，普段の身だしなみを整えるためにも用いられ，化粧仕上がりがその人の印象へ大きく影響する．つまり現代女性にとってメイクアップ化粧料はなくてはならないコミュニケーションツールであると言える．

　メイクアップ化粧料に配合するものの中で化粧の見え方に大きく影響するのは顔料である．顔料を使ってメイクアップ化粧品をつくるには顔料を必要に応じて様々な形に整え（剤型），均一に分散させなければならない．その製剤化においては各種の顔料を容器中に長期に安定に分散させる技術が必要である．そして使用時には顔に塗布するための道具の技術，目的の仕上がりを得るための色，隠蔽性，つやを制御した各種顔料が使われる．メイクアップ化粧料の技術開発は快適性，化粧仕上がりの向上が中心に行われるが，乳液などの基礎化粧料とは異なり，望まれる仕上がりをいかにして実現するか，そしてその化粧仕上がりをいかにして持続させるかが技術ポイントとなる．

　本稿では化粧仕上がりと密接に関係する光学について述べた後，代表的な剤型であるパウダーファンデーション，乳化ファンデーション，口紅について解説する．特に後者については保存安定性を確保するための技術および持続技術を中心に解説する．メイクアップ化粧料の世界を理解する一助になれば幸いである．

　化粧は人だけが行う行為であり，人類発生からはじまったと言われている．古代エジプトの時代から化粧が行われていたことがわかっており，地域，民族により様々な化粧があるが，世界共通に行われる化粧として，赤，黒，白の3つの化粧がある．赤は信仰的意味合いから崇拝され，口の周りに赤い色を入れるという行為は旧石器時代から行われてきたと言われている．赤化粧のうち，口紅は最も古くから行われてきた化粧である．紅花から採取される染料を赤色として使用している．彩度の高い赤色を出すために有機色素を使うという点は現代の口紅でも

変わっていない．日本における化粧文化として知られるのは，平安時代に行われた顔を白くする白化粧であろう．鉛白（塩基性炭酸鉛）や軽粉（塩化第一水銀）が使われた．美しさの象徴であることから，質の良さより白さが求められ，製造技術が進歩しただけでなく，きれいに仕上げる道具や肌に密着させるための工夫もなされていた．例えば，ただ単に粉を塗るだけでは肌から容易に剥がれ落ちるため，粉を肌へ密着させるとともに乾燥を防ぐ（化粧のひび割れを防ぐ）ためにヘチマの汁が使われた．つまり，すでに仕上がりを美しく，持続させるファンデーションや化粧下地に通じる機能が使われていたということである．

11.1　メイクアップ化粧料の種類と剤型

　メイクアップ化粧料は使用性，肌質，使用感触，仕上がりの嗜好性，季節対応により剤型が分かれる．顔全体に塗り，色ムラや凹凸などの欠点をカバーして肌色を整えるベースメイク（以下の①〜③），そして目，口などの美しさを強調するために用いるポイントメイク（以下の④〜⑩）がある．さらに，乾燥や紫外線から肌を保護する機能を持たせる．表11.1に示すように種類は豊富であるものの，基本構成は粉体とそれを分散させる分散媒によって成り立っており，技術的には共通である．

① ファンデーション：肌色を整え，シミ，ソバカスなどの欠点をカバーする．化粧持ちを良くする．
② コンシーラー：毛穴などの凹凸，シミなどの色ムラをカバーする．
③ 化粧下地：肌を整え，ファンデーションを密着し，持ちを良くする．
④ 白粉：肌色を整え明るくする．
⑤ 頬紅：頬の部分に赤みを付け，血色良く明るく健康的に見せる．
⑥ 口紅：唇に色を付け，印象をひきたたせる．
⑦ アイシャドウ：目元に陰影をつけ，立体的な視覚効果をもたせる．
⑧ マスカラ：まつ毛を長く，太く見せ，カールさせ目元を強調する．
⑨ アイライナー：まつ毛の生え際にそってラインを入れ目の輪郭を強調する．

表11.1　メイクアップ化粧料の種類と剤型

	固形状	粉末状	液状	クリーム状	スティック状	ペンシル状
ファンデーション	○		○	○	○	
白粉	○	○				
口紅	○		○	○	○	○
ほお紅	○	○	○	○	○	
アイシャドウ	○	○	○	○	○	○
マスカラ			○			
アイライナー			○			○
アイブロウ	○			○		○
ネイルエナメル			○			

⑩ アイブロウ：まゆ毛を整える．
⑪ ネイルエナメル：爪に，つや，色などを付け，指先の美しさを強調する．

11.2　化粧仕上がりと光学

　ファンデーションを使用する目的の 1 つとして，現在の自分が抱えている肌の悩みを目立たなくして，より美しい理想の肌を演出することが挙げられる．近年，「ファンデーションによる仕上がり」として望まれているものは，しみ・くすみなどの色むらや毛穴などの凹凸を自然にカバーしながら「素肌感」や「透明感」を付与できる仕上がりである．

　このような仕上がりを達成するためのアプローチとして，「素肌感」や「透明感」に関する肌の光学特性を明らかにして，ファンデーションを構成する粉体や粉体塗膜の光学特性に反映させる方法が挙げられる．本節では，化粧仕上がりと肌，粉体，粉体塗膜の光学特性の関係について述べる．

11.2.1　光と肌の相互作用

　肌に代表される生体組織というものは光学的には不均一で光を吸収する媒質であり，その平均屈折率は空気よりも大きい値を有するものである（$n ≒ 1.5$，空気の屈折率：1.0）．そのため，肌に入射した光は，肌表面で反射の法則に従い全体の約 5 ％が表面反射し，入射光のほとんどが肌内部へ侵入することになる．肌内部に侵入した光は散乱および吸収を繰り返しその一部が肌外部へ再放出され，吸収によって減衰・消失していくことになる．このように多層構造および多成分から構成されている肌と光の相互作用は非常に複雑な行程をとる（図11.1）．

　ここでは，肌表面で反射される光（表面形状と表面反射）および肌内部に侵入した光（生体組織による光の散乱および吸収）がどのような物理パラメータによって作用されるのかを述べていく．

11.2.2　表面形状と表面反射

　同じ材質であっても表面の形状が異なってくるとその質感は大きく異なってくる．透明なガラス板と磨りガラスの表面の質感が良い例である．透明な板ガラスはその表面において非常に

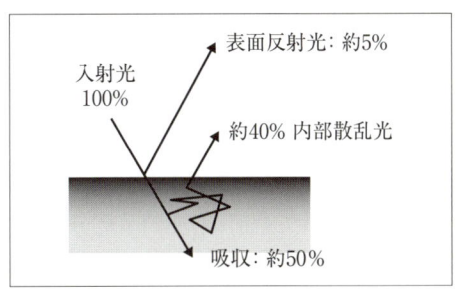

図11.1　肌における表面反射・散乱・吸収

光沢感の強い質感を有する．これは板ガラスの表面が平滑であるため，ある方向から入射してきた光が反射の法則に従い，反射光のほとんどが正反射の角度方向に反射するからである．一方，磨りガラスにおいては，その表面はつやがなく非常に白っぽい質感となる．これは，光の反射面の法線方向が入射光に対してランダムな方向を向いているため反射光がランダムな方向に反射する拡散反射が生じているからである．これらは物質の表面形状と質感の間には密接な関係があることを顕著に示している例である．つまり，物質の表面形状をパラメータ化することによって，物質表面で生じる光の拡散現象をその表面固有の特性として定量化することが可能になるのである．

一般に表面形状を表すパラメータとして凹凸の高さ方向を定義するパラメータおよび凹凸の面内分布を表すパラメータの2つに大別することができる．図11.2のような表面の凹凸において，表面粗さがその高さの平均面（$<\zeta=0>$）からの差異 $\zeta(x)$ で表されると考える．この表面粗さがランダムな場合，$\zeta(x)$ が高さ z と $z+dz$ の間の値をとる確率と考えると平均値ゼロ，分散 σ^2 の正規分布に従う．すなわち，

$$\zeta(z) = \frac{1}{\sigma\sqrt{2\pi}} \exp\left(-\frac{z^2}{2\sigma^2}\right)$$

と表すことができるので，表面粗さの高さ方向を表すパラメータはこの標準偏差 σ で捉えることができる．また，表面粗さの面内分布，すなわち表面凹凸のピーク間隔を表す関数としては自己相関関数，

$$C(\tau) = \lim_{L \to \infty} \frac{1}{2L} \int_{-L}^{L} \zeta(z)\zeta(z+\tau)dz$$

で考えることができる．特に，ランダムな表面に対しては

$$C(\tau) = \exp\left(-\frac{\tau^2}{T^2}\right)$$

で与えられる．ここで，T は自己相関長で不規則ピークの平均間隔に相当するので，表面粗さの面内分布を表すパラメータは自己相関長 T で捉えることができる．

ここで素肌に対してファンデーションが塗布された状態を考えてみる．ファンデーションによる塗膜は粉体によって形成されている塗膜であるため必ずしも連続した状態ではなく，不均一な状態であるといえる．この薄膜には一般的にミクロな空孔や粒界，欠陥が含まれている不均質膜であるが，このような不均質膜も「ミクロな構造は光の波長よりも十分小さいが，マクロに見ればミクロな構造が一様に分散している膜」と考えることができる．このとき，その膜の光学的性質は光学的に等価な均質膜に置き換えて取り扱うことができる．

したがって，波長に比べて十分大きな凹凸を持つ表面において，光が入射したときの光の振る舞いを考えたとき，Kirchhoff の境界条件，「表面境界での屈折率は一定．表面粗さの曲率半径が波長よりも大きい．表面での多重反射や凹凸による陰が生じる効果は無視．媒質中の散乱は無視」が適用できるので正反射方向での表面反射光の強度分布 D は表面形状パラメータ（σ および T）と入射光の波長 λ の関数として捉えることができる（図11.2）．

「美しい素肌」の表面反射光を素肌の表面形状という視点で解析することによって，「美しい

$$\sqrt{g} = 2\pi \frac{\sigma}{\lambda}(\cos\theta_1 + \cos\theta_2)$$

L：積分区間（解析する長さ）

$g \ll 1$：表面粗さが小さい場合

$$D \approx 2\pi^{5/2}\frac{\sigma^2}{\lambda^2}\frac{T}{L}(\cos\theta_1 + \cos\theta_2)^2$$

$g \gg 1$：表面粗さが大きい場合

$$D = \frac{\lambda T}{4\sqrt{\pi}\sigma L\cos\theta_1}$$

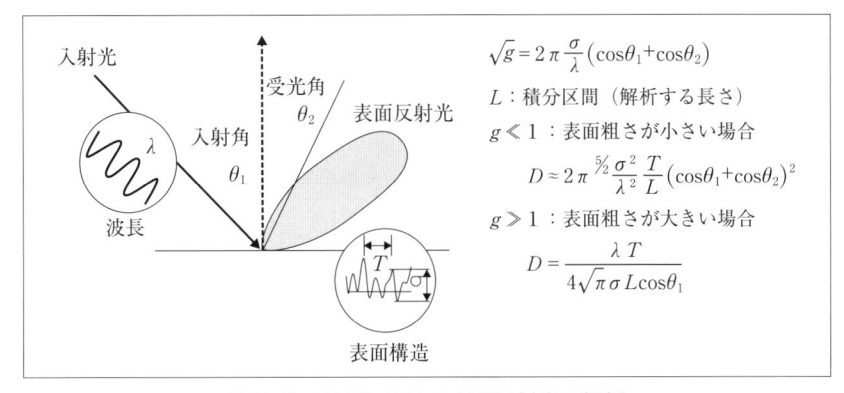

図11.2　凹凸における表面反射光の解析

素肌」表面での光の反射光分布を理解するのに必要となる基本的なパラメータが得られる．このようなパラメータは，ファンデーションの塗布膜形状をコントロールすることによって，化粧をした加齢肌の表面反射光が「美しい素肌」の表面反射光のように見えるように表面反射光分布を理想的な形に補正するための機能性粉体を設計する上で重要な指標になりうるのである．同時にこれらのパラメータは素肌や化粧肌を光の反射面と考えたとき，それらの質感に相関する因子になっている．

11.2.3　生体組織による光の散乱および吸収

　光が肌に入射した場合，そのほとんどが肌内部に入っていくことになる．このときの光の挙動を考える上で基本になるものは，生体組織というものは光に対して透明ではないということである．マクロな視点で考えると，生体組織中では光は直進しにくいということである．これは光が散乱されて様々な方向に進んでいくということに置き換えられる．光が進んでいく媒体において光が関与する物理パラメータは，光の散乱および吸収で特徴づけることができる．表面が平滑で透明なガラスでは可視光の波長領域において散乱も吸収も生じないので透き通って見える．しかし，表面が荒れている磨りガラスや微細なガラスの集合体は透明ではない．これは光が吸収されて起こる現象ではなくて，表面の微細な凹凸や内部にある不均一構造によって光がランダムな方向に反射されて生じている現象である．このような現象を生体組織に侵入した光について当てはめてみると，生体組織による光の散乱は，上記の微細なガラスの集合体による散乱現象と非常によく似ている．すなわち，生体組織に侵入した光は細胞膜と細胞間質液および細胞内物質との屈折率差による光の反射・屈折や細胞内に存在する微小粒子によって複雑に重なり合った散乱を受けるのである．

　ガラス粒子1個や細胞1個によって生じる散乱現象というものは，ミクロな視点での観察においては非常に重要な位置を占めるものになるが，肌の質感のような大きいスケールでの観察においてはミクロの散乱が多重に重なり合ったマクロな散乱現象を捉えていくことがポイントとなる．

　一般にマクロの散乱・吸収に関しては3つの光学パラメータで捉えることができる．

図中:

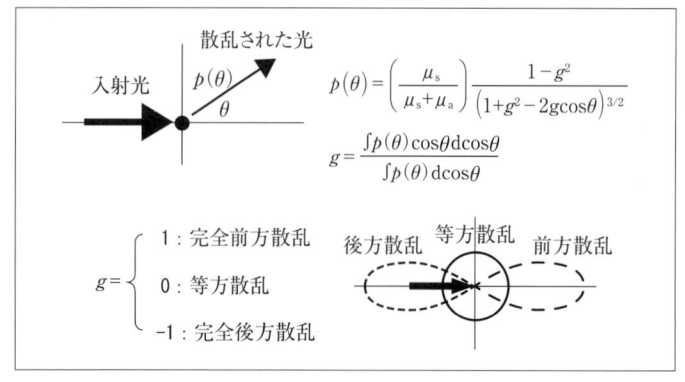

$$p(\theta) = \left(\frac{\mu_s}{\mu_s+\mu_a}\right)\frac{1-g^2}{(1+g^2-2g\cos\theta)^{3/2}}$$

$$g = \frac{\int p(\theta)\cos\theta \, d\cos\theta}{\int p(\theta) \, d\cos\theta}$$

$$g = \begin{cases} 1 : 完全前方散乱 \\ 0 : 等方散乱 \\ -1 : 完全後方散乱 \end{cases}$$

図11.3 位相関数と異方性パラメータ

① 散乱係数 μ_s：1回の散乱が起こるまでに光が進む距離の平均の逆数
② 吸収係数 μ_a：1回の吸収が起こるまでに光が進む距離の平均の逆数
③ 異方性パラメータ g：1回の散乱による散乱パターンの異方性（光の進行方向が角度 θ で変わったとき，散乱された光の方向に関する強度分布を表す位相関数 $p(\theta)$ によって表される：図11.3）

この異方性パラメータ g は1から-1までの値を示し，$g=1, 0, -1$ の時にはそれぞれ完全な前方散乱，等方散乱，後方散乱になる（図11.3）．

通常，生体組織は異方性パラメータ：g 値が0.8～0.95であるため，1回の散乱による光の進行方向は強い前方散乱を示すが十分な光学的厚さがあり，強散乱・弱吸収の性質を持つ媒体中では，はじめの数回の前方散乱の後の散乱はマクロに見た場合，等方散乱となる．したがって皮膚内部に入射し，生体組織内部を伝播する光は強い散乱を受け，ジグザグな経路をたどりながら徐々に強度が減少していくことになる．つまり，濃厚散乱体中における光の伝播による内部散乱光を詳細に解析することによって散乱媒体中での光の挙動を理解するのに必要な基本的な光学定数（散乱係数，吸収係数および異方性パラメータなど）が得られる．これらのパラメータは素肌や化粧肌を散乱媒体と考えたとき，それらの質感を決定していく因子となる．

11.2.4 肌内部における光の挙動

ここでは，肌内部における光の挙動のパラメータとなる散乱係数 μ_s，吸収係数 μ_a，異方性パラメータについて述べる．

生体組織のような強い散乱媒質中における光の伝搬を表す輸送方程式は

$$(\vec{s}\cdot\nabla)I(r,\vec{s}) = -(\mu_a+\mu_s)I(r,\vec{s}) + \frac{\mu_a+\mu_s}{4\pi}\int_{4\pi}p(s,\vec{s}')I(r,\vec{s}')d\omega' + \varepsilon(r,\vec{s}) \quad \cdots ①$$

となる．ここで，I は光強度で，位置 r，方向 $\vec{s}$ の関数である．$p(s,\vec{s}')$ は散乱された光の方向に関する強度分布を表す散乱の位相関数である．ここではすべての変数および係数はある一波長に対するものとする．この式は微積分方程式であり，一般解を求めることはほぼ不可能である．この方程式の解を得るためには様々な境界条件や近似を用いることが必要になってくる．

$$I_d(r,\vec{s}) = U_d + \frac{3}{4\pi}\vec{F}_d \cdot \vec{S}$$

$$\vec{F}_d = F_d \vec{S}_f$$

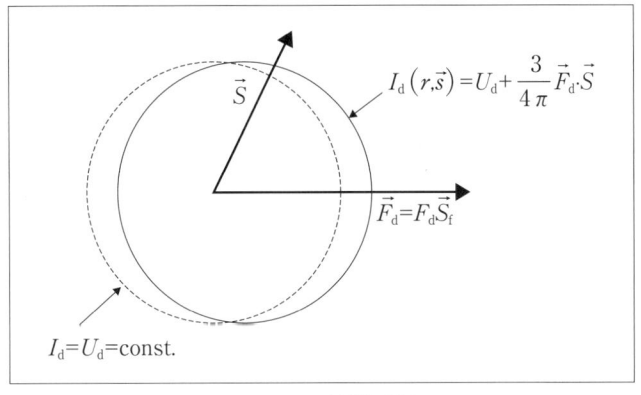

$$I_d = U_d = \text{const.}$$

図11.4 拡散近似

　光学的に厚い媒体の中で光子は多くの粒子に衝突し，ほとんど一様な強度の角度分布でほぼ全方向に散乱される（I_d）．しかしながら，この角度分布が完全に一様であるとすると，正味のエネルギー伝播が生じない．それゆえに拡散光の放射輝度は拡散放射流束（$\vec{F}_d$）の方向について，その逆方向に比べてわずかに大きい放射流束が存在すると考える（拡散近似，図11.4）．

$$I(r,\vec{s}) \cong U_d + \frac{3}{4\pi}\vec{F}_d \cdot \vec{S} \quad \cdots ②$$

ここで

$$U_d(r) = \frac{1}{4\pi}\int_{4\pi} I(r,\vec{s})\,d\omega$$

$$\vec{F}_d(r) = \int_{4\pi} I(r,\vec{s})\vec{s}\,d\omega$$

を表す．

　ここで $\int_{4\pi} I(r,\vec{s})\,d\omega \equiv \phi(r,\vec{s})$ は放射発散度と呼ばれ，放射輝度を全立体角について積分したものである．また，$\vec{F}_d(r)$ は拡散放射流速と呼ばれ，単位面積当たりの光子のエネルギー流量を表す．球面調和関数の級数展開で表された光強度を輸送方程式に代入して整理すると

$$\nabla \cdot \vec{F}_d(r) + \mu_a \phi(r) = E(r) \quad \cdots ③$$

$$\frac{1}{3}\nabla \phi(r) = -\mu_{tr}\vec{F}_d + Q(r) \quad \cdots ④$$

が得られる．ここで，$\mu_{tr} = \mu_s(1-g) + \mu_a$ は輸送減衰係数，$Q(r)$ は光源流速ベクトルの非等方成分である．

　ここで $Q(r)$ が無視できるような等方性の光源を考えると，式④は

$$\vec{F}_d = -D\nabla\phi(r)$$

$$D = \frac{1}{3\mu_{tr}} = \frac{1}{3[(1-g)\mu_s + \mu_a]} \quad :拡散係数$$

と表せる（フィックの法則）．これを式③に代入して整理すると，光拡散方程式

$$D\nabla^2\phi(r)-\mu_a\phi(r)+E(r)=0$$

が得られる．光拡散方程式の一般解を得るためには初期条件及び境界条件が必要になる．今回の場合，「媒体から1度放射された光は再び媒体には戻らない」ことを境界条件とすると

$$I_d(r,\vec{s})=0 \quad (\vec{s}:境界表面に対して内向きの単位ベクトル)$$

と表すことができる．したがって，表面において内部に流入する全拡散光はゼロになるので境界条件は

$$\int_{2\pi}I_d(r,\vec{s})(\vec{s},\vec{n})d\omega=0 \quad \cdots ⑤$$

となる．ここで拡散放射流速 $\vec{F}_d$ を境界での法線成分 $F_{dn}\vec{n}$ および接線成分 $F_{dt}\vec{t}$ に分解すると

$$\vec{F}_d=F_{dn}\vec{n}+F_{dt}\vec{t} \quad (\vec{n},\vec{t}は各方向の単位ベクトル)$$

となる．境界条件⑤に対して拡散近似式②および $\vec{F}_d$ を代入し，整理すると，$U_d\pi+\frac{1}{2}F_{dn}=0$ が得られる．

$F_{dn}=\vec{n}\cdot\vec{F}_d$ および拡散係数 D を $U_d\pi+\frac{1}{2}F_{dn}=0$ に代入して整理すると，「媒体に光が再流入しない」という境界条件が

$$\phi(r)-2D\vec{n}\cdot\nabla\phi(r)=0$$

となる．境界において屈折率差がある場合の境界条件は

$$\phi(r)-2AD\vec{n}\cdot\nabla\phi(r)=0$$

となる．上式における A は内部反射に関係する係数であり，経験的に以下のように算出できる．

$$A=\frac{1+r_d}{1-r_d}, \quad r_d=-1.440n_{rel}^{-2}+0.710n_{rel}^{-1}+0.668+0.0636n_{rel}$$

ここで n_{rel} は相対屈折率である．

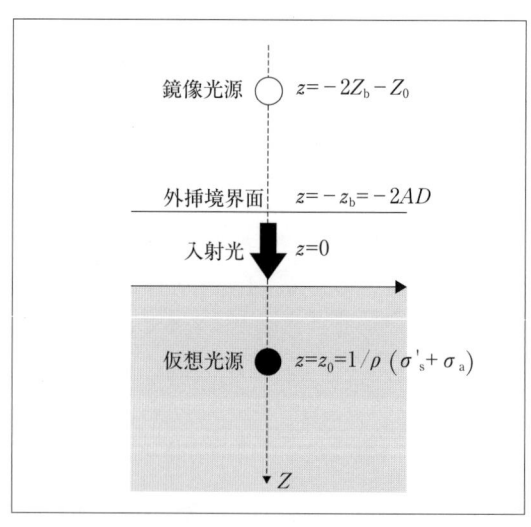

図11.5　鏡像法

この境界条件の下で光拡散方程式を解くことは，外挿境界面を対称面とする仮想光源と鏡像光源によって外挿境界面上で形成される光子密度がゼロになる条件を満たすグリーン関数（一点に集中して加えられた刺激に対する系の応答を示す関数）を求めることと同等である（図11.5）．

散乱媒質内の $z=z_b$ にある等価拡散仮想光源による座標（ρ,z_0）での放射発散度を表すグリーン関数は

$$\phi(\rho,z_0)=\frac{1}{4\pi D}\frac{e^{-\mu_{\text{eff}} r_1}}{r_1} \quad \cdots ⑦$$

となる．ここで

$$r_1=[(z-z_0)^2+\rho^2]^{1/2}, \quad \rho=\sqrt{x^2+y^2} \quad (\rho:z=0 \text{ からの動径距離})$$

である．

したがって，半無限大に広がる散乱媒質中にある点光源に対する光拡散方程式の解は，式⑦で与えられる仮想光源および鏡像光源によるグリーン関数を加算して

$$\phi(\rho,z_0)=\frac{1}{4\pi D}\left(\frac{e^{-\mu_{\text{eff}} r_1}}{r_1}-\frac{e^{-\mu_{\text{eff}} r_2}}{r_2}\right) \quad \cdots ⑧$$

ここで，

$$r_2=[(z+z_0+2z_b)^2+\rho^2]^{1/2}$$

となる．また，境界面上（$z=0$）においてフィックの拡散法則を適用すると，境界面における後方散乱光の空間強度分布 $R(\rho)$ を導出することができる．

$$R(\rho)=-D\nabla\phi(\rho,z)_{z=0} \quad \cdots ⑨$$

したがって，式⑧を式⑨に代入して，境界面上における後方散乱光の空間強度分布（拡散反射光）が得られる．

$$R(\rho,z_0)=\frac{1}{4\pi}\left[z_0\left(\mu_{\text{eff}}+\frac{1}{r_1}\right)\frac{e^{-\mu_{\text{eff}} r_1}}{r_1^2}+(z_0+2z_b)\left(\mu_{\text{eff}}+\frac{1}{r_2}\right)\frac{e^{-\mu_{\text{eff}} r_2}}{r_2^2}\right]$$

さらに，全拡散反射光強度は，円周および動径方向に積分することによって

$$R_d(z_0)=\int_0^\infty R(\rho,z_0)2\pi\rho d\rho=\frac{1}{2}\left(e^{-\mu_{\text{eff}} z_0}+e^{-\mu_{\text{eff}}(z_0+2z_b)}\right)$$

として得られる．ここで，

$\mu_{\text{eff}}=\sqrt{3\mu_a(\mu_a+\mu_s')}$ ：実効減衰係数

$\mu_s'=\mu_s(1-g)$ ：等価散乱係数（異方性物質に対して等方性を仮定した散乱係数）

$z_0=\dfrac{1}{\mu_a+\mu_s'}$ ：輸送平均自由行程（散乱方向がランダムになるまでの距離）

となる．

マクロな視点で生体組織を考えると，多層構造や他成分の色素で構成されている肌についても，その光学的性質は均一であると仮定することができる．素肌に対して光を集光入射させて，散乱媒質である素肌の中を伝播して再外出してくる媒質境界面での後方散乱光強度分布を

測定し，上式にフィッティングすることによって実効減衰係数 μ_{eff} および輸送平均自由行程 z_0 が推定される．これによって等価散乱係数 μ'_s および吸収係数 μ_a が得られる．

11.3 粉体化粧料（ファンデーション）

11.3.1 粉体化粧料に配合される粉体とその製造方法

　メイクアップ化粧料における粉体化粧料の構成成分としては体質顔料，着色顔料，白色顔料，パール顔料などの粉体間の付着力や感触を向上させる結合剤としての油剤成分に大別される．粉体化粧料における主な顔料とその特徴について表11.2にまとめる．

　粉体化粧料に含まれるパウダーファンデーションは65～85％の体質顔料，10～20％の着色顔料（白色顔料を含む），5～15％の油剤で構成されている．このうち体質顔料はタルク，マイカやセリサイトなどの板状粉体やナイロン末，アクリル樹脂，シリコーン樹脂などの球状粉体で主に構成されていて，肌上での伸び，肌への付着性，光沢の付与等の感触や化粧仕上がりを調整する．着色顔料，白色顔料は色調と隠蔽力を付与するものであり，ファンデーションでは，ベンガラ，黄酸化鉄および黒酸化鉄が色調調整に用いられ，酸化チタンが隠蔽力調整のために主に使用されている．これらの粉体に撥水性や撥油性を付与するためにシリコーン化合物やフッ素化合物で表面処理を施す場合もある．

　粉体化粧料の製造方法としてパウダーファンデーションを例に挙げる．はじめに各種体質顔料，着色顔料および白色顔料を粗混合した後にアトマイザーなどの粉砕機を用いて粉砕を行う．これに結合剤である油剤（均一に混合するため加熱を行う場合もある）を加えてヘンシェルミキサーなどの高速縦軸混練機を用いて混合した後に粉砕を行い，さらにふるいを通して異物を取り除く．得られたバルクに対して成形機を用いて圧縮成形し，所定の製品を得る．

　油剤の配合量が多い場合や結合剤をより均一混合するために湿式混合を行うこともある．その例として，粉体原料を油剤とともに水や有機溶剤に分散させ，スラリーを調整する．得られ

表11.2　化粧品における主な顔料とその分類と特徴

種類		特徴	主な顔料
体質顔料	板状粉体	透明性が高く，隠蔽力が低い 着色顔料の着色性の調整や使用感の調整に用いられる	マイカ，タルク，セリサイト，カオリンなど
	球状粉体		ナイロン末，アクリル樹脂，シリコーン樹脂など
着色顔料	無機顔料	彩度は低いが，耐光性・安定性に優れる	ベンガラ，黄酸化鉄，黒酸化鉄，群青など
	有機顔料	彩度が高い．耐光性，耐熱性に弱いものがある	合成系：食品，医薬品，化粧品用タール色素 天然系：コチニール，カーサミン，β-カロチン　など
白色顔料		屈折率が高く，隠蔽力が高い	酸化チタン，酸化亜鉛　など
パール顔料		真珠様光沢を与える 有色の干渉光をもつものもある	雲母チタン，魚鱗箔，オキシ塩化ビスマスなど

たスラリーを加熱乾燥することで媒質を除去しバルクを得る．これを上記の場合と同様にして圧縮成形し製品を得る．また，スラリーの状態で成形を行い，加熱乾燥することで製品を得る方法もある．この湿式混合法は粉体と油剤をより均一に混合することが可能であり，しっとりした感触を発現する製品を得ることができる．しかし，スラリーを乾燥させて溶媒を除去する工程や有機溶剤を多量に扱うことに対応できる設備や環境への対応などによって製造コストが高くなる可能性がある．

11.3.2 化粧仕上がりと機能性粉体

ファンデーションによって「素肌感」や「透明感」を付与する仕上がりを得るために（1）「素肌感」や「透明感」に関与する肌の光学特性を捉え，（2）その特性を光学機能で再現するための構造を設計し，（3）その構造を粉体で具現化し，「素肌感」や「透明感」に関与する光学特性を得ようとする取り組みが多くとられている．

その中で，化粧仕上がりを制御するための様々な機能性粉体が開発されている．例えば，肌の質感である「血色のよさ」や「きめ細かさ」は長波長領域の反射率と関連があり，それが「透明感」に関与していることに着目し，赤色の干渉光を有するパール顔料の表面に微小球状粉体を均一に被覆する複合化を行うことによって「透明感」を再現する機能性粉体が開発されている．これは赤色の干渉光で「血色のよさ」を，微小球状粒子による拡散反射によって「きめ細かさ」を化粧仕上がりに付与している．

また，加齢した肌では肌の表面形状である皮丘・皮溝が平滑化する傾向があるため肌表面での拡散反射成分が低下する．これを改善するために，ナイロン繊維を配合することで光拡散を生じさせてキメの整った肌の表面反射を倣うアプローチも取られている．

このように粉体や粉体塗膜の光学特性（反射における角度特性，肌表面および内部での光伝幡の制御や分光反射率など）を制御することによって，所望の化粧仕上がりの特性が再現されている．

11.4 乳化化粧料（ファンデーション）

11.4.1 乳化ファンデーション

メイクアップ乳化化粧料は粉体成分が1〜30%，油性，水性成分が70〜90%を含み，乳化物中に顔料が分散されているものである．表11.1のクリーム状，液状のものがそれに該当する．乳化タイプの特徴は塗布する時に伸びが軽く，肌に密着することが挙げられる．仕上がりも粉感が少なく，ツヤが出やすい．乳化タイプは連続相が水であるOil in WaterのO/W，連続相が油であるWater in OilのW/Oがあり，通常は連続相に粉体を分散させる．乳化物の使用感や塗布感，仕上がり，保存安定性は顔料の大きさ，顔料の種類，表面処理，油剤の種類と組成，分散剤，乳化剤を変えることで制御する．

メイクアップ化粧料では乳化と顔料分散を同時に行うため，固–液，液–液界面が共存し，両

親媒性物質はその両方の界面へ吸着する．界面活性剤だけでなく，ポリマーや粉体が界面に吸着する場合もある．よって系が複雑となり保存安定性を予測するのが難しい．このような複雑な系で起こる各種現象を理解するには，系の物性や挙動を支配している主要因を把握し，単純系で科学的に検証した結果を系統的に理解していくしか方法はない．

11.4.2 化粧崩れ

乳化ファンデーションは顔全体に塗布するが，毛穴にある皮脂腺・汗腺から分泌される汗や皮脂と混ざって粉体が取れる化粧崩れが起こる（図11.6）．特に，皮脂が表面に浮き上がり顔全体に広がると鏡面反射を引き起こす．これはテカリと呼ばれ，女性のメイクアップ化粧料における悩みで最も多いものである．

図11.7に示すとおり，O/W では粉体を水相に分散させるため，親水的な粉体を使用する．一方，疎水的な粉体を用いる場合は分散剤を使って粉体を親水的な性質に変える．また，油を乳化するため高 HLB（親水性-疎水性バランス）の界面活性剤を使わなければならない．結果として，化粧塗膜の成分が親水的となるため，汗や皮脂と混ざりやすく，化粧崩れを起こしやすい．

一方，W/O タイプは連続相が油剤であるため，肌上に油膜をつくり，汗に強い．しかし，油相が連続相となり，分散相である水および粉体の合一，沈降，凝集を防ぎ，日常の温度範囲

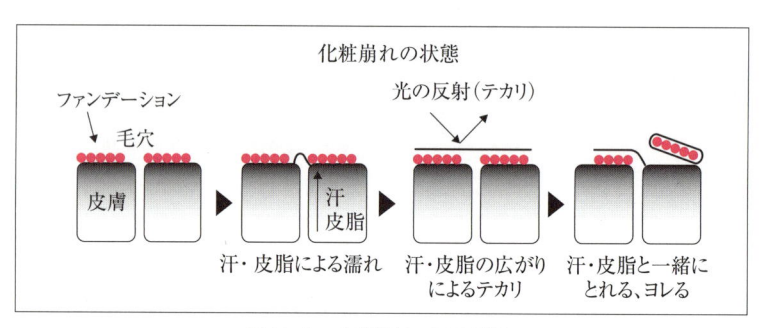

図11.6　皮脂崩れのモデル

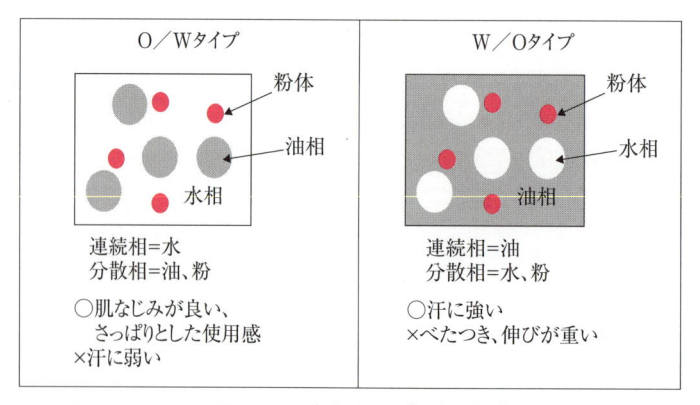

図11.7　乳化タイプと特性

内で長期間安定な系を得ることは難しい．その理由は，連続相が水でないためO/Wタイプのようにイオン性物質による静電反発の力を利用することができないからである．必然的に分散物の凝集，合一を物理的に抑えるため，固体脂などを添加して連続相の固形分濃度を上昇させる，あるいは油剤のゲル化剤，ポリマーなどを使って粘度を上げることを行う．しかしながらこの方法では肌に塗布したときに伸ばしにくく，使用感触が悪化する．次項で界面活性剤やポリマーなどの両親媒性物質がつくる自己会合体を応用した例を紹介する．

11.4.3 W/Oファンデーションの乳化安定化方法

W/Oの乳化物の安定性を確保し，使用感触を改善する方法として低HLB界面活性がつくる液晶を使う方法がある．グリセリルエーテル系の界面活性剤は，少量の水で逆ヘキサゴナルの液晶（自己会合体）を形成し，広い温度領域で，液晶＋水の2相系となる（図11.8）．この系を乳化系に応用すると安定なW/Oの乳化系が構築できる．つまり，水相の周りが液晶で覆われ，水滴の合一を防ぎ安定となる．さらに高含水の乳化物が得られるためべたつきの少ない使用感を得ることができる．すなわち，分散相である水の周りを液晶という構造体を用いて保護するということである．

W/Oタイプであっても皮脂とはなじんでしまうため，化粧崩れを防ぐことができない．そこで，化学的に汗，皮脂と相溶しないフッ素化合物を粉体の表面処理剤として使用したり，フッ素を含有した油剤を使う方法もある．

W/Oタイプはクリームのような1層タイプと，2層タイプと呼ばれる使用する前に振って使うリキッドタイプがある．1層タイプは安定性を確保するためにある程度の粘度が必要になり，さっぱりした使用感触のものは得にくい．一方，2層タイプの方ははじめから分離しており，振ることにより使用時に再乳化，再分散させ，見かけ上一層のようにしてから使用する．粘度が低く，使用感触はさっぱりしたものとなる．粉体の濡れ性を調整すると界面活性剤を使わなくても乳化系を構築することができる．この系はピッカリングエマルションと呼ばれ，粉体が油と水の界面に吸着して乳化する（図11.9）．吸着を制御する因子は濡れであり，粉体の濡れ性を表面処理や分散相と連続相の界面張力を制御する．どちらかの相に分散してしまえば界面に吸着しないので乳化物とはならない．連続相，分散相は界面に形成された粉体の固-液

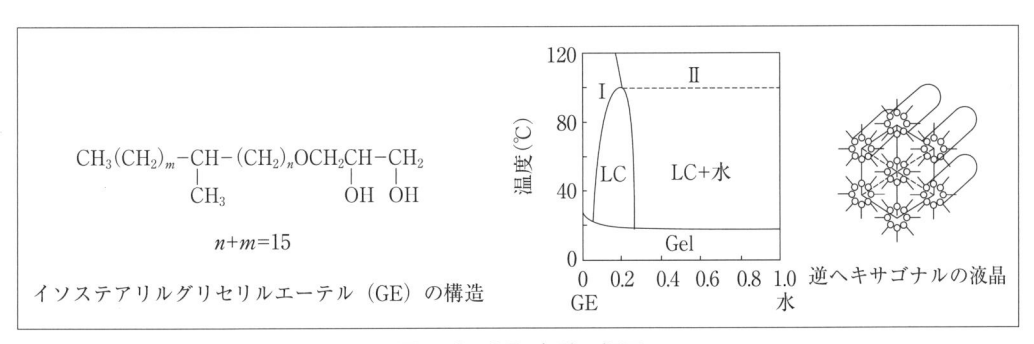

図11.8 GE-水系の相図

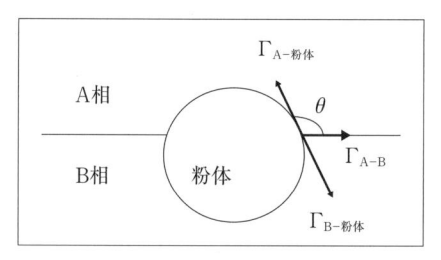

図11.9 粉体の界面吸着モデル

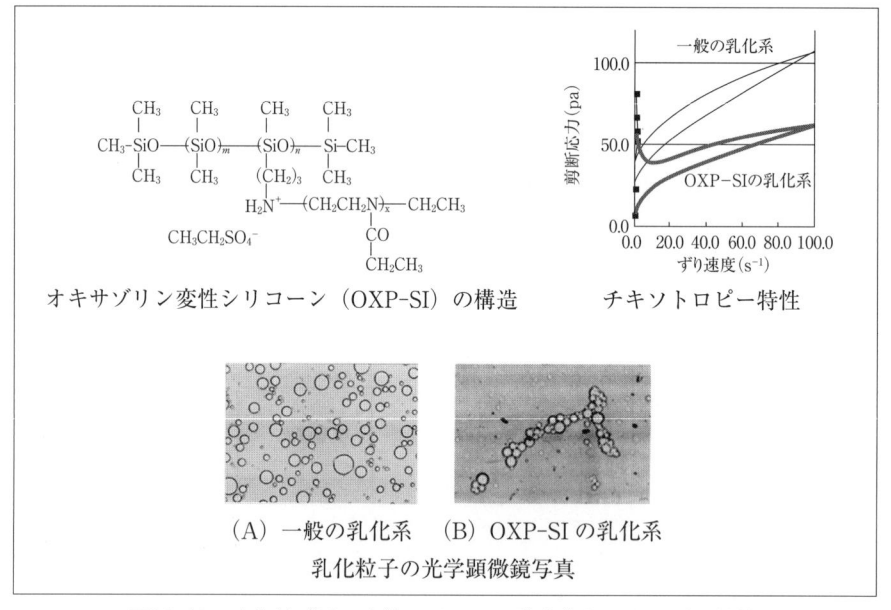

図11.10 オキサゾリン変性シリコーン乳化物とレオロジー特性

界面の接触角により決まる.

　この系は古くから実用化されていたが,近年,系統的に研究がなされ界面活性剤と同様に吸着,分散,ネットワーク形成など様々な自己組織化構造を取ることがわかっている.

　一方,1層かつ低粘度でW/O乳化物を得る方法として両親媒性ポリマーが作るネットワーク構造を応用する方法がある.図11.10に示すオキサゾリン変性シリコーンは,シリコーンオイル,エタノール/水系においてチキソトロピー性を示し,静置時や低いずり速度では弾性構造により系を安定化,塗布などの高ずり速度では粘性構造となり,伸ばした時に軽い使用感触となる.そのメカニズムは,油水界面へポリマーが吸着層を形成して保護膜を形成し,さらに油相中に拡がったポリマー鎖が絡み合うことで他の乳化粒子と緩くネットワーク構造を作って安定化するものである.

11.5 油性固形化粧料（口紅）

11.5.1 口紅の構造と特性

　口紅の構成成分は油性基材と着色剤からなっている．ワックスやゲル化剤が数〜10％，半固体やペースト状，高粘度の油剤が20〜50％液状の油剤が20〜60％，顔料が0〜20％配合される．着色剤は無機系の顔料，有機系の顔料，パール顔料などがある．液油剤は固体成分であるワックスにより固めて保持することで，スティック状の形態を付与することができる．その場合，液油剤はカードハウス構造と呼ばれる鱗片状ワックスの間にできた隙間に保持される（図11.11）．塗布時にはこのカードハウス構造が壊れることにより，油剤成分や顔料が唇上に塗布される．ワックスには鉱物系，植物系，合成系など各種のワックスがあるが，硬さの異なるワックスを組み合わせることでスティック全体の硬さ調整を行う．重要なことは，塗布時に折れてしまわない硬さに調節することであり，かつ滑らかに塗れることである．また，油性固形に特有の現象として，高温時に液油が体積膨張し，成型体表面へ出てきたあと，冷却時にスティック中へ取り込まれず，そのまま表面に留まると液体で表面が濡れたような状態になったり，固形分が析出すると白色化が起こる（ブルーミング）．

　口紅に求められる性能としては，仕上がりが持続する「ラスティング性」と唇が荒れない，潤うという「トリートメント性」が求められる．

11.5.2 口紅の化粧持続技術

　口紅の持続性能を高める方法として様々な技術が開発されている．前記したように口紅は不揮発性の油剤をワックスで固めたものである．そのため，唇上に塗られた口紅塗膜は物理的な接触などにより容易に取れてしまう．それを防ぐ方法として，1）皮膜形成剤を使う方法，2）アルギン酸，3）両親媒性物質，4）表面保護膜を使う方法などがある．

　皮膜形成剤を使う方法は，揮発性シリコーンなどの揮発性溶剤中に溶解した皮膜形成剤（トリメチルシロキケイ酸）を油中に混合することにより，塗布後，揮発成分が蒸発したのち，皮膜形成性分が口紅塗膜全体を補強し物理強度を高めるものである．この系は塗膜強度および唇への付着性を飛躍的に高めるためその効果は絶大である．しかしながら，その代償として，時間が経った時に唇が乾燥する，唇がガサガサするなどの欠点がある．2），3）は口から出る

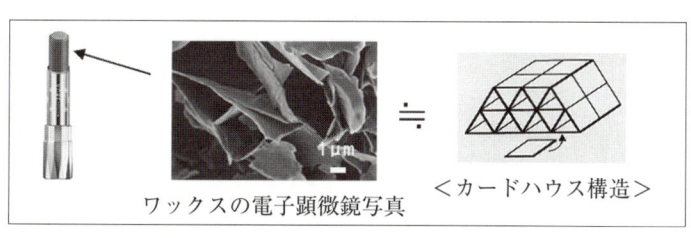

図11.11　スティック口紅とその内部構造

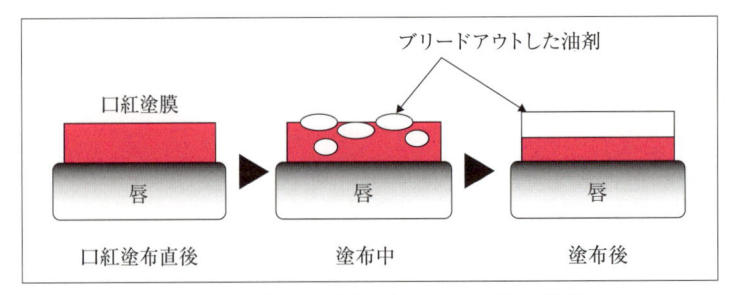

図11.12 オイルブリードアウト口紅の機構

水分や唾液によって，ゲルや液晶構造を形成することによって増粘し，塗膜として物理強度を上げ，顔料を保持する．4）は，パーフルオロポリエーテルなどの表面張力が低く被着性に優れたフッ素系油剤を口紅塗膜層の上にオーバーコートすることで耐色移り性を上げる方法がある．以上の方法は口紅の顔料を保持する手法であるが，最近では色だけでなくツヤを持続することも求められている．一本の口紅でオーバーコートのような機構を導入し，ツヤと色の持続性を達成したブリードアウトの技術がある．これは口紅中保持されたつやの高いフェニルシリコーン油が塗布時に塗膜表面に染み出し，ツヤが高く，色移り防止効果が高くなる効果を有する．

11.5.3　口紅のトリートメント技術

　唇は皮膚よりも角層が薄い，表皮のターンオーバーが短い，皮脂膜がないため表皮のようなバリアー機能がない．そのため，乾燥などによりダメージを受け角層が剥がれたり，捲れたりするなどの荒れを引き起こしやすい．荒れを防ぐ方法としてスキンケア製剤で多用される多価アルコールなどの保湿成分を用いる方法，植物エキスなど用いる方法がある．一方，唇ならではの技術として，唇中にある正常な角層の剥離促進物質として落屑調整（カセプシンD様酵素）活性上昇物質であるアプリコットエキスを配合する方法もある．

第11章　●　演習問題

1. 粉体で化粧仕上がりを制御するために必要な光学的要素を挙げよ．

2. 粉体成分と油剤成分を混合して製造する粉体化粧料において，その混合操作の本質を述べよ．

3. 次の①～⑤の文章で，正しいものには○，間違っているものには×をつけよ．
   ① O/W型の乳化ファンデーションでは，溶液中では油相が連続相になり，肌上に油膜を作るため汗で流れにくく，化粧が崩れにくい．
   ② ファンデーションでW/O型の乳化物を作る際，親水性の界面活性剤を用いるとよい．
   ③ ファンデーションにおいて皮脂崩れを防ぐ方法としてフッ素化合物を用いる方法があるが，他の物質や肌との親和性が低いため使用する際は注意が必要である．
   ④ 油性固形タイプの口紅の組成は油剤成分が20～80%，粉体が0～20%である．
   ⑤ スティックタイプ口紅の油剤を固めるにはゲル化剤が用いられ，カードハウス構造により強度を保ちスティック状の形にすることが可能である．

4. 次の文章にある①～⑦の中に当てはまる適当な語句をそれぞれ記入せよ．
   エマルションをつくる場合は，乳化安定化のために界面活性剤の（①）の親和性の程度をあらわすパラメータ（②）値を参考として適切な界面活性剤を用いる．粉体も界面活性剤と同様に界面へ吸着して乳化物を作ることが知られており（③）エマルションと呼ばれる．その場合における粉体の界面への吸着エネルギーは粉体の大きさと各相間の（④）によって決まる．液相A，液相Bの界面へ粉体が吸着している時，液相Aと粉体の（④）が液相Bと粉体の（④）よりも（⑤）時は，粉体は液相Aの方へ濡れて接触面積が増えるため，液相（⑥）の中に液相（⑦）が分散した⑦/⑥型のエマルションができる．

5. 次の文章にある①～⑦の中に当てはまる適当な語句をそれぞれ記入せよ．
   唇は（①）と（②）の境界に位置する中間部位であり，（②）と似た構造を取るがその性質は大きく異なる．唇は1)（③）が薄い，ターンオーバーが短い，2)（④）腺がなく，（④）膜で表面が覆われない，3)（⑤）を防ぐための（⑥）がなく，赤く見える．このような構造のため（⑦）を防ぐ効果が低い，（⑤）の影響を受けやすい．よって，唇は外環境によってダメージを受けやすく，荒れやすい．口紅で（⑦）を防ぐためには，水分を保持し，水分蒸散を抑える必要がある．

第12章 芳香化粧品

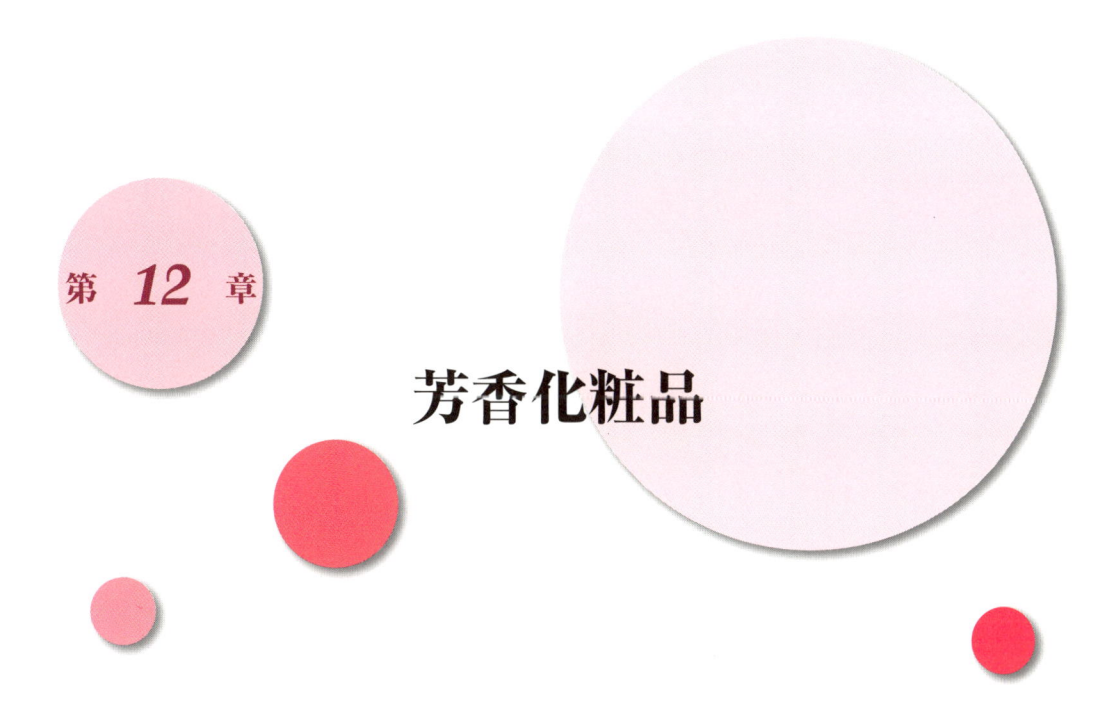

芳香化粧品は以下のように定義されている．

芳香化粧品（Fragrance cosmetics, perfume cosmetics）
「ほとんどの化粧品には香りがつけられているが，特に香りを楽しむことを目的とした製品の総称．香料の割合，使用目的，剤型などによって種々な名称で呼ばれる．香水，オーデコロン，オードトワレが代表的で，そのほか，本来の化粧品の持つ機能に加えて，特に香りを主体とした芳香石鹸，パヒュームパウダーなどがある．」

[『香粧品辞典』，井上哲男監修，廣川書店 (1992)]

9章でフレグランスについて説明したが，その際にまず香水を思い浮かべる方が多いと述べた．しかしフレグランスというものは香水にとどまらず，化粧品，トイレタリー製品，ハウスホールド製品，芳香剤に代表されるような製品にいたるまで含まれるが，ここで芳香化粧品とは，業界の多くのコンセンサスが得られそうなものとしては，香水，オーデコロン，オードトワレということになり，ファインフレグランスとして特別な扱いになっている．そこで，香水の歴史，香水を創香するパヒューマーについて，またどのような方法で匂いを記憶するかについてこの章で解説する．

12.1 賦香率

賦香率（製品中の香料のパーセンテージ）の観点からみると，香水，コロンの賦香率は他のカテゴリーの製品と比べて高く"香り"というものが機能の主体となっていることが明白である．

表12.1 賦香率

化粧品	%	トイレタリー製品	%
香水	15〜30	シャンプー	0.2〜1.0
コロン	3.0〜5.0	リンス	0.3〜0.6
トワレ	5.0〜10	トリートメント	0.3〜0.6
フレッシュ・コロン	1.0〜5.0	ヘアリキッド	0.4〜0.8
乳液	0.01〜0.3	ヘアトニック	0.4〜0.8
化粧水	0.01〜0.3	ヘアジェル	0.1〜0.5
メイク落し	0.1〜0.5	ヘアフォーム	0.05〜0.1
ファンデーション	0.01〜0.3	養毛剤	0.4〜0.8
頬紅	0.01〜0.3	ヘアカラー	0.1〜0.5
口紅	0.01〜0.5	パーマ剤	0.1〜0.5
リップケアスティック	0.3〜1.5	化粧石鹸	0.5〜1.5
制汗剤	0.1〜3.0	洗顔料	0.1〜0.5
サンケア製品	0.01〜0.3	ボディーソープ	0.3〜1.5
ハンドクリーム	0.01〜1.0	ハンドソープ	0.01〜0.5
		シェービングフォーム	0.3〜1.0
		アフターシェーブローション	0.5〜1.0

12.2 香水の歴史

12.2.1 古代から

　香料の歴史というと遠くメソポタミア，古代エジプト（ツタンカーメン朝）の遺跡などで香油（フランキンセンス（乳香），ミルラ（没薬））の使用が見つかっている．しかし香水というカテゴリーでの使用となると，プトレオマイオス王朝最後の女王クレオパトラ七世（紀元前69〜30）であり，彼女の愛した香料はバラ，麝香，シベット，アンバーグリスといった非常に高価な（現在も最も高価なものであるが）原料を調合した香水であった．彼女はその香りとともに女王に君臨し，また香料によって多くのエピソードを築いた．

　その後，中世には貴族の間では自分のための香水などを調合したり，十字軍がアラビアから持ち帰った香水などを使用していたが，香りの製品が現在のような形で生活の中に浸透していったのは19世紀後半にグラースに香料会社が設立された時といわれている．18世紀に元来なめし皮のマスキングから発展してきた産業であるが，このころヨーロッパでは貴族の間で香りつきの手袋が流行し，マスキングから一種のファッション性を備え，また当時は上流社会にも保護されて発展した．

　産業革命の間に，純度の良いアルコールが製造され，19世紀末からフランスを中心とした近代香水の歴史が幕を開ける．それは，コンクリートやアブソリュートといった植物からの採油の技法が進歩し，天然原料が入手しやすくなった．合成香料がまだ発達していなかったため，天然香料中心の調合となった．したがって，現在のようなバラエティはなくシンプルなフローラルが多かった．そこに合成技術の進歩でクマリン，バニリン，ヨノンなどの合成が成功した．

12.2.2　近代の香水の夜明け

　19世紀末に発売された代表的な香水にFougere Royal（1882），Jicky（1889）があり，20世紀初頭にはL'Origan（1905）が発表された．ウビガンは手袋香水のメーカであったが，クマリンを利用しFougere Royalを創香した．マスキングを超えたこの香水に刺激を受け，7年後Jickyが発売された．ここに近代の香水の出発点となった．パヒューマーはエメ・ゲラン．それはマスキング的機能から香りそのものが目的へと機能を変えたこと，またクマリン，バニリン，コノン，などの合成香料とlavender, geraniumの天然香料との調和が画期的であった．すなわち調合技術の進歩である．

　絵画の例をとれば，印象派というカテゴリーが確立されると，多くの素晴らしい作品が世に発表されるようなものである．

　その後，順調に香水産業は拡大し，第一次世界大戦で少し流行に影を差したが，Chypre（1917），Mitsouko（1919），Chanel No.5（1921）と次々に印象に残る，新鮮で，個性的な香水が発売されていった．この時代はクラシックな香水の黄金時代である．

　第二次世界大戦後は，多くの技術が飛躍的に発展し，戦前の常識では考えられない状況となった．合成技術が発達し新規物質が毎年発表され，それらを利用したクリエーションが創香された．フローラル中心から，グリーン，メタリックやオゾン，マリンなど新しい香調が市場に出た．最近では以前はあまり高級感がないと感じられ受け入れられなかった甘いフルーティーなトーンも人気である．

　5000種を超える香水が発売されていると思われるが，市場に選択され現在でもなお残している香水のリストを香調と年代による分類表を女性用，男性用としてあげる（表12.2）．

12.3　香水の基本的なことと調香師（パヒューマー）

12.3.1　調合香料

　化粧品原料としての香料の解説をしたが，天然香料，合成香料，ベースをそのままで化粧品に応用することはまれである．実際は化粧品会社と検討を重ね製品に適した香料のバランスを取り最終的に使用する香料を創る．このプロセスを創香といい，また，このようにブレンドされた香料を調合香料という．すなわち一般の化粧品，シャンプーなどのヘアケア，石鹸，洗剤，芳香剤などみなテーラーメイドであることが特徴であり，使用するのが調合香料である．

　ただし，ファインフレグランスは少し事情が異なり，香水，コロンのような高級化粧品に使用される香料は香料業界の花形でもあり，その香りはその会社の顔である．そのため，一般商品のような嗜好性重視ではなく，価格的にも高価であり，芸術性や創造性を求められる．またその香水によっては商品寿命も10年以上にわたる場合も珍しくはなく，その創香したパヒューマーの名前も残る．

表12.2 香調と年代による香水の分類

[女性用]

citrus	green	fruity	floral	aldehyde	sweet (floriental)	oriental	chypre
1792 4711 (Farina Gegenuber)	1945 Vent Vert (P. Balmain)	1978 Lauren (R. Lauren)	1912 Quelques Fleurs	1921 Chanel No.5 (Chanel)	1977 Oscar (O. de la Renta)	1925 Shalimar (Guerlain)	1912 Chypre (Coty)
1966 Eau Sauvage (C. Dior)	1966 Fidji (G. Laroche)	1987 Calyx (Prescriptives)	1935 Joy (J. Patou)	1960 Mmm. Rochas (Rochas)	1985 Poison (C. Dior)	1952 Youth Dew (E. Lauder)	1919 Mitsouko (Guerlain)
1984 Armani pour Homme (Armani)	1952 Chanel No.19 (Chanel)	1996 Tommy Girl (T. Hilfiger)	1948 L'Air du Temps (N. Ricci)	1971 Rive Gauche (YSL)	1990 Tresor (Lancome)	1977 Opium (YSL)	1947 Miss Dior (C. Dior)
1996 Acqua di Gio Homme (Armani)	1992 L'eau d'Issey (I. Miyake)	1997 Que Viva Escada (Escada)	1975 Chloe (Chloe)	1978 White Linen (E. Lauder)	1996 Allure (Chanel)	1985 Obsession (C. Klein)	1959 Cabochard (Gres)
1999 D&G Masculine (Dolce & Gabbana)	1995 Pleasures (E. Lauder)	1999 Baby Doll (YSL)	1981 Giorgio (G. Beverly Hills)	1985 Aire (Loewe)	2002 Balmya (P. Balmain)	1989 Samsara (Guerlain)	1965 Aramis (Aramis)
2001 Cologne (T. Mugler)	1996 Envy (Gucci)	2000 Ralph (R. Lauren)	1983 Paris (YSL)	1998 Noa (Cacharel)		1992 Angel (T. Mugler)	1984 Ysatis (Givenchy)
	1999 Aromatonic (Lancome)	2001 Tropical Punch (Escada)	1988 Eternity (C. Klein)	2000 Rouge Hermes (Hermes)		1995 Initial (Boucheron)	1995 Dolce Vita (C. Dior)
	2001 Glamorous (R. Lauren)		2000 Miracle (Lancome)	2000 Flower by Kenzo (Kenzo)		2002 Addict (C. Dior)	2001 Coco Mademoiselle (Chanel)
1882 Fougere Royal (Houbigant)							
1889 Jicky (Guerlain)							

[男性用]

citrus	chpre	fougere	floral	oriental	woody
1792 4711 (Farina Gegenuber)	1965 Aramis (Aramis)	1882 Fougere Royale (Hougigant)	1937 Old Spice (P & G)	1961 Vetiver (Guerlain)	
1966 Eau Sauvage (C. Dior)	1978 Polo (R. Lauren)	1964 Brut (Faberge)	1965 Habit Rouge (Guerlain)	1974 Gentlemen (Givenchy)	
1984 Armani pour Homme (Armani)	1984 Armani pour Homme (Armani)	1973 Paco Rabanne pour Homme (P. Rabanne)	1986 Obsession for Men (C. Klein)	1998 Rocabar (Hermes)	
1996 Acqua di Gio Homme (Armani)	1988 Fahrenheit (C. Dior)	1979 Azzaro pour Homme (Azzaro)	1991 Egoiste (Chanel)	2000 Rush for Men (Gucci)	
1999D & G Masculine (Dolce & Gabbana)	1991 Kenzo pour Homme (Kenzo)	1982 Drakkar Noir (G. Laroche)	1995 Le Male (J.P.Gaultier)	2001 Aquaman (Rochas)	
1999 L'eau par Kenzo pour Homme (Kenzo)	1997 Dune pour Homme (C. Dior)	1988 Jazz (YSL)	1996 A Men (T. Mugler)	2001 Oxygene Homme (Lanvin)	
2001 Cologne (T. Mugler)	1999 Happy for Men (Clinique)	1988 Cool Water (Davidoff)	1998 Pi (Givenchy)	2002 M7 (YSL)	
	2000 Body Kouros (YSL)	1993 Polo Sport (R. Lauren)	1998 Envy for Men (Gucci)		
		2001 Miracle Homme (Lancome)	2000 Lolita Lempicka au Masculin (L. Lempicka)		

12.3.2 調香師の条件

パヒューマー（Perfumer）は日本では調香師，フランスでは敬意をこめて Nez（鼻）と呼ばれる．

多くの方が香料に関する書籍，TV のインタビュー等でパヒューマーの条件を述べている．

1960年代の著名なパヒューマーである Jean Carles が述べたことを基に説明したい．

・良い鼻，良い記憶力は創香に最も重要なことではない．
・においの訓練では継続は力なりである．
・香料原料を絵の具のように駆使し創香するが最後の一つでだめにすることもある．
・誰でも訓練次第で良いパヒューマーになれる．
・調合は芸術で科学ではない．

50年以上前の見解で，ほぼ以上の5つに集約されるが現在のフレグランス研究の面からみてもおおむね正しい．しかし理想を述べている部分もあり誰でも訓練すれば良いパヒューマーになれるというのは，調合は科学ではなく芸術であるということに矛盾している．また香料会社などで最初にパヒューマー候補を選択するときには感度の良い方を選ぶケースも多い．

シェフが料理の素材について吟味したり，調理法について研究はできるが，それらを組み合わせて料理を創作するかについては才能とやはり生まれながらのセンスは必要であろう．

ただし，特にトイレタリー，ハウスホールド香料では香料原料の物理化学的理解が必要であるし，また安全性も考慮しなければならない．もちろん科学的知識は持っていた方が有利である．

鼻の感度が良いなど，官能の能力は2次的なものである．もちろん通常の健康な鼻と持つことは絶対の条件ではあるが，それ以上ではない．そのような能力は近年の分析技術によるべきであろう．

現在のように分析機器も発達し，データベースも確立してくると最終的には市場を理解する能力，顧客を理解する能力，そしてやはり創造性が最も重要である．

12.3.3 香りの表現

嗅覚は世の中の非常に多くの匂いを識別するシステムを持っている．このシステムについては2004年のノーベル医学生理学賞についてのコラムで述べる．

嗅覚は視覚が波長で表現でき，聴覚が波形と周波数で表現されるような数値化はできない．また味覚のように基本味覚に対する基本臭は研究されたが確立はされなかった．

したがって，香調とともに香りの表現がある．このことは香りの記憶に対して重要な意味を持っている．個人が一般的な表現ではなく，独自の表現を持つことが記憶につながるのである．

一般用語：香料の世界でも通常の生活で使用される感覚表現を基本的に使用する．

暖かい，冷たい，明るい，暗い，甘い，辛い，柔らかい，優雅な，上品な

香質表現：匂いの記憶表で使用される，香料独特の表現である．通常ノートと呼ばれるもので，citrus, green, spicy, herbal, fruity, floral など．

香水の分類の表現：香水の香調表現でよく使用される．香水分類表でも使用するので下記に詳細を記す．

女性用

citrus：レモン，オレンジ，ベルガモットなど柑橘系が主体である．気分をリフレッシュさせるオーデコロン調の香り．

floral：シングルフローラル，またはフローラルブーケの香り．主な花は，ローズ，ジャスミン，スズラン，ライラック，カーネーション，チュベローズなど．

floral-aldehydic：フローラルブーケの香りにアルデハイデックノートで特徴づけた香り．アルデハイドを用いることにより，香り立ちを良くしたり，モダンなアクセントを付け，深みを増したりする．

floral-green：フローラルに，草，葉，茎，花などグリーンノートをブレンドした香り．主なグリーンはガルバナムオイル，バイオレットの葉，ヒアシンスの香りなど．自然を感じさせるさわやかな香り．

floral-fruity：フローラルに，ピーチ，アップル，ベリー，カシスなどフルーティなニュアンスが加わった香り．フルーティノートは，香りにフレッシュ感，明るさや甘さを加える．現在，日本では最も多い香調．

floriental：フローラルにオリエンタルノートがブレンドされた香り．フローラルの甘さと，リッチでエキゾチックなオリエンタルが，優雅で個性的な香り．

oriental：オリエンタルノートのコンセプトはアラビア産の甘い香油や樹脂，またインドの高価なスパイスに代表されるような，西洋から見た東洋的な香りのイメージ．バルサミック，スパイシー，バニラ，アニマルなど，甘く残香のある香り．

chypre：ベルガモット，オークモス，ウッズ（パッチュリ）アンバーが骨格の香り．シプレーのルーツは1917年に発売されたコティの名香「シープル」．この系統の香りがシプレ調として現在に至っている．甘さと優雅さのある香りだが，個性的な雰囲気もある．

男性用

citrus：レモン，オレンジ，ベルガモットなど柑橘系が主体である．気分をリフレッシュさせるオーデコロン調の香り．

fougere：男性用フレグランスの代表的な香りで，ラベンダー，オークモス，クマリンを骨格にして組まれた香り．1882年に発売されたウビガンの名香「フジェール・ロワイヤル」がルーツ．爽やかでありながら，甘さ，気品のある香り．時代とともに変容を遂げながら重要な位置を占める．

chypre：ベルガモット，オークモス，ウッズ（パッチュリ，ベチバー），アンバーが骨格の香

表12.3 香りの記憶法 (Jean Carles)

[天然香料]

	1	2	3	4	5	6
citrus note	lemon	bergamot	orange	lime	sweet orange	bitter orange
woody note	sandalwwod	cedarwood	cypress			
spicy note	clove	cinnamon	nutmeg	pepper	coriander	Cardamon
anise note	anise	fennel	basil	cumin		
green	galbanum	petitgrain	cedar leaf			
lavender	lavender	lavandin	spike lavender	rosemary	thyme	eucalyptus
balsam & Amber	balsam peru	benzoin	myrrh	tonka	opoponax	vanilla
floral-1	rose	rose bul	geranium			
floral 2	jasmin	ylang	narcis	tuberose	mimosa	
animal	musk	civet	ambergris	castrium		
mint	peppermint	spearmint				
earthyl/mossy	oakomoss	patchouly	vetiver			

[合成香料]

	1	2	3	4	5	6
amber note (animal)	ambroxane	indol	i-butyl quinolin	amber core	ambrinol	
anise note	anethol	anisic alcohol	anisic aldehyde			
aldehyde note	c-8	c-9	c-10	c-11	c-11 nic	c-12
balsam note	vanillin	coumarin	cinnamic aldehyde	cinnamic alcohol	ethylcinnmamite	amyl salicylate
woody note	vertofix	bacdanol	cedrol	santalex	iso e super	p-TBCHA
citrus note	citral	d-limonene	citronellal	dihydro-myrcenol		
spicy note	eugenol	isoeugenol	methyl eugenol	cumin aldehyde		
green note	cis-3-hexenol	cis-3-hexenyl acetate	cis-3-hexenyl salicylate	triplal	methyl octin carbonate	
muguet	lilial	lyral	cyclamen	terpineol	hydroxy citronellal	
fruity note	amyl acetate	aldehyde c-14	fruicton	fruitate	gamma-decalcetone	aldehdye c-16
jasmin note	methyl dihydro jasmonate	methyl jasmonate	cis-jasmon	α-hexyl cinnamic akdehyde	α-amyl cinnmaic aldehyde	benzyl acetate
lavender note	linalool	linalyl acetate	cineol	methyl amyl ketone		
honey note	phenyl acetic acid	phenylethyl phenylacetate				
minty note	menthol	menthone	carvone			
musk note	musk ketone	galaxolide	tonalide	habanolide	muscone	ethylene brassylate
rose note	phenylethyl alcohol	geraniol	citronellol	geranyl acetate	citronellyl ace:ate	rose oxide
marine&ozone	calone	floraozone				
herbal	pinene	camphor	borneol			

り．男性用ではレザー調が加わって男性的な魅力を表した「アラミス」が代表的なもの．シプレ調の香りは時代とともに軽くなっており，フローラル調やグリーン調の加わったものが増えた．

woody：ベチバー，セダー，サンダルウッド，パッチュリなど深みのある，木の温もりを感じさせる香調．

COLUMN　香料に関わるノーベル賞（2）　嗅覚の解明にノーベル医学生理学賞

Richard Axel と Linda Buck
[Photo by Phil H. Webber / Seatle Post-Intelligencer, 2004]

2004年のノーベル医学生理学賞は，動物が「におい」を認識し記憶するメカニズムを解明したRichard Axel 博士と Linda Buck 博士の2人の米国人科学者に授与された．人間には，1万種類以上のにおいをかぎ分ける能力があると考えられている．その機構の解明には日本の学者も含め多くの研究がされ成果もあげていた．

具体的には受容体と，伝達の仕組みの謎を解き明かすことであり，においを識別するタンパク質の実態を明らかにし，これらのタンパク質がにおいの情報をどのように脳に送るかを追跡した．数百種類（現時点で390）のにおい受容体が存在することが明らかになっている．それぞれの受容体は，限られた数のにおい分子しか検知できない．

第一段階として嗅覚細胞上皮の7回膜貫通型をクローニングし，分子レベルでの反応機構を調べ以下のことを解明した．

・1つのセルには1種類の受容体のみ集合（人では旧細胞は数百万個）
・受容体は複数の化合物に反応
・化合物毎に，反応時の強度が違う
・複数の受容体からの信号が集められる

このように，受容体の発現，刺激伝達のメカニズム，刺激の「香り」への翻訳の基本的で重要な部分が明らかにされた．

ノーベル医学生理学賞選考委員会は，両博士の受賞理由を，2人の研究がもたらした実益ではなく，「最も謎に包まれた人間の感覚」の理解を高めた点にあると説明している．

「21世紀に入ったこの段階で，人間の五感の1つを説明する発見に対して賞を与えることができるというのは，実に驚くべきことだ」とハンソン博士は述べた．

このコメントでもわかるように，嗅覚というのは視覚，味覚と比べて複雑な機構のため，まだまだ解明されていない部分が多く，今後の研究が待たれるところである．

その後，遺伝子の研究により嗅覚受容体910のうち390遺伝子が発現していることが明らかになっているが，それぞれの受容体は，限られた数のにおい分子しか検知できない．

たとえば，人間が香水やワインの香り，おいしい料理を嗅ぐと，さまざまなタイプの分

oriental：オリエンタルノートのコンセプトはアラビア産の甘い香油や樹脂，またインドの高価なスパイスに代表されるような，西洋から見た東洋的な香りのイメージ．バルサミック，スパイシー，バニラ，アニマルなど，甘く残香のある香り．

嗅神経細胞における嗅覚受容体を介した匂い情報伝達
―化学信号から電気信号への変換―

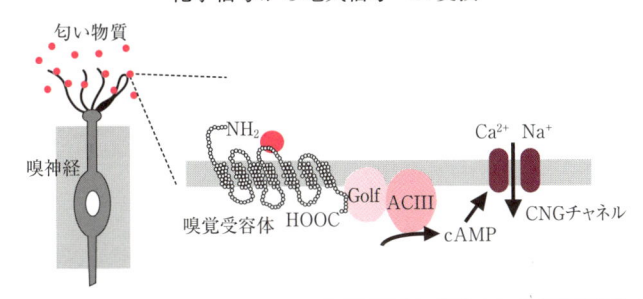

生物種	嗅覚受容体数	全遺伝子数	％遺伝子
ヒト	390（910*）	～35,000	～1％（～2.6％）
マウス	873（1296*）	～35,000？	～2.5％（～3.7％？）
ショウジョウバエ	62	～13,600	～0.4％
線虫	～500（843*）	～19,000	～2.6％（～4.4％）
魚類	～100	？	？

子が鼻の奥にある受容体に達する．ここに達した特定の分子に反応する形の受容体だけが活性化する．脳は，どの受容体が活性化したかという情報を受け取り，そのパターンをにおいとして解釈する．

どの受容体も，1つだけではなく複数のパターンに関わりうるため，「バラとスカンクをそれぞれ認識する際に，同じ受容体が使われている場合もあるかもしれない」とバック博士は話す．以下にノーベル賞論文の冒頭を示す．

Cell, Vol. 65, 175-187, April 5, 1991, Copyright ©1991 by Cell Press

A Novel Multigene Family May Encode Odorant Receptors: A Molecular Basis for Odor Recognition

Linda Buck* and Richard Axel*†
*Department of Biochemistry and Molecular Biophysics
†Howard Hughes Medical Institute
College of Physicians and Surgeons
Columbia University
New York, New York 10032

Summary

The mammalian olfactory system can recognize and discriminate a large number of different odorant molecules. The detection of chemically distinct odorants presumably results from the association of odorous ligands with specific receptors on olfactory sensory neurons. To address the problem of olfactory perception at a molecular level, we have cloned and charac-
the sense of smell may involve a large number of distinct receptors each capable of associating with one or a small number of odorants. In either case, the brain must distinguish which receptors or which neurons have been activated to allow the discrimination between different odorant stimuli. Insight into the mechanisms underlying olfactory perception is likely to depend upon the isolation of the odorant receptors and the characterization of their diversity, specificity, and patterns of expression.

The primary events in odor detection occur in a specialized olfactory neuroepithelium located in the posterior recesses of the nasal cavity. Three cell types dominate this epithelium (Figure 1A): the olfactory sensory neuron, the sustentacular or supporting cell, and the basal cell, which is a stem cell that generates olfactory neurons throughout life (Moulton and Beidler, 1967; Graziadei and Monti Graziadei, 1979). The olfactory sensory neuron is bipolar; a

・香りの記憶法

　調香師の養成，また香りの評価を行う（パネル，品質管理）専門家育成のために，香料に慣れることも含めて，香りを記憶することから始める．その方法として ISIPCA，各香料会社，またはプライベートの香料教室等で独自に開発されているが，基本的には Jean Carles の方法がある．まず香料原料をタイプ別に分類し，各タイプを（今回の例では 6 種類）をグループとする．まず 1 から 6 グループまでの香料を記憶し（表では縦に），その後二次元的に（表では横に）各タイプをグループごとに記憶していく（通常各グループ 1 週間）．

　この手順を通常は天然香料と合成香料について行う．この例では天然香料18週，合成香料24週で約 1 年を要する．

　多くはこの方法を基礎としている．合成原料は開発によりアップデートされるので時代とともに更新される．たとえば，合成香料の musk note では Jaen Carles の時代では Musk ketone と Musk xylol のみである．現在では合成ムスクは多種にわたっている．また，合成サンダルも 1 つのグループとしたほうがよいのかもしれない．Marin note も当時は合成単品がなかったものである．

　この表はあくまで筆者の試案であり，時代とともに変化し，また考え方により種々の表が存在する．

第12章　演習問題

1. 香りの受容機構が，その他の感覚（味覚，視覚，聴覚）と異なっているところは何か．

2. 良い香料とは何か．

3. 良いパヒューマーになるには何が一番重要と考えるか．

第 13 章 頭髪化粧品

　頭髪化粧品は使用目的や機能によって多くの種類がある．機能別に大別すると，（1）毛髪・頭皮を洗浄するもの，（2）毛髪の形を一時的に整えるもの，（3）毛髪を長く形つくるもの，（4）毛髪に色を施すもの，（5）毛髪を健康に育成するものに大別される（表13.1）．2011年の品目別化粧品出荷額によると頭髪用化粧品の市場規模は29％を占めている（図13.1）．頭髪用化粧品は皮膚用化粧品と比べて，グラム（g）当たりの製品単価が安価で，1個当たりの容量が倍以上である．そのため頭用化粧品の生産量は化粧品全体の過半数を占めているものと推測される．

表13.1　頭髪用化粧品の種類と製品

分類	小分類	主要成分	助剤	頭髪への機能	製品の用途・特徴
毛髪・頭皮を洗浄するもの	シャンプー	界面活性剤（アニオン系）	高分子物質，抗菌剤	頭皮・頭髪の洗浄	頭髪及び頭皮の汚れを落とし，ふけ，かゆみを抑え，頭髪，頭皮を清潔に保つ．
	ヘアリンス・ヘアコンディショナー	界面活性剤（カチオンイオン系）	油性成分，高分子物質	すべり改善 静電気防止 油分補給	シャンプー後に使用し，毛髪になめらかさを与えて毛髪の表面を整える．
毛髪の形を一時的に整えるもの	整髪剤	油性成分，高分子物質	界面活性剤，	髪型の固定・維持	毛髪を固定，セットすることにより思い通りにヘアスタイルを形成保持する．

分類	品目	主成分	補助成分	効果	説明
毛髪を長く形つくるもの	パーマネント・ウェーブ用剤	還元剤, 酸化剤	アルカリ剤, pH調整剤, キレート剤	髪型の固定・維持	毛髪を思い通りの形（ウェーブを与えたり，くせ毛を真っ直ぐにしたりなど）にする．パーマ剤1剤（還元剤）を塗布して毛髪構造を緩め，次に2剤（酸化剤）を塗布して毛髪構造を再構築し，毛髪を永久的に変形させる．
毛髪に色を施すもの	ヘアダイ（永久染毛剤）	染料, 酸化剤, アルカリ剤	pH調整剤, 界面活性剤, 増粘剤, キレート剤	染毛, 脱色	ヘアダイは2剤式になっており，使用時に1剤，2剤を混合して毛髪に塗布する．白髪と黒髪の色差を小さくするため毛髪を脱色し，同時に染料が毛髪内部に浸透して，酸化重合が起きて発色する．
毛髪に色を施すもの	脱色剤（脱染剤）	酸化剤, アルカリ剤	pH調整剤, 界面活性剤, 増粘剤, キレート剤	脱色	脱色剤は毛髪をはっきりした明るい色にするためのもので，毛髪中のメラニン（褐色または黒色の色素）を酸化剤で脱色する．脱染剤は染毛した髪の色を取りのぞくためのもので，毛髪に吸着した染料を酸化剤で脱色する．
毛髪に色を施すもの	半永久染毛料	染料	浸透剤, pH調整剤	染毛	染料が毛髪の表面近くまで浸透して染毛する．皮膚に染まりやすい欠点がある．色持ちは2から3週間程度であり，シャンプーのたびに少しずつ色落ちしていく．
毛髪を健康に育成するもの	育毛剤	血行促進剤	抗炎症剤, 殺菌剤	脱毛予防, ふけかゆみ防止	頭皮機能を正常化し，頭皮の血液循環を良好にして毛包の機能を高めることにより，発毛，育毛促進および脱毛防止，同時にふけやかゆみを防止する．なお育毛剤とは医薬部外品の名称であり，化粧品のカテゴリーでは養毛料と呼ばれる．

13.1　頭髪化粧品の分類

　商品には，商品名とは別に「種類別名称」が記載されている．種類別名称は，例えば「化粧水」「美容液」「洗顔料」「マッサージ料」などである．化粧品の種類や名称，そしてそれぞれの品目の効能や効果の表現にも取り決めがあり，この種類別名称は購入する際に商品を選択するための基準（目安）となっている．また，「効能の範囲」は重要であり，品目別に効能効果

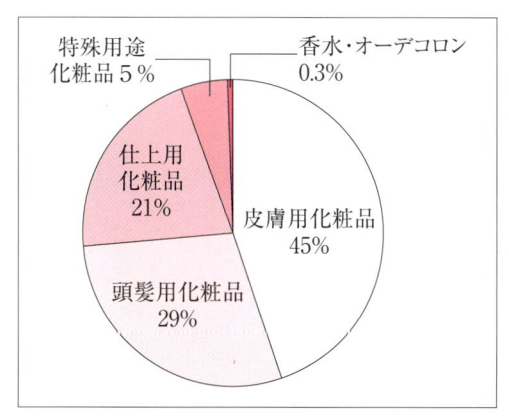

図13.1　2011年化粧品品目別出荷高
[出典：日本化粧品工業連合会ホームページ，http://www.jcia.org/n/st/01-2/]

の範囲を定めて表現方法を規制するものである．これにより誇大広告や虚偽の表記をしないようにしている．公正競争規約施行規則の種類別名称によると，頭髪用化粧品は以下の表13.2のように分類されている．

表13.2　頭髪用化粧品の分類と名称

区分	種類別名称	代わるべき名称
頭髪用化粧品	整髪料	ヘアオイル，椿油 スタイリング（料） セット（料） ブロー（料） ブラッシング（料） チック，ヘアスティック，ポマード， ヘアクリーム，ヘアソリッド ヘアスプレー ヘアラッカー ヘアリキッド ヘアウォーター，ヘアワックス，ヘアフォーム，ヘアジェル
	養毛料	トニック，ヘアローション ヘアトリートメント，ヘアコンディショナー，ヘアパック
	頭皮料	頭皮用トリートメント
	毛髪着色料	染毛料 ヘアカラースプレー，ヘアカラースチック カラーリンス ヘアマニュキュア
	洗髪料	シャンプー，洗髪粉
	ヘアリンス	リンス

[出典：化粧品公正取引協議会ホームページ，http://www.cftc.jp/kiyaku/etc_1.htm]

また，頭髪用化粧品類の「効能の範囲」を以下の表13.3に示す．

表13.3 頭髪用化粧品の品目と効能範囲

種　別	品　　　目	効能の範囲
頭髪用化粧品類	1　髪油　　2　染毛料　　3　スキ油 4　セットローション　　5　チック 6　びん付油　　7　ヘアクリーム 8　ヘアトニック　　9　ヘアリキッド 10　ヘアスプレー　　11　ポマード 12　その他	（1）毛髪の水分，脂肪を補い保つ． （2）頭皮，毛髪にうるおいを与える． （3）頭皮，毛髪をすこやかに保つ． （4）毛髪をしなやかにする． （5）裂毛，切れ毛，枝毛を防ぐ． （6）毛髪の帯電を防止する． （7）フケ，カユミを抑える．

以下，機能別に大別に各化粧品を説明する．

13.2　頭髪・頭皮を洗浄するもの（洗髪用化粧品）

シャンプーやヘアリンス（コンディショナー），ヘアトリートメントなどがこの範疇に入る．

13.2.1　シャンプー

　シャンプーは頭髪及び頭皮の汚れを落とし，ふけ，かゆみを抑え，頭髪，頭皮を清潔に保つための洗浄用化粧品である．この形状には粉末，固形，ペースト，液状などがある．また，洗髪自体を「シャンプー」「シャンプーする」と言う．シャンプーはもともと香油を使った頭部（頭髪）マッサージのことを示していた．その後1860年ごろには，シャンプーが頭部マッサージから洗髪を意味するようになった．初期には石鹸が使われていたが，20世紀に入り頭髪用のシャンプーが販売され始めた．

　主成分は界面活性剤であるが，適度な洗浄力，持続性のある泡立ち，頭皮，毛髪に対する高い安全性を必要とするため，水を基材に，増泡剤，保湿剤，キレート剤，香料，防腐剤などが配合されている．アニオン界面活性剤では洗浄力や起泡力が高く比較的安価なラウレス硫酸ナトリウム（ポリオキシエチレンラウリルエーテル硫酸ナトリウム）などがよく用いられている．刺激性の低いアニオン界面活性剤としてアミノ酸系界面活性剤やエーテルカルボン酸（石鹸）系界面活性剤が用いられることもある．一般的に両性界面活性剤も併用されている．また起泡補助剤としてラウリルジメチルアミンオキシドなどのノニオン界面活性剤が配合される．洗髪中およびすすぎ時の指通りをよくするためにカチオン化セルロースなどのカチオン化ポリマーやシリコーンが加えられることがある（図13.2）．

　リンス効果を兼ね備えたシャンプーも市販されており，リンスインシャンプーと呼ばれている．これにはカチオン性界面活性剤やシリコーン油などが配合されている．

　また，ふけ，かゆみを防ぐ効果の高いシャンプーがあり，有効成分としてジンクピリチオン，ミコナゾール硝酸塩や硝酸ミコナジオールが配合されている．通常のシャンプーは薬事法では化粧品に分類されるが，ふけ，かゆみを防ぐシャンプー（薬用シャンプー）は医薬部外品に分類される．

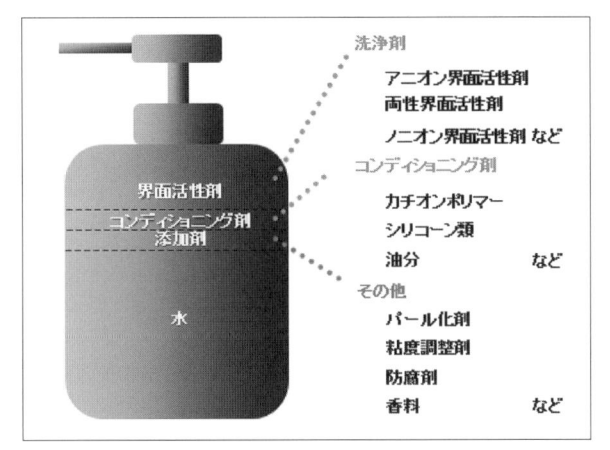

図13.2 シャンプーの構成成分

13.2.2 ヘアリンス／ヘアコンディショナー

　ヘアリンス（リンス）はシャンプー後に使用し，毛髪になめらかさを与えて毛髪の表面を整える化粧品である．リンスとは英語で「すすぐ」（rinse）の意味からきている．

　アルカリ性の石鹸成分を用いてシャンプーをしていた時代，洗髪後にアルカリ成分が付着するのを防ぐため，酸性の水溶液（クエン酸やレモン汁など）で毛髪をすすぎ中和していたことに由来する．

　リンスはカチオン界面活性剤である長鎖アルキル第四級アンモニウム塩が主成分であり，なめらかさや，くしやブラシ通りの向上，うるおい感やつやの付与などを高めるために，コンディショニング成分として高級アルコールやシリコーン油などが加えられる（図13.3）．また毛髪と同じたんぱく質で毛髪によく吸着する加水分解コラーゲンや，リンス成分と同機能のカチオン化セルロースも用いられる．リンス機能を高めたものはヘアトリートメント及びヘアコ

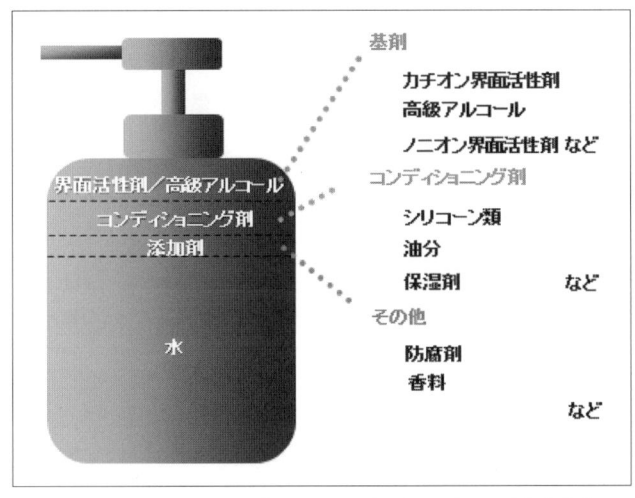

図13.3　ヘアリンス／ヘアコンディショナーの構成成分

ンディショナーと呼ばれることがある．

13.3　頭髪の形を一時的に整えるもの

13.3.1　整髪剤

　整髪剤（ヘアスタイリング剤）とは毛髪を固定，セットすることにより思い通りにヘアスタイルを形成保持するために使用される化粧品で，さまざまな形状のものが市販されている．

　毛髪を固定，セットする方法として，高分子物質を用いて皮膜を形成するタイプと，常温で固形又はペースト状の油性成分を用いて毛髪間の粘着性を利用するタイプがある．

　ヘアスタイルの流行と密接に関係しており，その時代の流行ヘアスタイルに適した新規な剤型や技術が開発されてきた．また性別や世代間で求めるヘアスタイルや仕上がり感などのニーズや嗜好が多様化しているため，多くの種類の剤型が市場に存在している．

　ヘアフォーム（泡状整髪剤），ヘアスプレー（霧状に噴霧する製品），ヘアスタイリングジェル（ジェル状の透明整髪剤），ヘアワックス（固形ないしクリーム状の整髪剤で再整髪できる自然なセット力が特徴）などがある（図13.4）．その他にも，主に男性用として，ヘアオイル，ポマード，チック，ヘアリキッドなどがある．

13.4　頭髪を長く形つくるもの

13.4.1　パーマネント・ウェーブ用剤

　熱または化学薬品の作用で，毛髪の組織に変化を与え，毛髪にウェーブをかける方法の名称

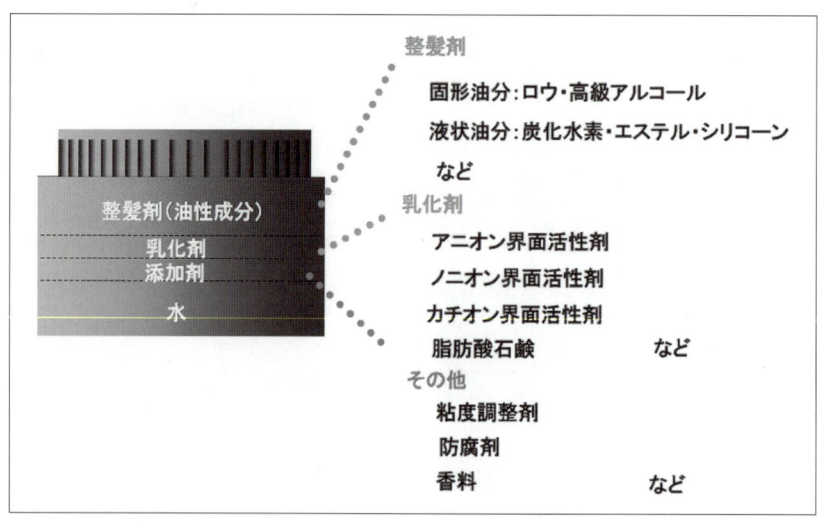

図13.4　ヘアワックスの構成成分

は長期間にわたってウェーブを保つところから名づけられたもので，略して「パーマ」,「パーマネント」とも呼ばれている．パーマネント・ウェーブ用剤とは，まず毛髪を意図的に所望の形にし（例えば，ウェーブを与えたり，くせ毛を真っ直ぐにしたり　など），パーマ剤1剤を塗布して毛髪構造を緩め，次に2剤を塗布して毛髪構造を再構築し，毛髪を長時間その状態に保つ医薬部外品である．

13.4.2　パーマネント・ウェーブ用剤の歴史

　近代パーマネント・ウェーブ技術は1905年にドイツのチャーチル・ネッスラーが開発した「ネッスルウェーブ」から始まった．これはホウ砂と高熱によってパーマを得る技術であり，その後1920年頃のアメリカで急激に普及した．室温でパーマを得る手法の研究も進められて，1940年にアメリカのマックドナウなどにより，チオグリコール酸を使った現在のパーマの原型「コールドパーマ」が開発された．

　日本でのパーマは1930年代に電髪（電気パーマ：亜硫酸水素ナトリウムとアルカリからなる製剤と加熱機器を用いたもの）から始まった．その後，1950年代前半からコールドパーマが徐々に普及し始め，1956年11月には化粧品として初めての国家基準である「コールドパーマネント・ウェーブ用剤基準」が制定され，電髪からコールドパーマへの移行が一気に進み，1960年代前半にはコールドパーマはパーマの主流となった．その後，パーマの主流となったコールドパーマは，有効成分の追加（システイン，アセチルシステイン，過酸化水素）や加温式の追加，縮毛矯正剤（ストレートパーマ）の追加など，顧客の希望するヘアスタイルを実現するために進化してきた．さらに，2001年4月の化粧品基準の制定に伴い，システアミンやラクトンチオールなどを還元剤として配合した化粧品（洗い流すヘアセット料）でもパーマと同じようなカールやストレートを得ることが可能となり，ヘアカラーとの同日施術ができるようになった．昨今ではチオグリコール酸やシステイン，および促進剤としてのアルカリ剤の濃度を調整した結果，化粧品分類として認められるシステムも出現してきた．

13.4.3　パーマネント・ウェーブ用剤の作用機構

　パーマネント・ウェーブ用剤には，毛髪内の主な側鎖結合として，イオウ同士の結合である「シスチン結合（ジスルフィド結合）」，電気的に結びついている「イオン結合」，水で簡単に切断される「水素結合」がある．

　パーマ剤の作用を理解するためには，毛髪内の4つの結合を理解する必要がある（図13.5）．
① 「ペプチド結合」：アミノ酸の基本的な強い結合である．
② イオウ同士の結合である「シスチン（SS）結合（ジスルフィド結合）」：システイン2分子が結合したもので，1剤の還元剤によって切断され，2剤の酸化剤で再結合してSS結合に戻る．
③ 電気的に結びついている「イオン結合」：正電荷を持つ陽イオン（カチオン：アルギニンやリジンなどの塩基性アミノ酸残基）と負電荷を持つ陰イオン（アニオン：グルタミン酸，アスパラギン酸などの酸性アミノ酸残基）の間の静電引力による化学結合であ

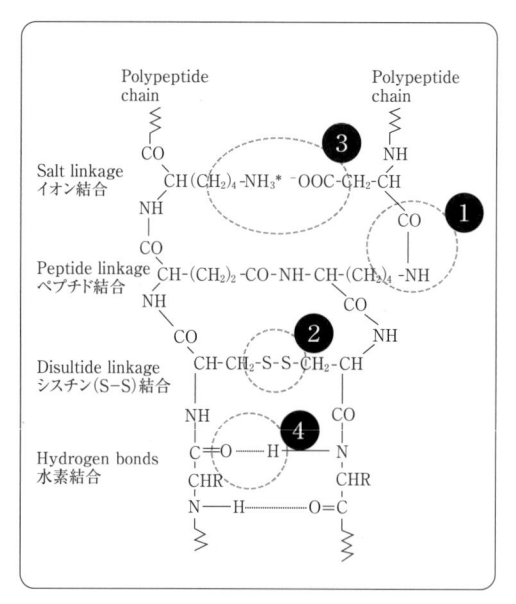

図13.5 毛髪内の4つの結合
[出典：日本パーマネントウェーブ液工業組合 著：ベーシックケミカル，新美容出版，2006]

る．毛髪の等電帯は弱酸性である．毛髪のpHが等電点から離れていくと，イオン結合が切断される．

④ 「水素結合」：電気陰性度の大きい原子（陰性原子）に共有結合した水素と，電気陰性度の大きい原子の間の静電的な引力である．電気陰性度の大きい原子と結合した水素上には正電荷（δ^+）が生じ，電気陰性度の大きい原子上には負電荷（δ^-）が存在する．典型的な水素結合（$5\sim30$ kJ/mole）は，ファンデルワールス力より10倍程度強い．共有結合やイオン結合よりはるかに弱いが数が多い結合である．濡れると切断し，乾燥すると再結合される．

4つの結合のうち，3つの結合を切断し，毛髪を軟化させることのできる薬剤がパーマ剤である（図13.6）．パーマ剤1剤に配合されているチオグリコール酸塩やシステインなどの還元剤には，毛髪のシスチン結合を還元作用で切断し毛髪を軟化・膨潤させる働きがある．しかし，すべてのシスチン結合が切られるわけではなく，強いパーマ剤でもケラチンタンパクのシスチン結合の約20％しか実際には切断されていないと言われている．また，パーマ剤1剤の大半は，アルカリ剤が配合されている．このアルカリ剤が毛髪を膨潤させ，還元剤を浸透しやすくする．アルカリ剤は，毛髪内部のイオン結合を切断する作用もある．そして，水素結合は薬剤塗布で切断される．このように，1剤の働きで毛髪は側鎖の結合が切断される．

2剤に配合されている臭素酸ナトリウムや過酸化水素などの酸化剤には，シスチン結合だけを戻す働きがある．pHを等電帯にし，毛髪を乾燥にすることで，イオン結合と水素結合を元に戻す（図13.7）．ウェーブはこの3つの結合で作られているので，パーマ処理においては，3つの結合をしっかりと戻すことが重要である．これができていないと，タンパク質の軟化，

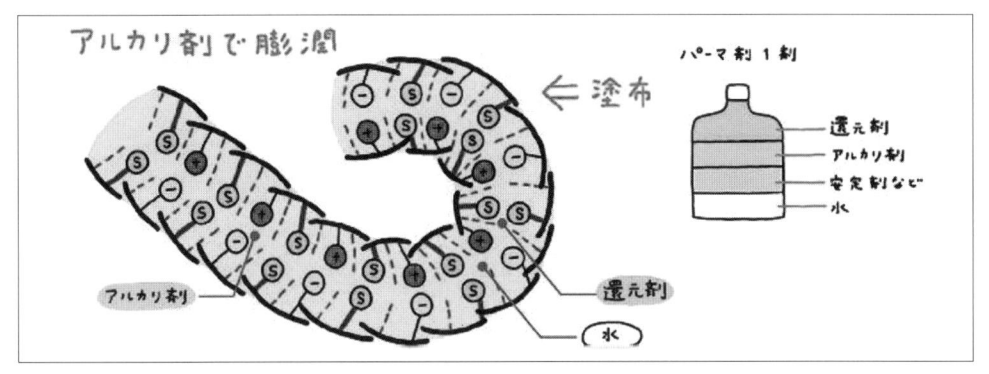

図13.6 パーマ剤1剤による毛髪内側鎖の切断
[出典：日本パーマネントウェーブ液工業組合 著：ベーシックケミカル，新美容出版，2006]

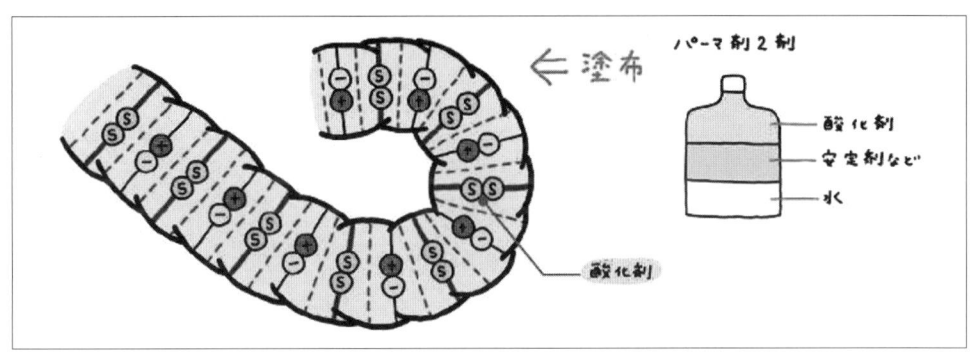

図13.7 パーマ剤2剤による毛髪内側鎖の切断
[出典：日本パーマネントウェーブ液工業組合 著：ベーシックケミカル，新美容出版，2006]

間充物質の溶出によりウェーブの固定化ができず，ウェーブがとれやすくなる．さらに，毛髪の強度低下，水分量低下にもつながる．

パーマ剤は，主に毛髪のコルテックス内の毛髪の縦方向に沿った細長い微細繊維を形成している硬い部分（結晶領域）を取り巻くように存在する非定型の柔らかい部分（非結晶領域または間充物質）に作用すると言われている．

極度に傷んだ毛髪にパーマがかからないのは，毛髪の非結晶領域が流出してしまいパーマ剤の作用する部分が少ないことが原因であると考えられる．

13.4.4 パーマネント・ウェーブ用剤の薬事法での取り扱い

パーマ剤は，「毛髪にウェーブをもたせ，保つ」又は「くせ毛，ちぢれ毛又はウェーブ毛髪をのばし，保つ」という効能・効果をうたう頭髪用の外用剤（医薬部外品）である．パーマネント・ウェーブ用剤製造（輸入）承認基準によって，パーマネント・ウェーブ用剤の品質規格が定められており，パーマネント・ウェーブと縮毛矯正に分類されている．さらに有効成分（チオグリコール酸塩類，システイン類），形状（二浴式，一浴式），使用方法（コールド式，加温式等）により，カテゴリー分類されている．

13.5 頭髪に色を施すもの

13.5.1 ヘアカラーリング

近年，毛髪のおしゃれに関する意識が高まり，"毛染め"ではなく，髪色の変化を楽しむ"ヘアカラーリング"が受け入れられるようになってきた．

かつては，女性は黒髪であることが当然の身だしなみとされていた．その時代のヘアカラーと言えば「毛染め」＝「白髪染め」を示し，"白髪"というマイナス面をカバーするものであった．そのために優れたヘアカラーとは，「しっかり染まり」，「その染まりが長く保たれる」ものであることが，常識とされてきた．近年，髪のおしゃれに関する意識が高まり，"毛染め"ではなく，髪色の変化を楽しむ"ヘアカラーリング"が受け入れられるようになってきた．

13.5.2 ヘアカラーリングの歴史

「髪の毛を染めて美しく装う」という歴史は古く，紀元前にまでさかのぼる．ヘンナという植物で赤い色に染めていたミイラがエジプトで発見されている．ローマ時代には，髪をブロンドに染めることがブームになった．主に白百合の花，マルメロの果実などを用いて長時間かけて染めていたようである．なかには，金粉を振りかけたり，麦ワラを毛髪に編みこんだりして，ブロンドに見えるよう努力していた．

その後，ヘンナやインディゴ，栗やゴボウの実，ツゲの木の葉などを用いて，様々な色に染める技術が普及した．いわゆる草木染め技術の毛髪への応用がなされたわけである．ルネッサンス以降，19世紀に入って，化学の発展とともに，過酸化水素が発見され，染料が合成されるようになった．1883年にフランス人のモネがパラフェニレンジアミンと過酸化水素の溶液を混合して毛髪に塗布する方法を特許化した．現在，最も汎用されているヘアカラーである酸化染毛剤の基礎技術は，この時に生まれたのである．

一方，日本においては，1183年（寿永2年），源平太平記において，斎藤実盛が戦場に赴く際に，老兵と馬鹿にされないように墨で白髪を黒く染めたことが記載されている．その後，明治に入って，タンニンを含んだ五倍子やクルミの殻を煮詰めて鉄を加えてできた黒い色素液を毛髪につけ，10時間程度も放置して染める"おはぐろ式"の染毛技術が開発された．明治から大正にかけて，パラフェニレンジアミンを主剤とする酸化染毛技術を用いた「粉末タイプ」のヘアカラーが次々に発売された．第2次世界大戦後の1945年（昭和20年）頃，進駐軍に憧れる人々が，米国から僅かに輸入されたブリーチ剤や消毒用のオキシドールを用いて黒髪を明るく脱色する「ブリーチ」を行うようになった．1955年（昭和30年）頃には，"脱色して染める"おしゃれ染めヘアカラーが商品化された．このヘアカラーは，酸化染料が入った1剤と過酸化水素を主成分とする2剤を混合して使用するものであり，髪全体を染めるのに適している「液状タイプ」であった．その後，より高いコンディショニング効果を期待して，1剤がクリーム状で，液状タイプの2剤と混合して使用する「乳液タイプ」のヘアカラーへと発展してきた．

今でも海外市場において，主流のヘアカラーは，この「乳液タイプ」である．

13.5.3 ヘアカラーリングにおける色の表現

　ヘアカラーを上手に使うためには，まず「色」について知らなければならない．「色」は，3つの要素から成り立っている．①明度，②色相，③彩度の3要素である．まず「①明度」とは，色の「明るさ」の度合いであり，ヘアカラーでも色の明るさを段階的に分けた「レベルスケール」で表す．ヘアカラーリングでは，主に「仕上がりイメージの基礎づくり」的な役割を果たしている．次に「②色相」とは，「色あい」のことを示す．ヘアカラーリングでは，「仕上がりイメージを強調させる」役割を果たす．最後に「③彩度」とは，色の「鮮やかさ」の度合いである．例えば同じ赤色でも，より鮮やかさ（赤っぽさ）を感じるものは彩度が高いことになる．カラーリングでは，主に「仕上がりの質感をつくるための鍵」になる．また，3要素の「①明度」と「③彩度」を掛け合わせたものを「トーン」と呼ぶ．トーンとは，明度と彩度の違いで，色の調子を分けたものである．ヘアカラーリングしていくときは，まず自分が希望する色がどのトーンなのかを考える．希望のトーンが分かれば，明度と彩度が固定されるからである．

　美容室でヘアカラーするときも，店頭でヘアカラーを購入するときも，このような色の用語が出てくる．「色」を表現し，理解することがヘアカラーを上手に使うための第一歩なのである．

13.5.4 ヘアカラーリングの分類

　染毛剤（あるいは染毛料）には，その持続性からヘアカラー（永久染毛剤），半永久染毛料，一時染毛料に分類されるが，使用されている成分も作用機構もそれぞれ異なっている．薬事法

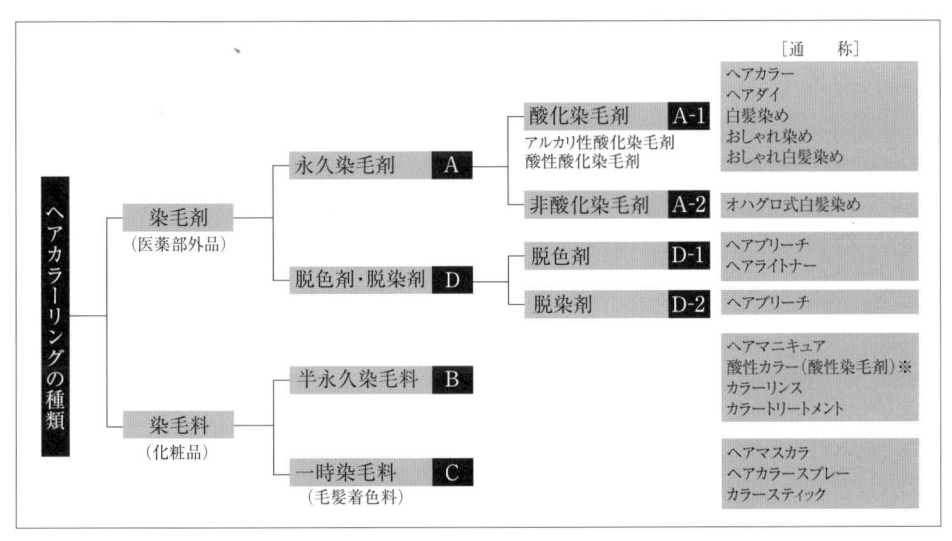

図13.8　ヘアカラーリングの分類
［出典：日本ヘアカラー工業会のホームページ，http://www.jhcia.org/product/］

での分類，名称も異なり，永久染毛剤，脱色剤，脱染剤は取り扱いに注意が必要なため医薬部外品に，また半永久染毛料，一時染毛料は化粧品に分類される（図13.8，表13.4）．

表13.4 ヘアカラーリングの分類と特徴

剤		型	薬事法	色素・主剤	酸化機構	pH	堅牢度	その他
一時染毛料	油脂型	ポマード，クレヨン，スティック	化粧品	顔料	物理的付着	—	水に強い．洗髪・摩擦に弱い．	1回洗浄で落ちる．
	樹脂型	スプレー，ジェル，マスカラ	化粧品	顔料	物理的付着	—	摩擦に比較的強い．洗髪に弱い．	1回洗浄で落ちる．
半永久染毛料	酸性カラー（酸性染毛料）	ヘアマニキュア，リンス，トリートメント，フォーム	化粧品	酸性染料	毛髪蛋白とイオン結合	酸性2〜4	2〜4週間又は継続使用で効果が出る．	地肌を染め易い．カブレの心配が少ない．
	欧米型	カラーリンス		塩基性染料（直接染料）	ニトロ基の親和性，イオン結合 etc.	弱アルカリ性8〜9	6〜8回洗浄まで続く．	地肌を染め難い．色落ちしやすい．
永久染毛剤	アルカリヘアダイ（酸化染毛剤）アルカリ	クリーム液状粉末状エアゾール	医薬部外品	酸化染料アルカリ剤 H_2O_2	カップリング酸化重合	アルカリ性8〜11	毛髪が伸びるまで続く．（ブリーチカラーは，約24回洗浄まで続く）	色のバリエーションが広い．毛髪や地肌を傷める．パッチテストが必要．カブレの心配がある．
	酸性ヘアダイ（酸化染毛剤）弱酸中性	クリーム液状	医薬部外品	酸化染料 H_2O_2	カップリング酸化重合	中性6〜8	1〜2ヵ月	毛髪や地肌の損傷が少ない．パッチテストが必要．カブレの心配がある．
	ヘアブリーチ	クリーム液状粉末状	医薬部外品	アルカリ剤 H_2O_2（過硫酸塩）	酸化分解脱色脱染料	アルカリ性9〜11	毛髪が伸びるまで続く．	一度で髪を明るくする．毛髪や地肌を傷める．
		1剤式スプレー，泡	医薬部外品	H_2O_2	酸化分解脱色	酸性2〜4	毛髪が伸びるまで続く．	毛髪を徐々に明るくする．髪や地肌を傷める．

	非酸化型	1剤式 2剤式	医薬部外品	没食子酸, タンニン, ヘマティン, ピロガロール, 第1鉄塩	金属錯体形成	アルカリ性	酸性に弱い.	毛髪が明るく出来ない. パーマがかかり難くなる.

13.5.5 永久染毛剤（ヘアダイ）

　酸化染毛剤（ヘアダイ）の使用方法は単に毛髪の毛に薬剤を塗って放置するだけであるが，実はそのときに毛髪の内部では実に巧みで複雑な反応が起こっている．

　まず，毛髪の表面は鱗のようなキューティクルで覆われており，そのままでは容易に薬剤が毛髪の内部に侵入することができない．しかし，このキューティクルは酸性に傾くとキューティクル同士が硬く結びつくが，アルカリ性に傾くと結びつきが弱まる性質があることがわかっている．この点を利用して，ヘアダイでは薬剤にアルカリ剤を配合しており，薬剤を毛髪に塗布することでまずキューティクルの結びつきを緩め，ヘアダイの有効成分を毛髪の内部に入りやすい状態にする．

　この段階でヘアダイの有効成分である酸化剤と酸化染料が反応を起こす．この反応は酸化剤で反応性が高まった酸化染料が，その酸化染料同士で結合して分子が大きくなる反応であり，この段階で色素が合成され発色現象が現われる．すなわち，ヘアダイ中の成分が反応し鮮やかな色に変化する，まさに毛髪が染まる現象が起きているわけである．

　一方，酸化剤は同時に毛髪の黒色の元になっているメラニンを分解して毛髪の外に排出している．すなわち毛髪の黒味を抜いていく．したがって，発色した染料が毛髪のメラニン色素に邪魔されることなく，鮮やかに映えることとなる．

　このようにヘアダイでは，毛髪の色を抜きながら，毛髪の内部では毛髪から流れ出しにくい鮮やかな発色分子団（色素）を合成するという，非常に賢い工程が行なわれている（図13.9）．

　一般に酸化剤には過酸化水素が，アルカリ剤にはアンモニア水が，酸化染料にはパラフェニレンジアミン，パラアミノフェノールやパラトルエンジアミンなどが使用されている．また使用できる染料は，ポジティブリスト[※]に収載されているものに限られる．

　一般にヘアダイは1剤，2剤から構成されており，毛髪への塗布直前に両者を混ぜて使用す

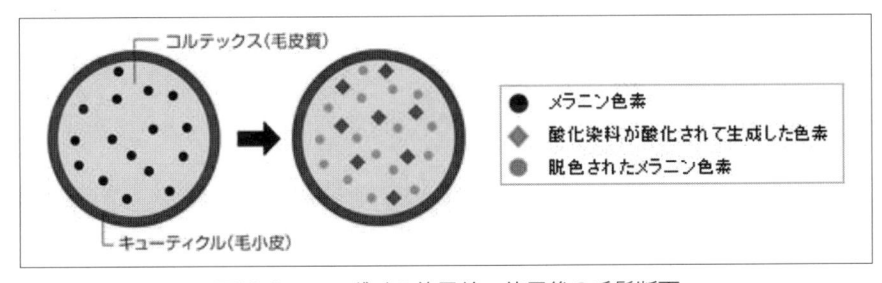

図13.9　ヘアダイの使用前・使用後の毛髪断面
［出典：日本ヘアカラー工業会ホームページ，http://www.jhcia.org/product/product_a/#01］

る．あらかじめ製造時に酸化染料と酸化剤を混ぜてしまうと発色反応が進んでしまい毛髪に浸透しにくくなり製品の機能が得られなくなってしまうために，このような製品構成と使用方法になっているのである．

> ※原料について「防腐剤，紫外線吸収剤，タール色素以外の成分の配合の禁止・制限」をしたネガティブリスト，及び「防腐剤，紫外線吸収剤，タール色素の配合を制限」したポジティブリストがある．
> ネガティブリストでは，防腐剤，紫外線吸収剤，及びタール色素以外の成分について，1～4のように，また医薬品成分については5のように定めている．
>   1．化粧品全般について配合を禁止する成分
>   2．化粧品全般について配合量の制限を設定した成分
>   3．化粧品の種類又は使用目的により配合量の制限を設定した成分
>   4．化粧品の種類により配合量の制限を設定した成分
>   5．医薬品成分は原則として配合禁止
> 一方ポジティブリストでは，防腐剤，紫外線吸収剤，及びタール色素について下記のように規定してあり，リストに記載してある原料及び配合量の範囲内でなければならない．
>   1．化粧品全般について配合量の制限を設定した成分
>   2．化粧品の種類によって配合量の制限を設定した成分
> タール色素については，タール色素のうち配合可能な種類を設定している．

13.5.6 脱色剤（ヘアブリーチ）

広義のヘアダイには脱色剤（ブリーチ剤）が含まれるが，これはヘアダイから酸化染料を除いたもので，主に酸化剤とアルカリ剤から構成されており，メラニンを分解，除去して毛髪を脱色する働きのみがあるものである（図13.10）．

脱色剤は毛髪をはっきりした明るい色にするためのもので，毛髪中のメラニン（褐色または黒色の色素）を酸化剤で脱色する．「ヘアブリーチ」あるいは「ヘアライトナー」とも呼ばれている．

13.5.7 脱染剤

染毛した髪の色を取り除くためのものを「脱染剤」と呼ぶことがあるが，毛髪に吸着した染料を酸化剤で脱色する．「デカラライザー」とも呼ばれている．どちらも薬事法では医薬部外品に分類される（図13.11）．酸化剤とアルカリ剤に加えて過硫酸塩を主剤とするブースターで

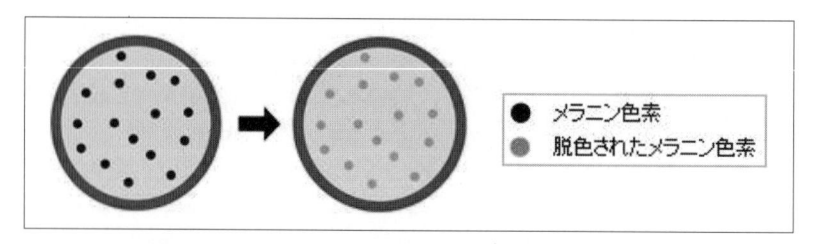

図13.10　ヘアブリーチの使用前・使用後の毛髪断面
［出典：日本ヘアカラー工業会ホームページ，http://www.jhcia.org/product/product_d/#01］

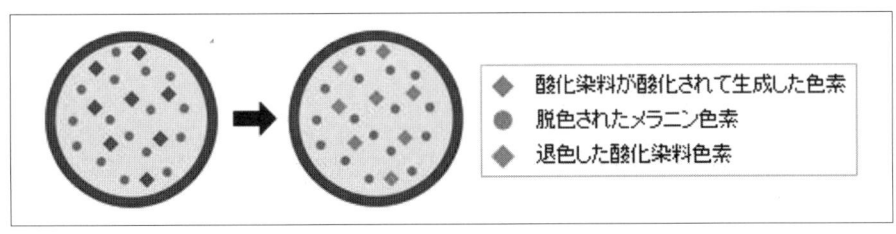

図13.11 脱染剤の使用前・使用後の毛髪断面
[出典：日本ヘアカラー工業会ホームページ，http://www.jhcia.org/product/product_d/#01]

構成されている．

13.5.8 半永久染毛料（セミパーマネントヘアカラー）

　ヘアダイのように毛髪の内部のメラニンを破壊除去したり，化学反応によって発色させたりすることなく，毛髪を着色する製品である（図13.12）．

　皮膚の弱い人に適しており，薬事法では化粧品に分類されている．染料の一部が毛髪の内部まで浸透して染毛する．皮膚に染まりやすい欠点がある．色持ちは2〜3週間程度であり，シャンプーのたびに少しずつ色落ちしてしまう．一度の使用で染毛するものをヘアマニキュアと呼び，着色剤としては，おもにアゾ系の合成染料（酸性染料）が用いられ，毛髪への染色浸透剤としてベンジルアルコールが配合されている．

　繰り返し使用で徐々に染毛するものをカラーリンスやカラートリートメントと呼び，塩基性染料などが用いられている．これらは，メラニン色素を分解する働きはないので毛髪を明るい色にはできない．また，色素は毛髪の中で反応して大きくなるわけでもないので，毛髪を染めた後でシャンプーの度に色素が損なわれて色落ちする．

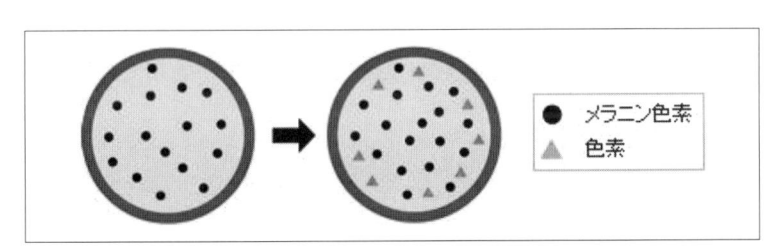

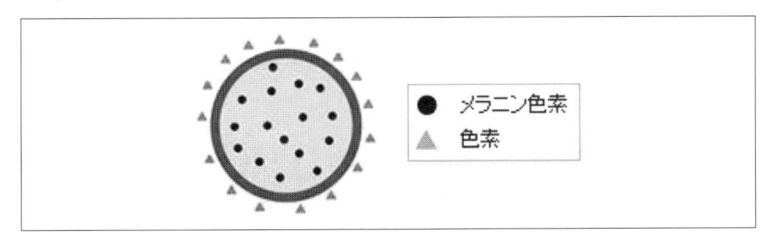

図13.12 セミパーマネントヘアカラーの使用前・使用後の毛髪断面
[出典：日本ヘアカラー工業会ホームページ，http://www.jhcia.org/product/product_b/]

図13.13 テンポラリーヘアカラーの使用前・使用後の毛髪断面
[出典：日本ヘアカラー工業会ホームページ，http://www.jhcia.org/product/product_c/]

13.5.9　一時着色料（テンポラリーヘアカラー）

　着色料（顔料など）を毛髪の表面に付着させるもので，ほんの一時的に毛髪を着色させているだけであり，シャンプーで簡単に洗い流せるし，汗や雨でも色落ちする．これらは「カラースプレー」や「カラーフォーム」と呼ばれている（図13.13）．

　いずれも一時的な染毛であり，容易に色落ちすることから染毛としての完成度は低いが，逆に一時的に染めたいと考える人には便利な製品である．

13.5.10　ヘアカラーリングの薬事法での取り扱い

　毛髪のメラニン色素を分解しながら染料を毛髪の内部で化学反応させて発色させるヘアダイは医薬部外品に分類される．また，これらから酸化染料を除いた毛髪のメラニン色素を脱色するブリーチ剤も同様に医薬部外品に分類される．

　これら医薬部外品は承認制度に基づいて各製品毎に承認を取得する必要があるので，その取得に少なくとも3カ月の期間が必要である（薬用化粧品や育毛剤などの医薬部外品は厚生大臣での承認となるので6カ月を超える期間が必要であるが，ヘアダイの場合には各府県の知事の承認となるので，新たな原料を配合しない限り，原則として審査機関は3カ月程度とされている）．このため，商品開発は先行して行なう必要があり，商品化にあたってはより計画的な商品化スケジュールの管理が必要になる．

　一方，酸性染料や塩基性染料と呼ばれる色素を毛髪に浸透させることで毛髪を染める製品や単に着色料を毛髪の表面に付着させるだけの製品は化粧品になるので，薬事的には販売名を届け出るだけで済む．したがって，薬事的には短時間での対応が可能である．

　薬事上の医薬部外品と化粧品の違いは，製品発売にあたっての手続に止まらない．例えば，処方の一部を変更する必要が生じた場合に，発売後においても化粧品では業者責任において随時に処方の変更が可能であるが，医薬部外品の場合には添加成分の僅かな変更についても承認内容の変更が必要になる．この承認の変更には，新規に承認を取得するのに要する程度の期間を要する．すなわち，医薬部外品ではより一層の処方の完成度が求められることになるので，その面からもより長い研究期間が必要になってくるのである．

13.5.11　ヘアカラーリングの使用上の注意

　酸化染料で毛髪を染める狭義のヘアダイの使用にあたってはパッチテストの実施が義務付けられている．これはパラフェニレンジアミンを代表とする酸化染料が原因となって人によってはアレルギー反応を惹起することがあるため，事前に皮膚の一部に塗布することで，その有無を調べてからヘアダイを使用してもらおうとするものである．アレルギー反応は時として深刻な事態を招きますので慎重に対処する必要がある．

　このようにヘアダイを安全に使用するためには，一般の薬用化粧品とは異なって格段の注意が必要であるため，その広告作成にあたっても，特別な規制が設けられている．それは製品の表示や広告には，原則として用語「簡単」「やさしい」を使用することが禁じられていること

である．仮に，このような用語を用いた広告を見た生活者は，ヘアダイを安全に使用するために必要な注意をおろそかにさせてしまう可能性があるため，このような規制がかけられている．

第13章　演習問題

1. シャンプーとヘアリンスの主成分は界面活性剤である．それぞれの成分特徴について説明せよ．

2. パーマ剤で重要な毛髪内の3つの結合を記載し，その結合について説明せよ．

3. 酸化染毛剤（ヘアダイ）の染毛の仕組みついて説明せよ．

4. 医薬部外品は承認制度に基づいて承認を取得する必要がある．それぞれの原則とする承認期間と承認者について答えよ．
　　① ヘアブリーチ
　　② ヘアワックス
　　③ パーマネント・ウェーブ用剤
　　④ ふけ取りシャンプー（薬用シャンプー）
　　⑤ ヘアマニキュア

第 14 章

機能性化粧品

　日本で機能性化粧品と考えられる代表的なものとして美白（メラニンの生成を抑え，シミ・ソバカスを防ぐ），育毛・脱毛の予防，ニキビの予防を効能効果とした医薬部外品がある．また，ニキビを防ぐ洗顔料（洗浄による）や紫外線を物理的に遮蔽するサンスクリーン剤を配合した日焼け止め化粧品（日やけによるシミ，ソバカスを防ぐ）は，医薬部外品ではなく化粧品である．欧米では，しわ防止効果を謳ったアンチエイジング機能，痩身効果を謳ったスリミング機能，アロマテラピー（芳香療法）・フィトテラピー（植物療法）等に用いられる植物のエッセンシャルオイル（精油）を用いたアンチストレス機能に代表される機能性化粧品が研究開発され，各国の法律下で販売されている．しかしながら，日本では，しわ改善効果や痩身効果は薬事法では化粧品でも医薬部外品でもその効能は認められていない．

　ここでは，日本の化粧品に関する広告表現について理解し，美白機能と育毛機能について学ぶ．また，日本ではその効能が認められていないが一般的な抗シワ剤についても学ぶ．

14.1　法規制

14.1.1　広告の三原則

（1）薬事法における広告とは，次のいずれの要件も満たす場合をいう．
　　ア　顧客を誘引する（顧客の購入意欲を昂進させる）意図が明確である．
　　イ　特定（化粧品等）の商品名が明らかにされていること．
　　ウ　一般人が認知できる状態であること．
（2）広告と見なされるものについては，次の例がある．
　　ア　製品の容器，包装，添付文書などの表示物

イ 製品のチラシ，パンフレット等
ウ テレビ，ラジオ，新聞，雑誌，インターネットなどによる製品の広告
エ 小冊子，書籍
オ 会員誌，情報誌
カ 新聞，雑誌などの切り抜き，書籍や学術論文等の抜粋
キ 代理店，販売店に教育用と称して配布される商品説明（関連）資料
ク 使用経験者の感謝文，体験談集
ケ 店内および車内等におけるつり広告
コ 店頭，訪問先，説明会，相談会，キャッチセールス等においてスライド，ビデオ等又は口頭で行われる演述等
サ その他特定商品の販売に関連して利用される前記に準ずるもの

なお，エからコについては，特定商品名が示されていなくても，これらを販売活動のなかで特定商品に結び付けて利用している場合には，規制対象となる．口頭での説明も規制の対象となる．

14.1.2 薬事法の広告規制に関する関係条文（抜粋）

（誇大広告等）薬事法第66条
　何人も，医薬品，医薬部外品，化粧品又は医療機器の名称，製造方法，効能，効果又は性能に関して，明示的であると暗示的であるとを問わず，虚偽又は誇大な記事を広告し，記述し，又は流布してはならない．
（承認前の医薬品等の広告の禁止）薬事法第68条
　何人も，第14条第１項又は第23条の２第１項に規定する医薬品又は医療機器であって，まだ第14条第１項若しくは第19条の２第１項の規定による承認又は第23条の２第１項の規定による認証を受けていないものについて，その名称，製造方法，効能，効果又は性能に関する広告をしてはならない．
（罰　則）薬事法第85条
　次の各号のいずれかに該当する者は，２年以下の懲役若しくは200万円以下の罰金に処し，又はこれを併科する．
　１から３まで（略）
　４　第66条第１項又は第３項の規定に違反した者
　５　第68条の規定に違反した者
　６　（略）

14.1.3 化粧品・医薬部外品の薬事監視指導

　2005年４月の改正薬事法において，旧薬事法における製造業に加えて，製造販売業という製造行為だけではなく販売行為も薬事法で規制されるようになったことから，行政では薬事監視

体制を強化している．新たにインターネットへの監視を強化したこと，広告宣伝の範疇に新聞記事を含めたこと，監視員による商品表示の監視強化など，時々刻々と監視情勢は強化の傾向にある．

＜規制の対象＞
1．不良製品
2．不正表示製品
3．誇大広告

＜規制の手段＞
厚生労働省又は都道府県（保健所）の薬事監視員による
1．製造所（工場）への立ち入り検査
2．製品の収去試験
3．広告宣伝の監視
4．商品周りの表示監視

14.1.4　化粧品・医薬部外品の広告規制と取り締まり

1．薬事法（第66条）
・化粧品・医薬部外品・医薬品・医療機器
・何人もうそや大げさな広告をしてはならない
・医師等が製品について保証したと思わせる広告をしてはならない
2．医薬品等適正広告基準
うそや大げさな広告を防止し，正しい広告を作るために守らなければならないこと
3．不当景品類及び不当表示防止法（景品表示法）
公正な競争を確保し，もって一般消費者の利益を保護する
厚生労働省及び各都道府県の薬事監視員が取締り（新聞・チラシ・雑誌・パンフレット・POP，インターネットなど）を実施している．

14.1.5　医薬品等適正広告基準での規制内容

＜主な規制＞（×は違反例）
1．効能効果の逸脱例
×　活性酸素を取り除いて若々しい素肌へ
×　肌の内側から潤う
×　肌の生まれ変わりを高める
×　シミをなくす
×　シワ予防
×　10年前のお肌に
×　発毛効果のある
×　肌に栄養を与える

2．効能効果の強調例
- × 強力な効果
- × うわさの逸品
- × どこにもなかった

3．安全性の保障例
- × 安心処方
- × 敏感肌の方でも安心です
- × 副作用がない

14.1.6　厚生労働省　医薬食品局　監視指導・麻薬対策課の指導内容

（1）化粧品の効能・効果においては，56効能を遵守するように．
（2）表示については薬事法第61条（医薬部外品は59条）で違反となると，第55条「販売，授与の禁止」に基づき，「回収命令」が下る．広告は第66条で違反になると，第85条に基づき「指導」となる．

14.1.7　不当景品類及び不当表示防止法（景品表示法）と規制例

不当景品類及び不当表示防止法
　この法律は，商品及び役務の取引に関連する不当な景品類及び表示による顧客の誘引を防止するため，私的独占の禁止及び公正取引の確保に関する法律（昭和二十二年法律第五十四号）の特例を定めることにより，公正な競争を確保し，もって一般消費者の利益を保護することを目的とする．

シャンピニオンエキスによる口臭，体臭及び便臭を消す効果を標ぼうする商品の製造販売業者に対する排除命令について（平成21年2月3日　公正取引委員会）
　公正取引委員会は，「シャンピニオンエキス」[*1]と称する成分を使用して口臭，体臭及び便臭を消す効果を標ぼうする商品（以下「本件対象商品」という．）の製造販売業者7社（以下「7社」という．）に対し調査を行ってきたところ，7社が販売する本件対象商品に係る表示が，景品表示法第4条第2項の規定により，同条第1項第1号（優良誤認）に該当する表示とみなされ，同号の規定に違反する事実が認められたので，本日，同法第6条第1項の規定に基づき，7社に対して，排除命令を行った．

違反行為の概要
　7社は，それぞれ，商品を直接又は取引先販売業者を通じて一般消費者に販売するに当たり，商品パッケージ，通信販売用カタログ，新聞広告，新聞折り込みチラシ及びインターネット上のウェブサイトにおいて，あたかも，当該商品を摂取することにより，口臭，体臭及び便

[*1]　「シャンピニオンエキス」とは，マッシュルームから抽出した成分を粉末等にしたものである．

臭を消すかのように示す表示を行っているが，当委員会が7社に対し当該表示の裏付けとなる合理的な根拠を示す資料の提出を求めたところ，7社は，期限内に資料を提出したが，当該資料は，当該表示の裏付けとなる合理的な根拠を示すものであるとは認められないものであった．

14.2 美白

14.2.1 薬用美白化粧品（医薬部外品）

日本のスキンケア市場を機能的にみると，保湿，美白，抗老化，敏感肌，毛穴・ニキビ対応に大別される（図14.1）．そのなかで，美白は市場の約3割を占め，過去30年間で最も研究開発が進み，急成長してきた分野である．特に美白関連の医薬部外品（薬用化粧品），すなわち薬用美白化粧品の有効成分が15種類以上開発され，チロシナーゼ活性阻害効果やメラニン生成抑制効果に優れた植物エキス等も研究開発されてきた．表14.1には，これらの美白有効成分の開発年表を示した．最近では，アンチエイジングを訴求した美白研究や新しい手法を用いた美白機序の研究も行われるようになった．

日本の医薬部外品（薬用化粧品）に配合される美白有効成分は，日焼けによるしみ・そばかすを防ぐ目的で配合され，その作用機序としては，色素細胞のメラニン生成を抑えるものや表皮の増殖を促進してメラニンを早く排出するものなどがある．例えば，アルブチンやルシノール®はメラニンの生成を抑制する代表的な美白有効成分であり，アデノシン一リン酸ニナトリウム（AMP）は表皮でのメラニンの蓄積を抑える機序をもつ美白有効成分である．

一方，医薬品ではビタミンCやトラネキサム酸の内服により，しみ・そばかすや肝斑を薄くすることが可能であり，医薬部外品（薬用化粧品）にはない効能が認められている．

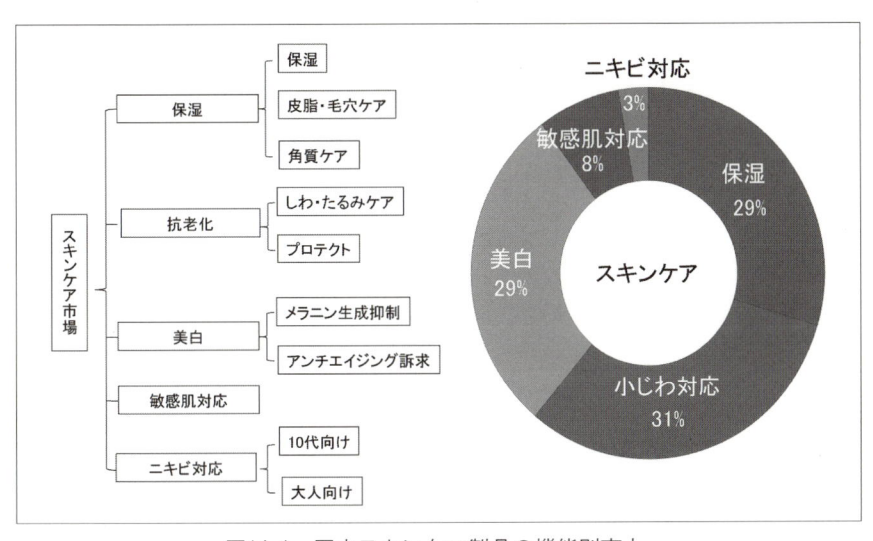

図14.1　国内スキンケア製品の機能別売上

表14.1　美白有効成分一覧

承認時期	有効成分（愛称）	化合物名	作用機序
	プラセンタエキス		
	ビタミンCステアレート ビタミンCパルミチン酸塩等		
1983年	APM	アスコルビン酸リン酸エステルマグネシウム塩	チロシナーゼ活性阻害
1988年	コウジ酸	コウジ酸	チロシナーゼ活性阻害
1989年	アルブチン	ハイドロキノンβ-D-グルコシド	チロシナーゼ活性阻害
1994年	AA-2G	アスコルビン酸-2-グルコシド	チロシナーゼ活性阻害
1997年	エラグ酸	エラグ酸	チロシナーゼ活性阻害
1998年	ルシノール®	4 n-ブチルレゾルシノール	チロシナーゼ活性阻害
1999年	カモミラET	カミツレエキス	エンドセリンブロッカー
2001年	リノレックスS®	リノール酸	チロシナーゼ蛋白質の分解促進
2002年	トラネキサム酸	$trans$-4-アミノメチルシクロヘキサン酸	プロスタグランジンE_2生成阻害
2003年	4MSK	4-メトキシサリチル酸カリウム	チロシナーゼ活性阻害
2004年	アスコルビルエチル	3-O-エチルアスコルビン酸	チロシナーゼ活性阻害
2004年	エナジーシグナルAMP®	アデノシン-1-リン酸-2Na	基底細胞増殖促進によるターンオーバー亢進
2005年	マグノリグナン®	5,5'-ジプロピルビフェニル-2,2'-ジオール	チロシナーゼの成熟を阻害
2007年	ニコチン酸アミドW	ニコチン酸アミド	メラノソームの表皮への移行を抑制
2008年	ロドデノール	4-(4-ヒドロキシフェニル)-2ブタノール	チロシナーゼ活性阻害とメラノサイトに対する毒性
2009年	テトラ2-ヘキシルデカン酸アスコルビルEX	テトラヘキシルデカン酸アスコルビル	チロシナーゼ活性阻害
2010年	TXC	トラネキサム酸セチル塩酸塩	プロスタグランジンE_2生成阻害

14.2.2　薬用美白化粧品（医薬部外品）の有効成分

　美白成分がどのようにして開発されてきたか，その歴史を振り返りながら紹介する．美白成分の開発に先鞭を付けたのは，30年以上前に開発されたアスコルビン酸リン酸エステルマグネシウム塩（APM）である（図14.2）．現在でも美白といえばビタミンC（アスコルビン酸）というぐらいに，多くの消費者に支持されている．アスコルビン酸は製剤に配合されると経時的に容易に変色し，ひいては含量の低下をきたすので，より安定なステアリン酸あるいはパルミ

チン酸等の脂肪酸エステルの形で汎用され始めたが，これらの脂肪酸エステルでも安定性は十分ではなく，乳液・クリームのように水を含有する製剤においては褐変をきたすため，用時混合して使用するなどの不便を避けられなかった．そこで，より安定なアスコルビン酸誘導体としてアスコルビン酸の2位の水酸基をリン酸エステル化しマグネシウム塩にしたAPMが開発され，1980年代に医薬部外品の有効成分として承認された．APMについては，1969年に色素沈着症（肝斑・リール黒皮症）に対する使用経験の報告や1983年以降に日やけによる色素沈着に対する有効性の報告がなされている．1990年代には，2位の水酸基にグルコースを結合し，弱酸性でも，より安定性を向上させたアスコルビン酸 2-O-α-グルコシド（AA-2G）が医薬部外品の有効成分として承認され，薬用化粧品に配合されるようになった（図14.2）．これらはともに，皮膚内でアスコルビン酸に分解されて，はじめて効果を発揮する．AA-2Gの方がpH 6前後で安定なので，より汎用されている．また，これらとは異なり本体そのものに抗酸化作用と美白効果があり，使用感の良いアスコルビン酸誘導体である3-O-エチルアスコルビルエーテル（Vitamin C Ethyl）が開発され，2004年に医薬部外品の有効成分として承認された（図14.2）．APMとAA-2Gが2位の水酸基を修飾して安定化しているのに対し，ビタミンCエチルは3位の水酸基にエチル基をエーテル結合させている点が異なる．また，脂溶性ビタミンC誘導体のテトラ2-ヘキシルデカン酸アスコルビルEX（VC-IP）も開発されたVC-IPには，アレルギー性接触皮膚炎の症例が報告されている．

　古代エジプトから利用されてきた胎盤抽出液（Placenta Extract）は，美容医療分野では主に注入・内服で用いられている．狂牛病対策により，豚由来品が医薬部外品や化粧品に使用されるようになった．胎盤抽出液については，1982年にヒト胎盤抽出液3％配合製剤の女子顔面色素沈着症（肝斑47例，雀卵斑（そばかす）2例）に対する使用経験の報告等がある．コウジ酸（5-Hydroxy-2-hydroxymethyl-4-pyrone）は，味噌や醤油を製造するときに使われる麹

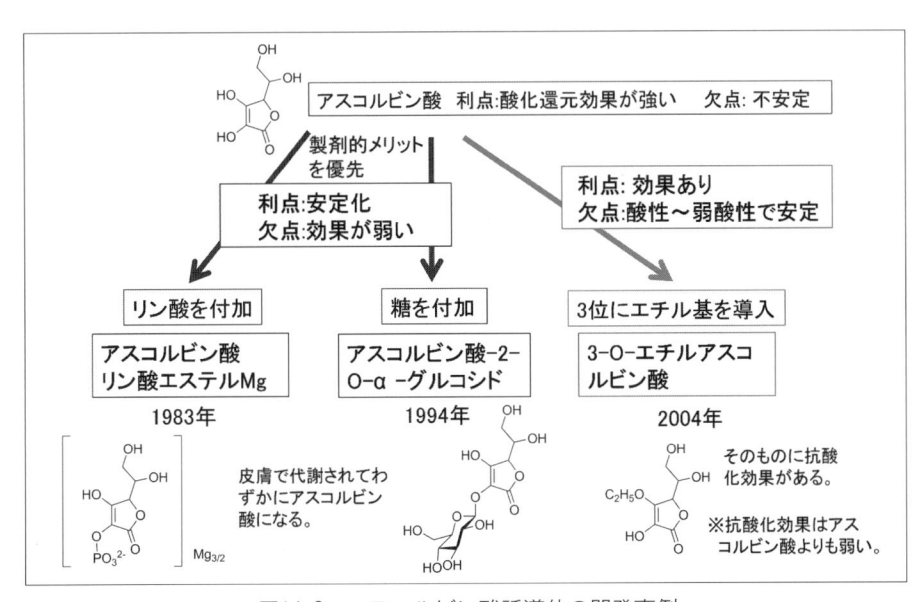

図14.2　アスコルビン酸誘導体の開発事例

菌を培養して作られる美白成分で，味噌や醤油を作っている工場の方々の手が白く美しいという言い伝えをもとに，成分を分析してみたのがはじまりである．

図14.3に，ビタミンC誘導体やプラセンタ以外の美白有効成分の化学構造を示した．1%又は2.5%コウジ酸配合製剤の外用で肝斑，老人性色素斑，雀卵斑を対象に対して良好な成績が認められている．しかしながら，2003年にp53欠損マウスにコウジ酸を経口摂取させると肝臓癌が誘発されたことが報告されたため，厚生労働省は2003年3月からコウジ酸と発がん性および遺伝毒性との関係について明らかにするための追加試験の結果が出るまでの間，コウジ酸を含有する医薬部外品等の製造・輸入を中止していた．その後，化粧品メーカーがコウジ酸の安全性を確認する追加試験を実施し，コウジ酸の化粧品としての使用は安全性上なんら問題がないことを証明した．このため2005年11月2日，厚生労働省は薬事・食品衛生審議会 医薬品等安全対策部会において「医薬部外品において適正に使用される場合にあっては，安全性に特段の懸念はないものと考えられる．」との見解を発表した．これに伴い前述の使用中止の通知が撤回されたと同時に，コウジ酸配合化粧品（医薬部外品）の製造販売の再開が認められた．一方，ジエチルニトロサミン誘導ラットにおいて，アスコルビン酸の同時投与はコウジ酸の肝臓腫瘍促進活性を増強するとの報告がある．

また，アルブチン（Hydroquinone-β-D-glucopyranoside）は肝斑に対する臨床効果の結果，その有用性があることから，開発が進み，1989年には医薬部外品の有効成分として承認された．アルブチンは日本薬局方に収載されている生薬であるウワウルシ中5〜7.5%含有されているhydroquinone配糖体であり，チロシナーゼ活性を阻害し，色素細胞に対して細胞毒性を発現しない濃度でメラニン生成抑制効果がある．アルブチンのチロシナーゼ活性阻害様式はチロシンとの拮抗阻害である．これは，チロシナーゼに結合し，チロシナーゼを不活化させる非拮抗阻害（非特異的阻害）とは異なる機序であり，また，効果に可逆性があり，安全である

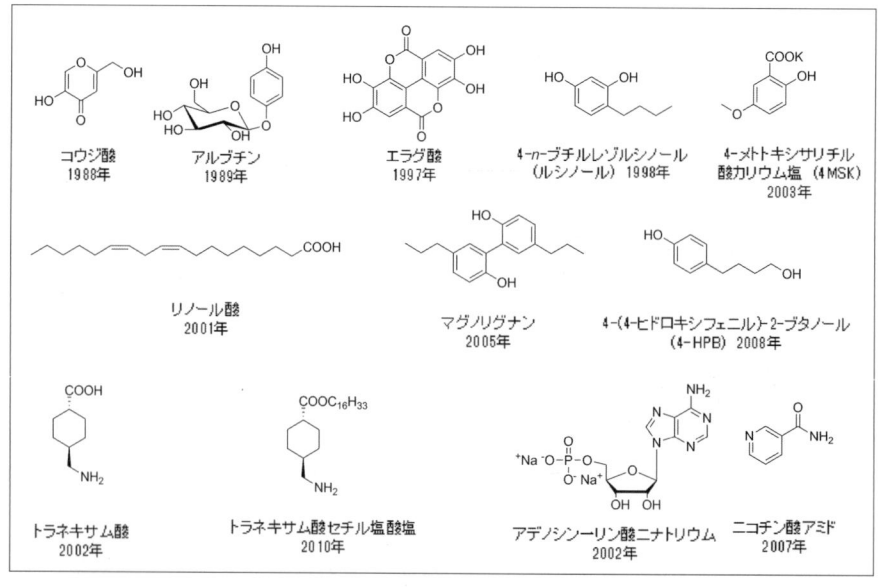

図14.3　美白有効成分の化学構造

ことが確認されている．その後次々とチロシナーゼの活性を制御する有効成分が研究開発され，エラグ酸，4-n-ブチルレゾルシノール（ルシノール®），リノール酸S，4-メトキシサリチル酸カリウム塩，5,5'-ジプロピル-ビフェニル-2,2'-ジオール（マグノリグナン®），4-（4-ヒドロキシフェニル）-2-ブタノール（4-HPB：ロドデノール®）等の医薬部外品の有効成分が開発され，薬用化粧品に使用されるようになった．エラグ酸は天然フェノール系の抗酸化物質であり，リノール酸Sは紅花油から抽出されたリノール酸を高含有する成分であるが，その他の4成分は化学合成品である．マグノリグナン®はチロシナーゼの成熟過程に作用し，リノール酸Sはチロシナーゼの分解過程に作用することが報告されている．マグノリグナンにはアレルギー性接触皮膚炎の症例が報告されている．また，ロドデノール®はチロシナーゼ酵素活性を拮抗阻害する作用があるとされ開発されたが，1万人以上の使用者に白斑という重篤な副作用が発現したため，ロドデノール®を配合した薬用化粧品（医薬部外品）はすべて回収され，使用されなくなった．

さらに，植物に含まれる天然化合物，化粧品原料のメラニン生成抑制に関する研究開発も活発に行われるようになり，医薬部外品の有効成分の開発だけではなく，多くの植物エキスが薬用美白化粧品に応用されてきた．例えば，日本で化粧品原料として使われているArnica Extract（*Arnica Montana* L.）の抽出液に強いメラニン生成抑制効果が認められ，分画してその活性成分を調べた結果，Traxastane-type Triterpeneであることがわかった．その機序を調べた結果，色素細胞内のチロシナーゼ，チロシナーゼ関連蛋白-1（TRP-1），チロシナーゼ関連蛋白-2（TRP-2），Pmel17の発現を抑制してメラニン生成を抑制すると考えられた．

2000年代になると直接的にメラニン生成を抑制するだけではなく，メラニン生成に関与する様々な過程に着目した総合的な美白研究の取り組みがなされるようになった．カモミラET（Chamomilla Extract）はエンドセリン（Endothelin）の作用を抑制する有効成分として開発された．トラネキサム酸は内服で肝斑に有効であることをもとに，プラスミン（Plasmin）によるプロスタグランジンE_2（PGE_2）の生成やサイトカイン（Cytokine）の活性化を抑えて色素細胞の活性化を抑制する作用機序をもつと考えられ，有効成分として開発された．また，トラネキサム酸を配合した内服薬は肝斑に対する効能が認められ，肝斑改善薬（OTC：第1類医薬品）として2007年から販売されている．トラネキサム酸をセチルアルコール（Cetyl Alcohol）でエステル化したトラネキサム酸セチルエステル塩酸塩も有効成分として2010年に承認された．本成分は，エステラーゼにより加水分解されトラネキサム酸に変換されることが確認され，表皮下層においてトラネキサム酸となり作用することが推察されている．本成分がPGE_2産生を抑制したこと，トラネキサム酸にもその作用が知られていることから，本成分はメラノサイト活性化因子の産生抑制，特にPGE_2の産生抑制により，メラニン生成を抑制するものと推察されている．また，アデノシン一リン酸ニナトリウムOTは表皮のターンオーバーを促進することによりメラニンの蓄積を抑える有効成分として開発された．さらに，ニコチン酸アミドWは，表皮細胞へのメラノソーム（Melanosome）の受け渡しを抑制することで，過剰なメラニン色素の表面化を防ぐことが報告されている．これらの美白成分の一部は韓国や中国でも使用されている．

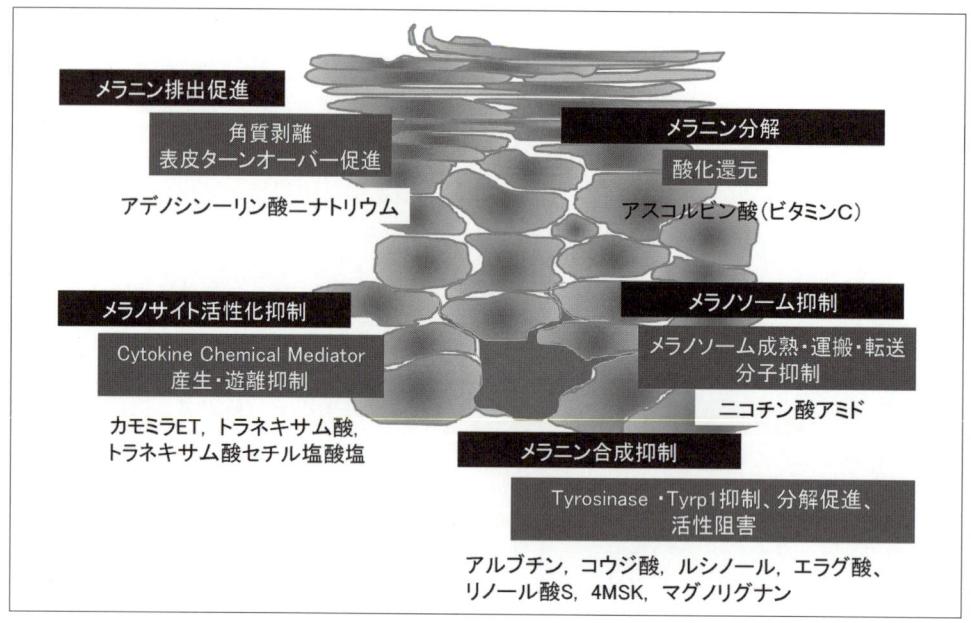

図14.4　医薬部外品の有効成分の作用点別による分類

　図14.4に，美白有効成分を作用機序別に図解した．約30年前から現在までの間に，チロシナーゼ酵素に作用するものから，チロシナーゼ遺伝子，色素細胞，そして表皮に作用するものへと有効成分の技術開発は進み，有効成分，作用機序ともに多種多様になってきてきた．また，有効成分の分子送達技術の研究も発展している．日やけによる色素沈着は表皮のターンオーバーとともにメラニンが排出され自然褪色するのに対し，老人性色素斑は自然褪色せず，悪化・進行することから，その発生に日やけとは異なる機序が関与していると考えられる．今後，美白分野においても，技術開発が進み，新効能を標榜できる新有効成分が開発される日も遠くないと考えられる．

14.3　育毛

14.3.1　育毛剤（医薬部外品）の効能効果

　日本の育毛剤市場は，日本男子の4人に1人が薄毛に悩んでいるとの調査結果もあり，ストレス社会による薄毛人口の増加，高齢化の進行，消費者のアンチエイジング志向の高まりなどから，微増で推移している．4,000円以上の高価格帯がメイン話題の新製品登場で「動く」市場である．特に「抜毛予防」，「育毛・発毛促進」，「薄毛を太くする」の効果に一般消費者の期待度が高く，医薬部外品の種類が多いのが特徴である．

　日本では，「育毛，薄毛，かゆみ，脱毛の予防，毛生促進，発毛促進，ふけ，病後・産後の脱毛，養毛」は医薬部外品の効能である（図14.5）．医薬品の効能としては「壮年性脱毛症における発毛，育毛及び脱毛（抜け毛）の進行予防，発毛促進，育毛，脱毛（抜毛）の予防，薄

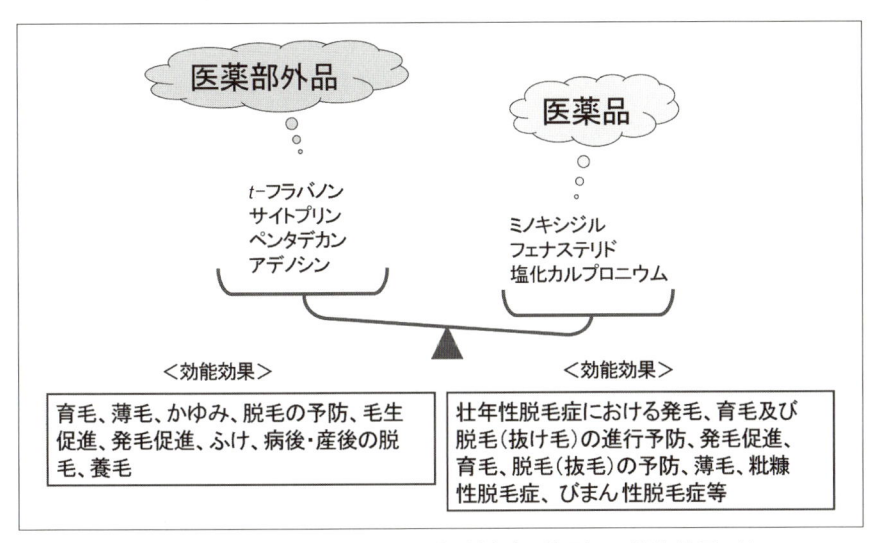

図14.5 育毛剤（医薬部外品）と育毛剤（医薬品）の効能効果の違い

毛，粃糠性脱毛症，びまん性脱毛症等」があり，医薬部外品よりも高い効能効果がある．

14.3.2 育毛剤（医薬部外品）の有効成分とその効果

　医薬部外品の有効成分には，t-フラバノン，サイトプリン（6-benzylaminopurine），ペンタデカン（Pentadecanoic acid 2,3-dihydroxypropyl ester），アデノシン，ニコチン酸アミド，感光素301号，ニンジンエキス，センブリエキス，クジンエキスなどがある．ミノキシジル，塩化カルプロニウムは医薬品の主薬である．また，図14.6にはそれらの化学構造を示した．

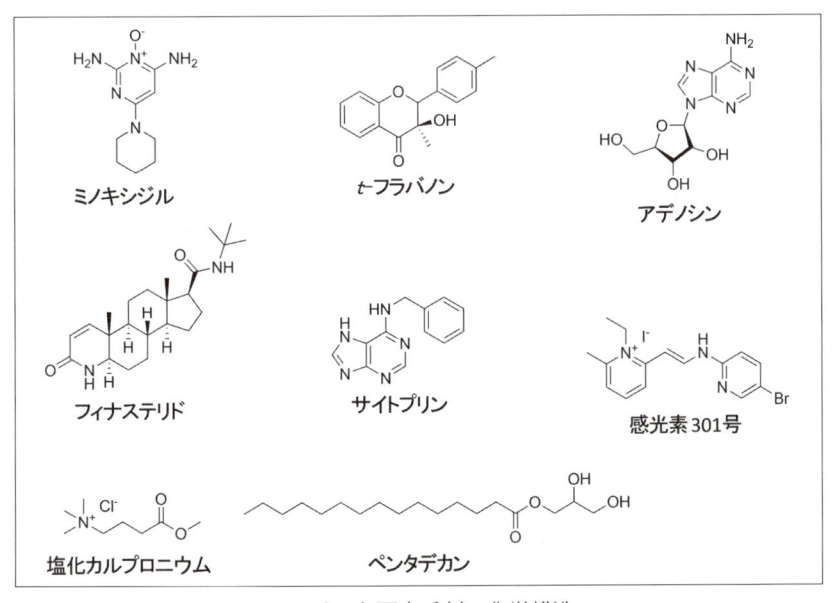

図14.6 主要育毛剤の化学構造

表14.2 日本皮膚科学会による脱毛症治療のガイドライン

A 段 階	ミノキシジル（男女OK），フィナステリド（男性のみ）
B 段 階	自毛植毛
C 1 段 階	育毛剤（塩化カルプロニウム，tフラバノン，サイトプリン・ペンタデカン，アデノシン，ケトナゾール）
C 2 段 階	セファランチン
D 段 階	人工毛植毛

2010年4月
ガイドラインの策定は，日本皮膚科学会と毛髪科学研究会が共同で行った．
脱毛症治療の有効性をあらわす以下の5段階評価でガイドラインが発表された．

A 段 階	強く勧められる
B 段 階	勧められる
C 1 段 階	考慮してもよいが，十分な根拠がない
C 2 段 階	根拠がないので勧められない
D 段 階	療法として行わないよう勧められる

　日本皮膚科学会による「脱毛症治療のガイドライン」で脱毛症治療の有効性について5段階評価のガイドラインが発表された（表14.2）．「強く勧められる」のはミノキシジルとフィナステリド（男性のみ）であり，塩化カルプロニウム，t-フラバノン，サイトプリン・ペンタデカン，アデノシン，ケトナゾールは，エビデンスが十分なレベルで報告されていないことから「考慮してもよいが，十分な根拠がない」とされている．ケトナゾールは，国内では育毛剤としての販売はないが，海外において使用されている．また，セファランチンの外用については，有効性を示す論文がなく，これらの医薬部外品の育毛剤は，現時点では十分な文献的裏づけがないので，比較試験などが行われ，その効果が実証されれば，将来的に推奨度が上がることも期待される．育毛剤・発毛剤には有効成分（医薬部外品）や主薬（医薬品）のほかにβ-グリチルレチン酸，パントテニールエチルエーテル，サリチル酸，植物エキスなどもそれらの目的に応じて配合されている．

14.3.3　主な育毛剤（育毛剤・発毛促進剤）の作用機序

　t-フラバノンは，花王において，育毛有効物質の開発を目的に，細胞間相互作用を増強し毛球の細胞を活性化させる物質を探索した結果，毛母などの細胞を増殖促進させる物質アスチルビンを西洋オトギリ草から分離，精製することに成功した．1994年にアスチルビンの効果をさらに安定させるために，構造が類似する化合物の分子設計を行ない，t-フラバノンを開発した．毛根の毛球部にある毛母細胞は，毛乳頭との相互作用によりその増殖が調節されている．Transforming growth factor-β（TGF-β：形質転換増殖因子-β）は毛母細胞の増殖を抑制する因子として知られており，その作用が高まると毛は成長期から退行期に移行する．花王は，t-フラバノンは，毛髪を退行期へ移行させるこのTGF-βの量を減らし，毛成長を促進すると発表している．

　一方，ライオンでは，1980年代より「男性型脱毛症」についての研究を進め，その発症原因の解明と改善成分の探索を行ってきた．そして1980年代には，発毛に必要なエネルギーの生産

が男性ホルモンによって阻害されていることを見出し，その「エネルギー代謝改善」に優れた効果のある『ペンタデカン酸グリセリド』を発見した．その後，毛髪の毛周期[*2]を制御しているといわれている毛乳頭細胞の網羅的な遺伝子発現解析（DNA アレイ解析）にいち早く着手し，2003年，世界で初めて，男性型脱毛症の遺伝子発現の解析に成功し，「脱毛部位」においては「発毛促進シグナル［Bone Morphogenetic Protein（BMP：骨形成促進因子），ephrin（血管形成などの働きを担っているタンパク質）」」が低下していることを発見するとともに，「発毛促進シグナル」の増幅に「6-ベンジルアミノプリン（サイトプリン）」が有効であることを確認した．さらに男性型脱毛症のもうひとつの発症因子として考えられてきた「脱毛シグナル」にも着目して研究を進めた結果，特に毛成長の阻害が誘導されることが報告されている「脱毛シグナル Neurotrophin-4（NT-4：神経栄養因子4）」に対する男性ホルモンの関与についての解明および「脱毛シグナル NT-4」を抑制する成分探索の研究に取り組み，毛髪の成長をコントロールしていると思われる NT-4 と呼ばれるタンパク質が，男性ホルモンの作用により，毛母細胞のアポトーシス（細胞死の一種）を誘発していることを発見した．ヒトの培養毛母細胞に，この NT-4 を加えると，加えない場合よりアポトーシスが8倍多く，また毛母細胞の司令塔である毛乳頭細胞では，男性ホルモンが NT-4 の mRNA 発現を促進させ，NT-4 が過剰に生産されていることを見出した．毛母細胞の中には，TGF-βや NT-4 による脱毛シグナルが働かないように抑制する「bcl」というタンパク質をつくる遺伝子があり，発毛促進成分として「BMP」や「ephrin」をつくる遺伝子を活性化する「6-ベンジルアミノプリン（サイトプリン）」は，この「bcl」をつくる遺伝子にも働きかけて活性化し，「TGF-β」や「NT-

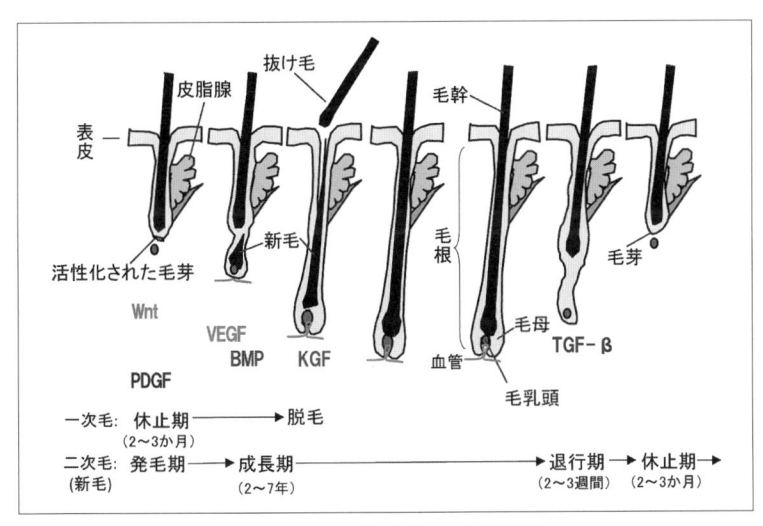

図14.7　ヘアサイクル（毛周期）

[*2] **毛周期**：毛髪は毛根にある毛母細胞が分裂を繰り返して次々に細胞を押し上げることで太く長く成長する．毛髪は，毛周期（ヘアサイクル；成長期→退行期→休止期）を繰り返しており，毛髪の根元に存在する毛乳頭細胞がこのサイクルを制御すると言われている．しかし，「男性型脱毛症」においては，男性ホルモンの影響により，この毛周期における成長期が短くなり，充分に成長しないまま退行期・休止期を経て抜け落ちてしまう（図14.7）

4」が出す脱毛シグナルをシャットアウトするのに効果的であり，発毛と同時に，抜け毛を減らすことで，よりいっそうの発毛促進効果が期待できると発表している．

アデノシンは，2004年10月に厚生労働省から医薬部外品（育毛剤）の有効成分として承認を受けている．毛髪成長の司令塔である「毛乳頭」に直接作用し発毛促進因子のひとつである「Keratinocyte Growth Factor（KGF：角化細胞増殖因，FGF-7 ともいう）」の産生量を高めて発毛を促進すると資生堂では発表している．アデノシンは，DNA の構成成分としてヒトの体内にも存在し，育毛や血行促進の効果を有することが知られていた．アデノシンの作用機序を詳しく研究した結果，毛乳頭細胞表面の受容体に直接作用し，KGF の産生を高め，KGF が毛母細胞の受容体に作用して細胞増殖を高め，毛成長促進効果を示す．ヘアサイクルの成長期を長くさせることによって，細く弱い毛から，太くて強い毛に育てる作用があるとのことである．

14.4 抗シワ剤

14.4.1 シワの分類

シワは加齢や紫外線（光老化）などの外的因子によって後天的に皮膚表面に生じる溝状の筋と考えられている．シワは顔に現れやすく，美容を考える場合は重要なターゲットとなる．シワの分類を表14.3に示す．シワは大きく，表皮性シワ，真皮性シワ，そして表情ジワに分けられる．

14.4.2 表皮性シワ

シワは表皮の水分が減少することによって引き起こされる．このような皮膚の乾燥によって皮膚表面はゆがんでくる．したがって，保湿剤によって皮膚に潤いを与えることで初期のシワは比較的簡単に対処することができる．グリセリン，セラミド，アミノ酸が保湿成分の代表例である．なお，保湿剤の作用部位は皮膚表面の角層である．

14.4.3 グリセリン

グリセリン（図14.8）は構造中に OH 基を3個もつことから，多価アルコールに分類される．無色透明で粘性が高い液体である．保湿効果のある化合物として保湿系化粧品に配合され

表14.3 シワの分類，原因，対処法

分類	原因	対処法
表皮性シワ	表皮の乾燥	保湿剤
真皮性シワ	コラーゲン，エラスチンの減少または変性	コラーゲン，ヒアルロン酸注入 ビタミンA塗付，ピーリング
表情ジワ	表情筋の収縮，弛緩	ボトックス注射

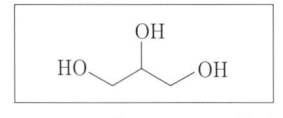

図14.8 グリセリンの構造

ている．他に汎用される多価アルコールとしてポリエチレングリコール（PEG），プロピレングリコール（PG），1,3-ブチレングリコール（1,3-B.G.）などが知られている．

14.4.4 セラミド

セラミド（図14.9）は角層細胞間脂質に存在する脂質で，親油性と親水性の両方の性質を持ち，ラメラ構造を形成することで皮膚から水分が逃げないようにして保湿効果を発揮する．年齢などによって減少するので補充することが好ましい．

14.4.5 アミノ酸

天然保湿因子（natural moisturizing factor, NMF）を構成する化合物の一つ．アミノ酸およびその誘導体はNMFの大半を占めるため，その挙動などについてよく研究されている．

角層に含まれるNMFの量が減少すると，角層保湿機能が低下し，乾燥肌になりやすいとされる．角層中のアミノ酸含量が低下すると，角層水分量も低下することが報告されている．角層中のアミノ酸はセリンやグリシンが多く，グルタミンの代謝によってピロリドンカルボン酸も多く含まれている．

14.4.6 真皮性シワ

表皮の乾燥で表皮シワが引き起こされ，その状態が長く続くことによって真皮性シワに移行する．真皮性シワは皮膚真皮に存在するコラーゲンやエラスチンの減少または変性によって真皮が変形することによって引き起こされる．真皮性のシワでは保湿剤だけでは対応できない．

14.4.7 コラーゲン

コラーゲンは（グリシン）-（アミノ酸X）-（アミノ酸Y）と，グリシンが3残基ごとに繰り返すアミノ酸一次構造を有するタンパク質である．さらに，皮膚に多く存在するI型コラーゲンでは，（アミノ酸X）としてプロリン，（アミノ酸Y）として，4(R)ヒドロキシプロリ

図14.9 セラミドの構造

ン（プロリンが酵素によって修飾されたもの）が多く存在する．分子量が大きい（10万程度）ため皮膚にコラーゲンを塗布しても皮膚内に浸透させることは困難であり，真皮性シワの手当には直接皮膚に注射するコラーゲン注入法が用いられる．また，低分子コラーゲンの利用も大学などから数多くの報告がある．

14.4.8　ヒアルロン酸

ヒアルロン酸は N-アセチルグルコサミンとグルクロン酸の二糖単位が連結した構造（図14.10）をもつ．一般的に化粧品などに配合されているヒアルロン酸の分子量は100万以上とされる．1 gで6リットルもの水を抱えることができる．コラーゲンと同様，塗布しても皮膚内に送達させることは困難であるため，真皮性シワの手当としては，皮膚内への直接注入が行われている．一方で，塗付した場合は皮膚表面に残存し，皮膚表面を保水するため表皮性シワの手当に用いられる．最近，分子量の小さなヒアルロン酸の皮膚に対する影響が大学などから報告されている．

14.4.9　ビタミンA

ビタミンA誘導体の1つでありレチノールとも呼ばれる（図14.11）．ビタミンAは皮膚表皮の分化（ターンオーバー）を促進することや，真皮内でTGF-βを産生することでコラーゲン生成を促す効果もあるので真皮性シワの手当に使用される．ビタミンAは安定性が悪いため，化合物の安定性向上が求められている．海外ではシワ改善効果を認めているので使用されているが，我が国においては皮膚刺激性が強いので，未だ化粧品素材としては認可されていないのが現状である．

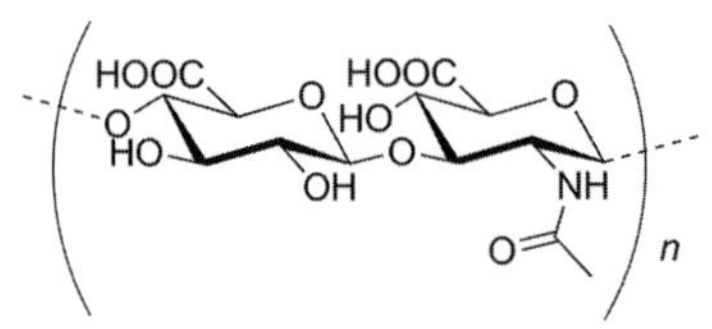

図14.10　ヒアルロン酸の構造

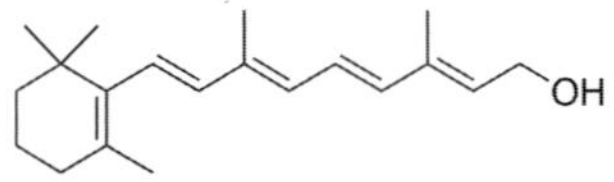

図14.11　ビタミンAの構造

第14章　演習問題

1. 次の表現のなかで，化粧品または医薬部外品（薬用化粧品）の表示・広告で使って良い表現に○，使ってはいけない表現に×をつけよ．

① _____ 日やけによるしみを解消する　[薬用乳液]
② _____ 日やけによるシミ・ソバカスを防ぐ　[日焼け止め乳液]
③ _____ 肌に栄養を与えるクリーム　[化粧品]
④ _____ 小ジワを目立たなくみせるファンデーション
⑤ _____ アルブチン（うるおい成分）
⑥ _____ エイジングケア　[化粧品]
⑦ _____ 10年前の肌に導く　[薬用乳液]
⑧ _____ 発毛効果のある薬用育毛成分配合
⑨ _____ 爽快感のあるシャンプー
⑩ _____ 皮脂の酸化を防ぐ　[CoQ10配合化粧品]
⑪ _____ 目尻をひきしめる　[化粧品]
⑫ _____ ビタミンE（抗酸化剤）
⑬ _____ 古い角質に含まれるメラニンをふきとる化粧水
⑭ _____ 敏感肌専用の日焼け止め
⑮ _____ 炭酸の力で肌の新陳代謝が活発になり，皮膚細胞を活性化させます

2. 次の代表的な美白剤・育毛剤の主な作用メカニズム（a～j）を1つずつ選び，記号で書け．

アルブチン ①_____，アデノシン ②_____，ビタミンC ③_____，コウジ酸 ④_____，t-フラバノン ⑤_____，マグノリグナン ⑥_____，6-ベンジルアミノプリン ⑦_____，トラネキサム酸 ⑧_____，ミノキシジル ⑨_____，4-n-ブチルレゾルシノール ⑩_____，リノール酸 ⑪_____，塩化カルプロニウム ⑫_____，アデノシン一リン酸 ⑬_____

a. チロシナーゼ活性阻害，b. チロシナーゼ生成阻害，c. チロシナーゼ分解促進
d. 表皮のターンオーバー促進，e. メラニン生成指令阻害，f. メラニン還元
g. 血管拡張・血流促進，h. BMP産生促進，i. TGF-β産生抑制，j. FGF-7産生促進

3. 次の空欄に適する用語を答えよ．
初期のシワの治療には（ ① ）剤が使用される．その際に使われる保湿剤は（ ② ），（ ③ ），（ ④ ）が代表例として挙げられる．

4. 次の空欄に適する用語を答えよ．
真皮性シワの治療には（ ① ）や（ ② ）の注入や（ ③ ）の外用が有効とされる．

5. 次の空欄に適する用語を答えよ．
シワの治療に（ ① ）や（ ② ）が用いられることがある．これらは，αヒドロキシ酸と呼ばれる．作用機構は（ ③ ）を剥離することにより，皮膚全体の（ ④ ）を促進することである．

第 15 章 口腔用品

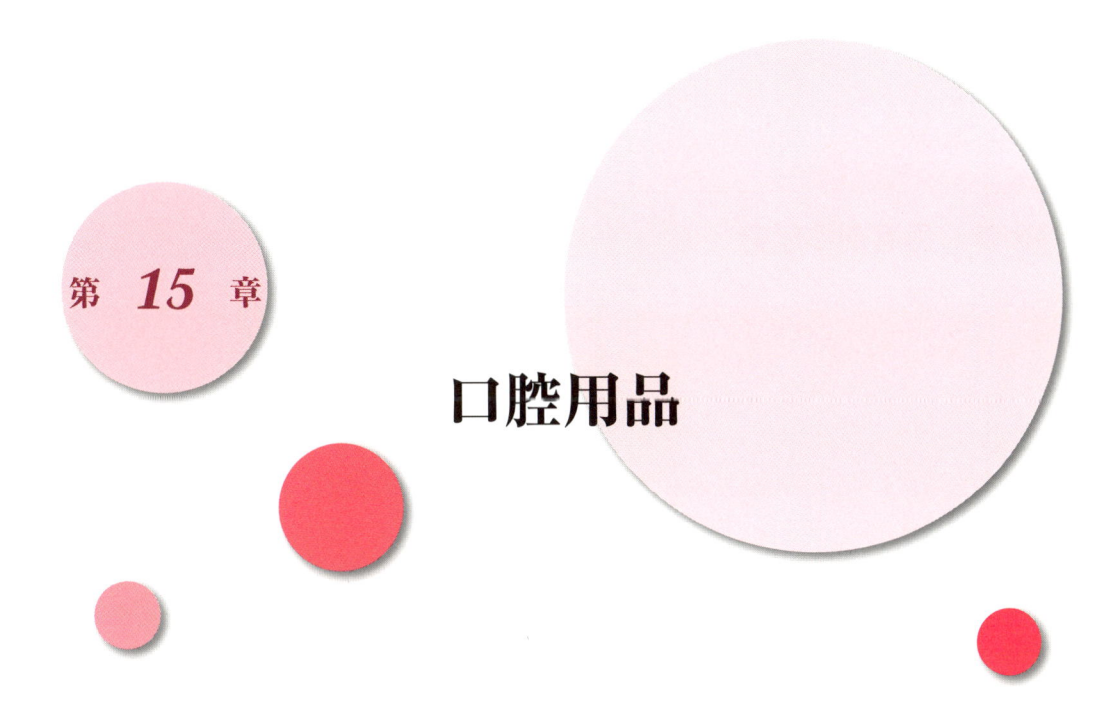

「治療から予防へ」というセルフメディケーションの大きな潮流が生まれ，生活者の健康志向が高まっている．口腔の健康が全身の健康に影響を与えることが明らかになっていくなかで，オーラルケアの重要性がさらに増していくと考えられる．口腔のセルフケアは，ブラッシング，フロッシング，洗口などがあり，歯磨剤，洗口剤などの剤と歯ブラシ，歯間ブラシ，フロスなどの用具が用いられている．本章では，主なセルフケア剤である「歯磨剤」と「洗口剤」について述べる．

15.1 歯磨剤の定義

口腔用のセルフケア剤には，歯磨剤，洗口剤，口中清涼剤，含漱薬などがあり，表15.1に示すように定義されている．歯磨剤と洗口剤は「歯みがき類」として「口腔内の清掃，保健，美化，口臭除去などを目的として使用されるものであって，粉，潤製，練，液状，液体及び固形の歯みがき並びに洗口液をいう」と定義され，厚生省（現 厚生労働省）の手引きには「歯磨剤は歯ブラシと併用して，歯口清掃の効果を高めるための材料である．しかし，単に歯口清掃

表15.1 セルフケア剤の定義について

分 類	内 容
歯みがき類	口腔内の清掃，保健，美化，口臭除去などを目的として使用されるものであって，粉，潤製，練，液状，液体及び固形の歯みがき並びに洗口液をいう
口中清涼剤	吐き気その他の不快感の防止を目的とする内用剤
含漱薬	口腔内またはのどの殺菌，消毒，洗浄等を目的とするうがい用薬（適量を水で薄めて用いるものに限る）

だけでなく，歯科疾患予防，抑制あるいは口臭除去その他の効果を期待する薬物などを配合することが普通である」と記載されている．

15.2　歯磨剤の歴史

世界で最も古い歯磨剤は，紀元前1550年頃の古代エジプトの医学書「パピルス」に記録があり，研磨剤として緑粘土や火打石，香味成分として，乳香，蜜，薬効成分として，緑青，びんろう樹などを混合して使用されていたと考えられる．

日本においては，1643年に「丁字屋歯磨」の記録があり，江戸時代には砂や貝殻粉末などの研磨剤に龍脳，丁字，白檀などを混ぜて使用したと推定され，粉歯磨剤から日本の歯磨剤が始まったと考えられる．その後，明治時代に「養歯水」や「ガーグル水歯磨」などの水歯磨剤や陶製容器入りやチューブ入りの練歯磨剤が発売され，大正時代には粉歯磨に湿潤性を付与した潤性歯磨剤が，昭和に入って洗口剤や液状歯磨剤など，使用性，機能性などを改良した多様な剤型の歯磨剤が発売された．

このように歯磨剤の歴史は古く，長い年月にわたって剤型，機能，品質などについて改良が重ねられ，現在の歯磨剤に至っている．

15.3　歯磨剤，洗口剤の法的規制

歯磨剤に関する法律には，薬事法，消防法，計量法，不当景品類および不当表示防止法などがある．特に昭和35年に整備された薬事法は，歯磨剤の薬効，機能ごとの効能の宣伝・広告表現，配合成分の種類と濃度，各配合原料と歯磨剤の安全性，用法と用量，品質規格と試験法，製造方法，容器への表示について規定している．

薬事法において，歯磨剤は歯磨き類（化粧品）と薬用歯磨き類（医薬部外品）の2つに分類

表15.2　薬事法からみた歯磨剤の効能・効果

分類	歯磨き類（化粧品）	薬用歯磨き類（医薬部外品）
効能・効果	歯石の沈着を防ぐ むし歯を防ぐ 口臭を防ぐ 歯のやにを取る 歯を白くする 口中を浄化する 歯垢を除去する	歯周炎（歯槽膿漏）の予防 歯肉（ぎん）炎の予防 歯石の沈着を防ぐ むし歯を防ぐ，または，むし歯の発生及び進行の予防 口臭の防止 タバコのやに除去 歯を白くする口中を浄化する 口中を爽快にする その他厚生労働大臣の承認を受けた事項 例：歯垢の沈着の予防及び除去 出血を防ぐ 歯がしみるのを防ぐ

されており，それぞれの効能または効果の範囲を表15.2に示す．化粧品の歯磨剤は基本成分のみで組成された製剤で，表15.2に示す効能を宣伝・広告に用いることができる．一方，医薬部外品の歯磨剤は，薬理的，または生化学的作用を有する薬効成分を配合した製剤であり，配合した薬効成分の効能・効果を宣伝・広告に用いることができる．

15.4　歯磨剤と洗口剤の組成と成分

日本市場における歯磨剤は，「練」，「液状」，「液体」，「潤性」，「粉」の歯磨剤があり，それぞれの成分と組成の概略を表15.3に示す．

歯磨剤の基本成分は，研磨剤，湿潤剤，発泡剤，粘結剤，香味剤，着色剤，保存料などがあり，これら成分の種類と配合量は剤型によって異なる．多くの剤型で研磨剤と湿潤剤の配合量が多く，その他の基本成分については，剤型の種類による配合量の違いは小さい．

洗口剤は液体歯磨剤と同様の剤型であるが，用法においてブラッシングする場合は液体歯磨剤，洗口のみの場合は洗口剤に区分される．

15.5　歯磨剤成分の作用

薬事法によって，歯磨剤の基本成分のみからなる化粧品歯磨剤と基本成分に加え薬効成分が配合された医薬部外品歯磨剤に分類されることは前述した．ここでは，歯磨剤の基本成分の作用と役割について解説する．

（1）研磨剤

研磨剤は，歯に付着した歯垢や着色性沈着物（ステイン）などを除去して歯の表面に本来の白さを保たせる目的で配合される．研磨剤を配合した歯磨剤が歯垢やステインの除去機能を有することは多くの報告があり，研磨剤を配合しない液体歯磨剤にはステイン除去機能を期待す

表15.3　歯磨剤，洗口剤の剤型の種類と組成概略一覧

成分／剤型		歯磨剤					洗口剤
		練	液状	液体	潤性	粉	
基本成分	研磨剤	10-60	10-30	—	70-	90-	—
	湿潤剤	10-70	20-90	5-30	-30	—	5-30
	発泡剤	0.5-2.0	0.5-2.0	-2.0	0.5-2.0	-2.0	-2.0
	粘結剤	0.5-2.0	0.5-2.0	—	-0.5	—	—
	香味剤	0.1-1.5	0.1-1.5	0.1-1.5	0.1-1.5	0.1-1.5	0.1-1.5
	保存料	-1.0	-1.0	-1.0	-1.0	-1.0	-1.0
薬効成分		適量	適量	適量	適量	適量	適量
その他成分		適量	適量	適量	適量	適量	適量
歯ブラシの併用		あり	あり	あり	あり	あり	なし

※表中の数値は重量％

ることはできない.

　歯磨剤成分としての研磨剤の必要要件は，①無味無臭の粉体で，色は白色が好ましい，②歯質を傷つけない硬度であること，③pHは微酸性から微アルカリ性が好ましく，中性がより好ましい，④水に不溶性であることである.

　研磨剤は，世界的に粒子径が約20μm以下の無機粉体が多く，無水ケイ酸，水酸化アルミニウム，リン酸水素カルシウム，重質炭酸カルシウム，軽質炭酸カルシウム，ゼオライトなどが用いられている.

（2）湿潤剤

　湿潤剤は，練歯磨剤では湿り気，可塑性を与え，さらには剤の乾燥固化を防止し，水歯磨剤では低温時の凍結防止や稠度(ちょうど)の調整などを目的として配合される.

　歯磨剤成分としての湿潤剤の必要要件は，①親水性で保湿性があること，②臭いがないこと，③刺激性がないこと，④無色透明であることである.

　湿潤剤としては，世界的に多価アルコール類が用いられ，グリセリン，ソルビトール，プロピレングリコール，ポリエチレングリコールなどが用いられている.

（3）発泡剤

　発泡剤は，口中での歯磨剤の分散をしやすくして，口中全体に製剤を速やかに拡散させ，また，界面活性剤としての作用によって口中の汚れを除去しやすくして口腔内を洗浄することなどを目的として配合されている.

　歯磨剤成分としての発泡剤の必要要件は，①界面張力低下能，耐硬水性，発泡性を有すること，②無味無臭であること，③刺激性がないことである.

　発泡剤としては，世界的にラウリル硫酸ナトリウムが用いられ，ショ糖脂肪酸エステルやラ

表15.4　歯磨剤の成分と作用

	成分		作用
基本成分	研磨剤	無水ケイ酸 水酸化アルミニウム 炭酸カルシウム　　など	歯質を傷つけずに，歯垢や着色汚れなどの歯の表面の汚れを除去する.
	湿潤剤	グリセリン ソルビトール　　など	歯磨剤に適当な湿り気と可塑性を与える.
	発泡剤	ラウリル硫酸ナトリウム など	口中に歯磨剤を分散させ，口中の汚れを洗浄する.
	粘結剤	カルボキシメチルセルロース アルギン酸ナトリウム　など	粉体と液体成分を結合させて保型性を与え，適度の粘性を与える.
	香味剤	サッカリンナトリウム メントール，ミント類など	香味の調和を図る．爽快感と香りをつけ，歯磨剤を使いやすくする.
	着色剤	法定色素	歯磨剤の外観を整える.
	保存料	パラベン 安息香酸ナトリウム　など	変質を防ぐ.
薬効成分		フッ化物，抗炎症剤，殺菌剤，酵素　　　　　　　　など	薬効成分の個別機能による効能・効果を発揮する.

ウロイルサルコシネートなども用いられている．

（4）粘結剤

粘結剤は，練歯磨剤において研磨剤などの粉体と液体成分との分離を防止し，製剤の保型性や粘性の付与，または泡立ちの制御を目的として配合されている．

粘結剤としては，水溶性高分子が用いられており，カルボキシメチルセルロース，アルギン酸ナトリウム，カラギーナンなどが用いられている．

（5）香味剤

香味剤は，歯磨き中や歯磨き後に爽快感と香りを付与するために用いられ，香料成分としてペパーミント油，スペアミント油，ウインターグリーン，カシア，オイゲノールなどの天然抽出物が用いられ，甘味剤としてサッカリンナトリウムなどが用いられる．

15.6　歯磨剤の基本的機能

歯磨剤の機能は，厚生労働省で認められている表15.2に示す効能・効果があり，基本的成分による物理的な作用に基づく化粧品歯磨剤としての基本的機能と，薬用成分の薬理作用に基づく医薬部外品歯磨剤としての機能とに分別される．

歯磨剤の基本機能は，口腔内の沈着物を物理的な作用で除去することであり，歯垢や着色汚れ（ステイン）などを除去して口中をきれいにすることで，むし歯や口臭を防ぐ，歯を白くするなどの機能を発揮できると考えられる．

a．歯垢の除去と再付着抑制

歯垢は，口腔疾患であるむし歯や歯周病の原因の1つであり，プラークコントロールは歯磨剤の重要な基本的機能である．歯磨剤による歯垢除去・再付着抑制は，水のみと歯磨剤でのブラッシングでの歯垢除去率や歯垢付着量が試験されている．

三畑らの検討では，26名の被験者を対象に発泡剤配合の歯磨剤を使用してブラッシングした場合と使用しないでブラッシングした場合の1週間後の歯垢付着量をプラークインデックス改法にて比較した．その結果，図15.1に示すように，歯磨剤を使用してブラッシングすると使用しないでブラッシングした場合に比べて歯垢付着量は有意に減少し，さらに，歯磨剤の使用量

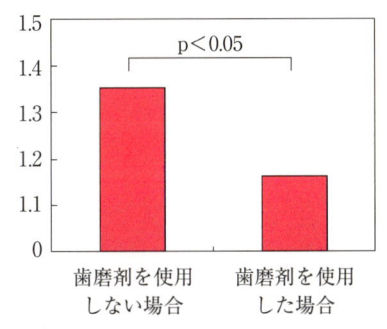

図15.1　歯磨剤の歯垢除去・再付着抑制効果

が増加すると歯垢付着量が減少することが明らかになった．

　歯磨剤は基本的機能として優れた歯垢除去機能や再付着抑制機能があることが示されている．

b．ステイン除去

　ステインは，歯表面や内部に沈着する有色性の沈着物であり，茶やコーヒーなどの飲食物，喫煙，さらには発育不全など，さまざまな要因により生成されると考えられ，歯磨剤によって除去可能なステインは，歯の表面に沈着するステインである．

　Baxterらは，被験者に研磨力をほとんど有していない歯磨剤を使用させて，ステインを形成させた．4～6週間で歯の着色がかなり目立つ状態となり，ステイン付着面積から算出したステイン値が約350となった（最高値800）．このステインを歯科衛生士が歯磨剤と電動歯ブラシを用い，200 gの歯磨き圧で除去した結果，標準的な研磨力を有する歯磨剤を用いるとステインの約90％を除去するために約3分が必要であった（図15.2）．

　歯磨剤のステイン除去力は，研磨剤の寄与が大きく，研磨剤の配合量，種類，粒子の形状や大きさ，さらには他の配合成分も影響を与える．効率的なステイン除去の観点からは，歯磨剤には適当な研磨力が必要であると考えられる．

c．口臭予防効果

　口臭の原因は，食べかすや口臭原因菌など口腔内の要因，ニンニクなど強い臭いのする食品，胃炎など病的な要因，または起床時など生理的な要因が挙げられるが，一般的な口臭の多くは口中の汚れやむし歯，歯周病などが原因と考えられている．

　呼気中に含まれる口臭の原因物質の1つであるメチルメルカプタン量と歯磨きの関係が検討された．歯磨きを行わない場合，時間の経過とともにメチルメルカプタン量は増加したが，歯磨きによってメチルメルカプタン量は減少し，約1時間にわたって呼気中のメチルメルカプタン量を抑制することが明らかになった．

　歯磨剤は口中を清潔にすることで，基本的機能として優れた口臭の除去や予防の機能を有することが示されている．

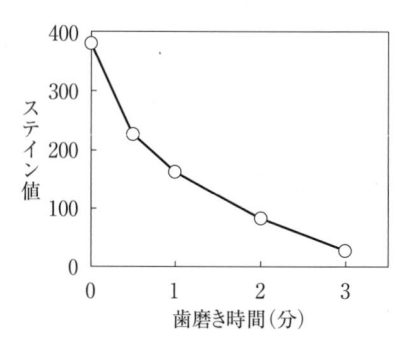

図15.2　ブラッシング時間とステイン除去

15.7 薬効成分とその機能

医薬部外品歯磨剤には，薬用成分が配合されており，その薬理作用，生理的作用に基づく機能について述べる．

15.7.1 むし歯予防

むし歯は，*Streptococcus mutans* などの連鎖球菌が口の中で食物の糖類を栄養源にして，歯の表面に歯垢を形成し，その中で糖類を発酵して生成した酸が歯を溶かすことによって形成される．むし歯を防ぐには，ブラッシングなどで歯垢を除去することが重要であり，加えて再石灰化を促進するフッ化物，歯垢中のデキストランを分解する酵素，細菌の繁殖を抑制する殺菌成分などの薬効成分が配合されている．

a．フッ化物

フッ化物は，歯質の耐酸性向上，再石灰化の促進などの作用を有し，これらの作用は，歯の成分であるハイドロキシアパタイト（HA）がフッ化物によって溶解度や溶解度積がより低いフルオリデーテッドハイドロキシアパタイト（FHA）に変換されることに起因すると考えられる．歯磨剤に配合される代表的なフッ化物であるフッ化ナトリウムとモノフルオロリン酸ナトリウムは，多くの臨床試験でう蝕抑制効果が認められている．

①耐酸性向上

HA は，フッ化物によって FHA に変換されることで耐酸性が向上する．可児ら[8]は，数週間フッ化物で処理したエナメル質切片を酢酸緩衝液（pH 4）に浸漬し，溶出したカルシウム量を測定した．その結果，フッ化物での処理回数が増加すると，エナメル質からのカルシウム溶出量が減少し，エナメル質中のフッ素量が増加することを確認し，フッ化物による歯質の耐酸性向上が示された．

②再石灰化の促進

ヒトエナメル質を脱灰すると，はじめに表層下部分からエナメル質が溶出する表層下脱灰が起こり，初期う蝕が形成される．フッ化物はこの初期う蝕にカルシウムやリンを供給してハイドロキシアパタイトを形成する再石灰化を促進する効果がある．

初期う蝕領域を作製したエナメル質試料をヒト口腔内に約 3 カ月装着して，フッ化物配合歯磨剤の再石灰化促進効果をミネラル溶出量（ミネラル密度×脱灰深さで算出）が評価され，フッ化物を配合しない歯磨剤ではほとんど変化がなかったが，フッ化物配合歯磨剤では約 40 ％に低下し，フッ化物配合歯磨剤が再石灰化を促進することが示された．

b．デキストラン分解酵素

むし歯の原因菌のひとつである *Streptococcus mutans* は，グルコースを構成単位とする多糖を生成し，その構造には α-1, 6，α-1, 3 グリコシド結合などが含まれている．デキストラナーゼは，主に α-1, 6 グリコシド結合を切断する酵素であり，ヒトから採取した歯垢を分解して還元糖を遊離させ，また，*S. mutans* の粘着性を低下させるなど，歯垢中の多糖分解やむし歯

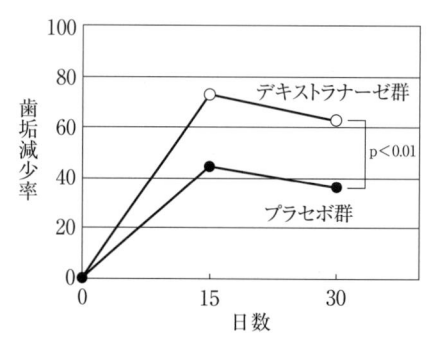

図15.3　デキストラナーゼ配合歯磨剤の歯垢抑制効果

の原因菌の付着抑制などの作用を有する.

　デキストラナーゼ配合歯磨剤とプラセボ歯磨剤の歯垢抑制効果を比較した結果，デキストラナーゼ配合歯磨剤は歯垢量を62.3％減少させ，プラセボ歯磨剤の減少量34.4％に比べ，約2倍の歯垢抑制効果を示した.

15.7.2　歯周病予防

　歯周病は，歯肉，セメント質，歯根膜，歯槽骨の歯周組織に起こる病気で，病態が進み歯槽骨などの歯を支持する組織が破壊されると歯を失うことになる．歯周病の直接的原因はプラークであるが，歯周局所で細菌が付着・増殖すると，細菌の病原因子に対して，炎症反応など生体が反応し，歯肉の炎症が起きる．感染性の歯周病では，細菌と生体の攻めぎあいの結果，炎症が起こるため，歯周病予防歯磨剤に配合されている薬効成分も，細菌側に作用する成分と生体側に作用する成分に分類することができる．

a. 細菌に作用する薬効成分

　細菌に作用する薬効成分として，歯磨剤に用いられる成分は，表15.5のような殺菌剤が挙げられる．

①フェノール系

　トリクロサンは，広い抗菌スペクトルを有し，歯磨剤だけでなく，石鹸など多くの日用品や化粧品に用いられる．臨床試験において，トリクロサン配合歯磨剤はプラーク抑制効果と歯肉炎抑制効果をもつことが報告されている．

　イソプロピルメチルフェノール（IPMP）は，バイオフィルムの殺菌効果が高いことが報告されている．バイオフィルムとは，微生物が物質表面にフィルム状に形成された細菌集落を指し，抗菌剤や生体の免疫機構に対して抵抗性を示すため，殺菌や除去が困難となっている．

　物井らは，歯周病原性細菌を含んだバイオフィルムモデルを作製し，各種抗菌剤のバイオフィルム殺菌効果を検討した結果，IPMPは高いバイオフィルム殺菌効果を有し，その効果はバイオフィルム内部への高い浸透性によると考えられている．

②第4級アンモニウム塩

　塩化セチルピリジニウム（CPC）は第4級アンモニウム塩のカチオン系抗菌剤の代表格であ

表15.5 歯磨剤に配合される殺菌剤

種類	殺菌成分
フェノール系	トリクロサン
	チモール
	イソプロピルメチルフェノール
第4級アンモニウム塩系	塩化セチルピリジニウム
	塩化ベンザルコニウム
	塩化ベンゼトニウム
	塩化デカリウム
ビスビグアナイド誘導体	クロルヘキシジン類
両性界面活性剤	塩酸アルキルジアミノエチルグリシン

る．歯磨剤に用いられることもあるが，洗口剤へも応用されている．CPC配合洗口剤のプラーク抑制効果と歯肉炎抑制効果が，臨床試験で確認されている．

b．生体へ作用する主な薬効成分

　これらには消炎作用を有しているものが多く，抗プラスミン作用，収斂作用，血行促進作用，組織修復作用などを併せもつ成分もある．近年，歯周病予防製品にはこれらの薬効成分が複数配合されている．

①トラネキサム酸

　生体内酵素であるプラスミンは出血と炎症反応に関与しており，トラネキサム酸はこのプラスミンの働きを抑える作用が高い薬効成分である．トラネキサム酸配合歯磨剤は，対照歯磨剤と比較して，発赤や出血において，有意な改善効果を示したことが報告されている．

②グリチルリチン酸

　グリチルリチン酸が含まれる甘草は，古くから生薬として利用されている．副腎皮質ホルモンの分泌を促す働きがあり，消炎作用や解毒作用が知られている．グリチルリチン酸とトラネキサム酸を配合した歯磨剤は，トラネキサム酸のみを配合した歯磨剤に比べ，発赤，腫脹において有意な改善効果を有することが臨床試験で認められている．

③オオバクエキス

　オウバクはキハダ（ミカン科）の周皮を除いた樹皮で，消炎，収斂，抗菌などの薬理作用を

表15.6 生体へ作用する主な薬効成分

作用	薬理作用
消炎作用	①トラネキサム酸，ε-アミノカプロン酸，②オオバクエキス，③酢酸 dl-α-トコフェロール，④ジヒドロコレステロール，⑤塩化リゾチーム，⑥アズレン，⑦グリチルリチン酸塩
抗プラスミン作用	①トラネキサム酸，プシロンアミノカプロン酸
収斂作用	②オオバクエキス，⑧ヒノキチオール，⑨塩化ナトリウム，⑩アラントイン
血行促進作用	③酢酸 dl-α-トコフェロール，⑨塩化ナトリウム
組織の修復促進作用	④ジヒドロコレステロール，⑤塩化リゾチーム，⑩アラントイン

有しており，古くから民間療法の健胃整腸薬として用いられてきた．
　オウバクエキス配合歯磨剤は，臨床試験で対照歯磨剤と比較してPMA指数，発赤において，有意な改善効果を示したことが報告されている．

　本章では，「歯磨剤」を中心に，定義，剤型，成分，機能，効能・効果などについて述べてきた．歯磨剤などのセルフケア剤は，口腔清掃のための基本機能と薬効成分による口腔保健的な予防機能の効果を具備した口腔保健・予防剤としての役割がさらに高まると考えられる．
　最後になるが，製品パッケージには効能・効果，配合成分などが記載されており，その内容を理解し，また，他の製品と比較することで，本稿や製品，さらにはオーラルケアの理解が深まるものと考える．

第15章　　演習問題

1. 歯磨剤（化粧品）と歯磨剤（医薬部外品）における効能・効果，配合成分の違いを述べよ．

2. 歯磨剤に配合される主な基本成分を2つ挙げ，それぞれの作用と具体的な成分名を挙げよ．

3. フッ化物の作用を2つ挙げ，説明せよ．

4. 歯周病予防歯磨剤に配合される薬効成分は2つに分類される．分類の理由とそれぞれ具体的な成分名を2つずつ挙げよ．

5. 普段使用している歯磨剤の効能・効果，薬効成分名（医薬部外品の場合）を述べよ．

第16章 化粧品の流通とマーケティング

　化粧品とは，中身の品質や技術だけではなく，スキンケア効果や皮膚の正常維持のほか，美的向上，満足，充実といった心理的，精神的に優位な感覚を与えてくれると消費者に期待させるものである[1-4]．そして，売り場の雰囲気がよく，消費者が買いやすい手法で売らないと購入に至らず，使用してもらえないので，商品企画，開発，製造，流通，宣伝，マーケティングのすべてをトータルに考える必要がある．つまり，化粧品は単に「肌を守る」という機能だけではなく，「人が使って心地よい」や「使って美しくなった感じがする」「使って満足した気分にさせる」などの効用も要求され，その期待にこたえて長く使用してもらえるように消費者に働きかけなければならない．高価な成分が配合されていると宣伝するだけでは，化粧品は売れない．それが，どのように皮膚に影響して，皮膚を正常に美しくするのかを消費者に理解してもらえるよう，心に届く手段で伝えて，使ってみたくさせなければ購入にはつながらない．

　また，皮肉なことだが，最新の理論や技術が組み込まれた最高のものでも，その時代の気分，流行などにマッチして消費者の気持ちが動かなければ，よく売れるとは限らない．さらに，素晴らしい宣伝が隅々まで行き届き，購入前の期待感が高まっているのに買った化粧品が充分に満足できなかったら，期待感が高かった分，余計に悪く感じたりするものだ．

　すなわち，いかにして化粧品としての商品の価値を届けるか，手にとって購入に至るか，使った人に満足してもらえるのかを考えた場合，開発技術の向上だけではなく，消費者へ届ける仕組みや流通，マーケティングについての知見も必要である．さらに，時代背景や社会性，流行・トレンドなども予測し，使う人の感覚や感性，気分といった人々の心理傾向を感じ取って，効率よく，効果的に化粧品開発することが求められる．

16.1　化粧品の市場規模

　現在の国内の化粧品の出荷額[5]はほぼ1兆4000億円，2人以上の世帯における化粧品の年間平均支出額は東京で4万2000円弱，全消費支出のほぼ1％と，意外に少ないことがわかる．女性の化粧品の使用頻度や使用状況に比べ，男性や家族全体をみると日常的な使用量が極端に異なるからだろう．

　経済産業省の生産動態統計によると，国内の化粧品の出荷額は1991年には1兆3000億円を超えている．1997年には1兆5000億円となり，この間，右肩上がりで伸びていたが，それ以降やや下がり気味の横ばいが続いている．2005年には薬事法改正で，化粧品製造業だけでなく製造販売業としての許可申請が可能になり，異業種からの新規参入がしやすくなったことで出荷額はやや盛り返した．しかし，2008年9月に起きたアメリカのリーマン・ショックといわれる世界的金融危機の影響や国内の政権交代や経済，雇用が疲弊したせいか2009年の化粧品出荷額が1000億円ほど落ち込んだ．その後は微増し，2011年の東日本大震災で経済や産業基盤全体の落ち込みが不安視されたが，化粧品業界はさほどの影響を受けず，出荷額は1兆4000億円を超え横ばい状態である（図16.1）．なお，2007年に薬事法が改正され，化粧品製造販売業としての許可申請ができるようになったことで，食品や医薬品，異業種からの化粧品業界への参入が続いた．化粧品製造販売業とは，製品の市場への責任を負うもので，許可権限は都道府県知事に委任されており，許可要件としてGQP（Good Quality Practice，品質管理の基準），GVP（Good Vigilance Practice，安全管理の基準）が必要である．

　化粧品の輸出は，台湾や中国，香港，韓国を中心に大きく右肩上がりで伸びている．輸入額も伸びているが，2004年からは横ばいで，輸入元はフランス，アメリカが多く，ここにきてタイが急激に伸びている．これは，タイで生産された日本ブランド製品の輸入が増えているためと考えられる（図16.2，16.3）．最新の世界の化粧品産業の事業売上トップ10を一覧表に示したが，国内のブランドで最も上位なのが資生堂で5位，花王がカネボウを入れて7位となっている．しかし，1位のロレアルや2位のP&Gと比べると売上額は圧倒的に小さい（表16.1）．

　同じく経済産業省生産動態統計として発表される5年ごとの化粧品主要品目出荷額の推移では，1985年からずっと化粧水とファンデーションが1，2位を争っており，最新の調査である2010年は，化粧水が最も多く1500億円，次いでファンデーションが1400億円弱であった．そのあと，シャンプー，染毛剤と続いておりそれぞれ約1000億円が出荷されている．男性皮膚化粧品は，2000年より徐々に増えてはいるものの200億円であった（図16.4）．

　また，化粧品1個当たりの単価の推移は，1990年代は700円を超えていたが，1995年から2002年まで連続して下がり540円台となった．その後は横ばいで，600円前後を繰り返している．化粧品個数は伸びているが，単価が下がっているため出荷金額が変わらなかったということだ．

　ちなみに，化粧品の小売価格の売上は約2兆円といわれているが，他の産業では，自動車産業が約41兆円，外食産業は約25兆円，アパレル業界は約10兆円といわれている．他の産業に比

べ金額的には大きくはないが，化粧品は人々が生活する上でなくてはならない必需品として，また，嗜好品としても QOL を高める大きな働きをしている商品である．

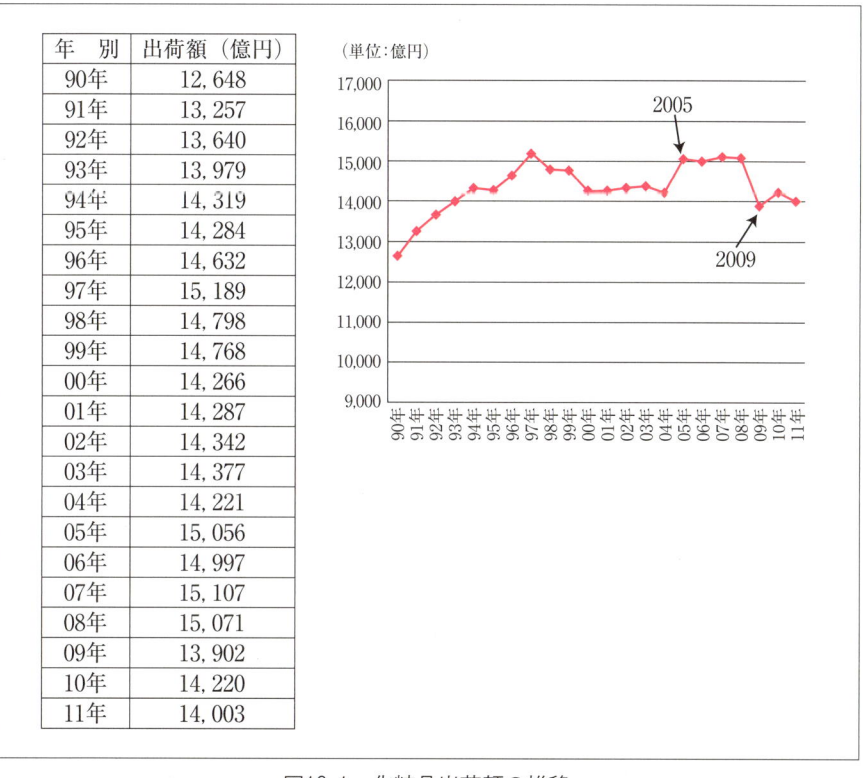

年　別	出荷額（億円）
90年	12,648
91年	13,257
92年	13,640
93年	13,979
94年	14,319
95年	14,284
96年	14,632
97年	15,189
98年	14,798
99年	14,768
00年	14,266
01年	14,287
02年	14,342
03年	14,377
04年	14,221
05年	15,056
06年	14,997
07年	15,107
08年	15,071
09年	13,902
10年	14,220
11年	14,003

図16.1　化粧品出荷額の推移
［出典：経済産業省生産動態統計］

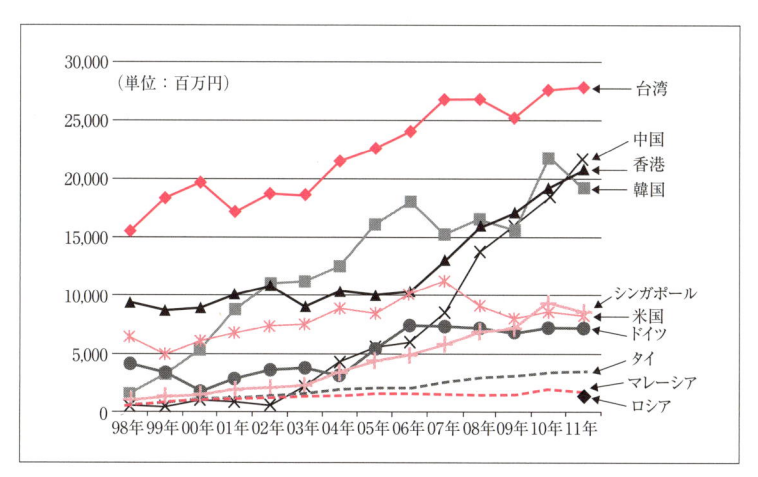

図16.2　国別化粧品輸出額推移
［出典：財務省貿易統計］

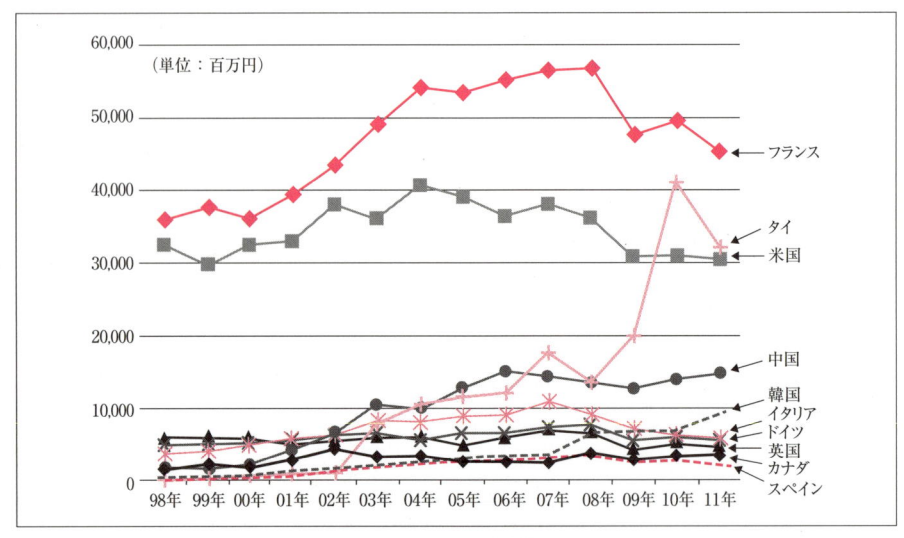

図16.3 国別化粧品輸入額推移
[出典：財務省貿易統計]

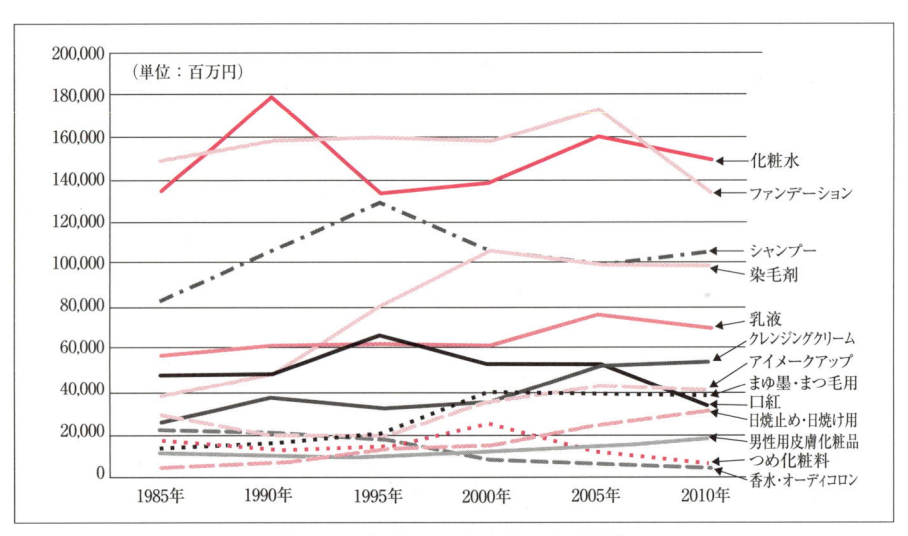

図16.4 化粧品主要品目別出荷推移
[出典：経済産業省生産動態統計]

16.1.1 化粧品の流通体系

　化粧品が生産者から消費者の手に渡るまでの流通経路には，次のような5つの方式がある[6-8]．一般的なものは，①一般品流通：ドラッグストアー（薬局・薬店）やコンビニ，大型スーパー，量販店などのセルフまたは店頭販売で購入する方式，②制度販売：専門店（化粧品店，チェーンストア）やデパートの専用売り場で購入するもの，③訪問販売：メーカーのセールスが自宅や職場に訪問して販売する方法，④通信販売：雑誌，カタログ，チラシ，インターネットなどによる販売，⑤業務用販売：美容院やエステサロンなどで化粧品を販売する方式，

表16.1 ビューティ事業の売上 世界トップ10（2011年）

順位	企業名	本社	販売金額（億ドル）	
1	ロレアルグループ	仏	283	ランコム・HR・シュウウエムラ
2	プロクター＆ギャンブル	米	207	SK-Ⅱ　D&G
3	ユニリーバ	蘭	185	Lux・Dave・POND'S
4	エスティローダー	米	94	クリニーク・Mac
5	資生堂	日	85	
6	エイボン・プロダクツ	米	80	
7	花王	日	64	ビオレ・カネボウ
8	バイヤスドルフ	独	61	ニベア・ユーセリン
9	ジョンソン＆ジョンソン	米	59	ニュートロジーナ・Roc
10	シャネル	仏	52	
11	コティ	米	45	
12	LVMH	仏	44	Dior・GUERLAIN
13	ヘンケル	独	39	
14	ナチュラ　コスメティコス	伯	33	Natura

［WWD BEAUTY INC 2012年8月号］

である（図16.5）．

①一般品流通

　古くから日本の産業界で発達してきた「問屋制度」を利用して販売する方法である．この方式で扱われる化粧品は「一般品」または「セルフ品」と呼ばれている．特徴は，メーカーが問屋や代理店を通じて商品を小売店に卸すシステムであり，基本的に問屋や代理店とメーカーとの資本関係はない．メーカーと小売店との取引契約もない．メーカーからの美容部員は派遣されず，基本的にはセルフ形式で販売される．主たるメーカーは，資生堂，カネボウ，コーセー，キスミー，明色，クラブ，ウテナ，マンダムなどで，小売店の形態としては，薬局，ドラッグストア，バラエティストア，コンビニなどのセルフ市場である．

　ドラッグストアでのセルフ販売のメリットを消費者に調査したところ，「価格が安い，お得に買える（ポイント，セール）」48.6％，「自分の基準で選べる」42.3％，次いで「いつでも買える，近い」36％だった．反対にストレスを感じるところは，「相談できる相手がいない，店員の商品知識が乏しい」26.2％，「品ぞろえが悪い，品切れ商品がある」14.8％，「試したい商品のサンプルやテスターがない」13.6％というものだった．セルフの良さと不便さの両方がこの調査には表れている．

②制度販売

　化粧品店やチェーンストアといわれる専門店やデパートの専用売り場で販売するもので，メーカーが自社ブランドの化粧品を自己の系列にある販売会社を経て，販売契約を締結している小売店を通して販売することをいう．

　メーカーとしては，資生堂，カネボウ，コーセー，外資系高級ブランドなど．

　小売形態として，チェーンストア制を導入したり，百貨店，専門店，直営店があり，ビュー

ティアドバイザー（BA）やビューティコンサルタント（BC）といわれる化粧品メーカーの美容専門員（美容部員）を派遣し，カウンセリング販売を行っている．メーカーは取引契約を結んだチェーン店に，商品だけでなく什器も供給するし，美容法指導に関するノウハウ，商品の販売・販促方法もメーカーから提供される．

③訪問販売

　顧客の自宅や職場に訪問して販売するもので，メーカーが自社ブランドの化粧品を訓練した訪問販売員を通じて，消費者に販売する方法である．店舗を持たないので無店舗販売とも呼ばれている．メーカーとしては，ポーラ，ミキモト，オッペン，メナード，アルソア，ノエビアなどが大手で，販売形態としてはカウンセリング販売が主に行われている．

　最近は，ネットワーク系といわれる無店舗販売があり，アムウェイ，ニュースキンなどが含まれる．従来の訪問販売とは異なり，ネットワーク系では商品を販売しながら販売員（会員）を増やすことでもリベートが得られるような仕組みになっており，マルチ商法といわれている．マルチ商法自体は違法ではないが，過去には社会問題化し，また苦情も多くあったことから消費者被害を未然に防ぐための法改正が行われ，1996年（平成8年）には不当な勧誘行為の禁止等の規制対象者の拡大が図られ，2001年（平成13年）には法律名が「特定商取引に関する法律」と改称され，同時に定義の変更で負担下限額の2万円以上が廃止され，広告規制も強化された．

④通信販売

　雑誌，カタログ，チラシ，インターネットなどによる販売方法のことである．宅配などの個

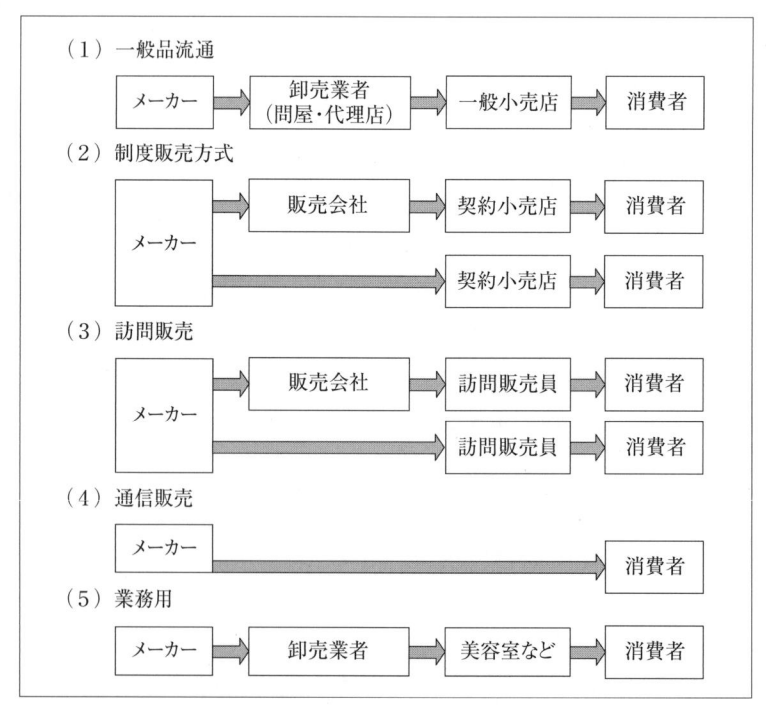

図16.5　化粧品流通の特徴

別流通が発達し，安価で国内隅々まで届けることが可能になったことより，このような販売会社が増加している．大手メーカーでは，ファンケル，DHC，再春館製薬所などがある．

インターネットの発達で，簡便に仮想店舗を開くことが可能になり，新規参入が盛んに行われている．化粧品の購入場所等の調査においても，インターネットでの購入が増えている．

⑤業務用販売

美容院や理容院，エステサロンなどで，美容師や理容師，エステシャンが業務のために使用する化粧品を卸業者を経て購入するものであるが，施術される客が希望すれば購入することが可能なものもある．大手メーカーとしては，アリミノ，ミルボン，ホーユー，ロレアルなどである．

16.1.2 化粧品流通の変遷

国内にある化粧品会社は3000社あるといわれているが，2012年4月の段階で日本化粧品工業連合会に所属している会社は，西日本で502社，中部日本で112社，東日本で441社，合計1055社である．工業会に加盟しない，あるいは化粧品製造設備を持たない，企画と販売だけの化粧品会社も増えていると思われる．それは，化粧品行政のグローバル化や市場流通の簡便化・拡大，消費行動に伴う販売チャネルの変化と密接にかかわっている．

2004年から2010年の販売チャネルを調査した結果[7]では，ドラッグストア（薬局・薬店）での売上比率が16％から27％へ大幅に伸びた．また，通信販売も10％から15％に伸びている．減少したのが，チェーンストアといわれる化粧品専門店での販売で23％から15％に，デパートでの販売比率は11％から6％になっており，大手化粧品メーカーの美容専門員（BAやBC）によるカウンセリングやスキンケアの相談をしながらの化粧品購入は減少していることがわかる．訪問販売だけでは売上が減少しているため，エステサロン併設の集客型店舗を増やしたり，別会社をつくり通信販売の別ブランドを立ち上げて，販売チャネルを増やしているところもある（図16.6）．

化粧品流通の変遷は，化粧品メーカーの台頭の変遷でもある[8]．それは，医薬品などと同じく規制産業といわれていた化粧品業界の特性で，規制があるため新規参入が難しい業界だったが，2005年以降の規制緩和などの法的処置によって，長らく維持されていたものが変化し，新規参入がしやすくなったのが背景にあるようだ．ひと昔は，大手化粧品メーカーによるチェーンストア制度が長く守られていたため，業績を維持できたという報告もある．現在は，企業のホールディングス化で，多様な販売チャネルを持つことが可能になっており，1つの会社が販売チャネルごとにコンセプトを変えて多くの化粧品ブランドを立ち上げることも多い．また，異業種からの新規参入も増えて，化粧品の勢力図が大きく変わってきていると感じられる．

化粧品は，消費行動の変化，消費経済の増減，社会の仕組み，情報の発信方法，物流の変化などに応じて，巧みに販売チャネルを変えている．このような販売チャネルの変遷に従って，新しい化粧品ブランドが時代の流れに乗って台頭，発展する代わりに，古いブランドやメーカーが衰退するということを繰り返しているといわれている（図16.7）．

近年，インターネットによる化粧品購入が増えているのは，化粧品関連サイトが多く立ち上

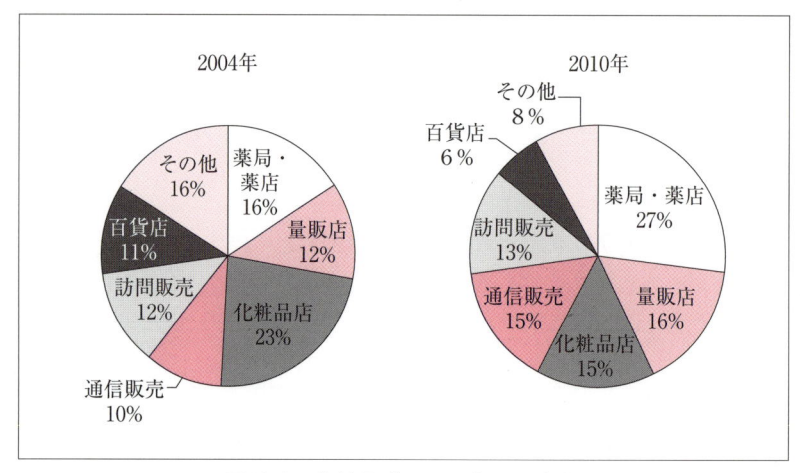

図16.6　化粧品購入チャネルの変化

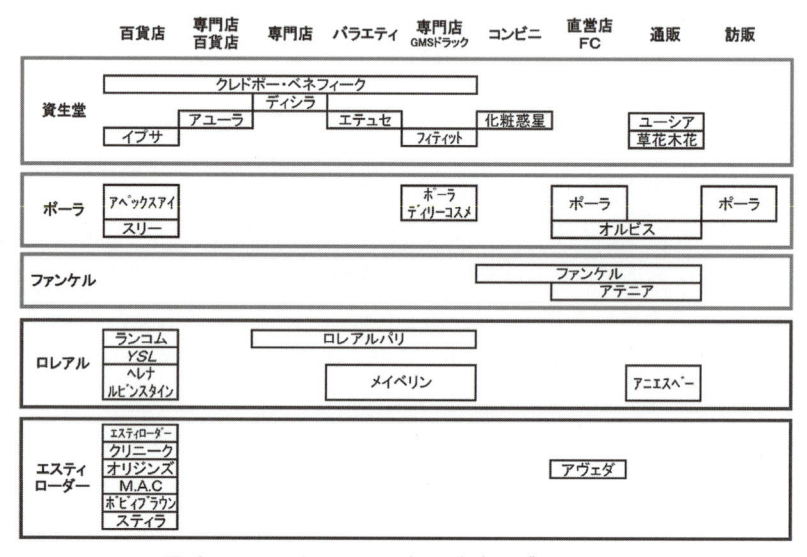

図16.7　メーカーのチャネル戦略とブランド戦略

がり，評判の良い化粧品をインターネット上で簡単な手続きで購入可能になっているからだ．また，化粧品関連サイトには，消費者自身が化粧品の使用感や評価，感想などを自由に投稿することが可能になっている．このような多くの口コミ情報から，いま売れている化粧品が品目別にランキングされている．このように，タイムリーに化粧品情報が入手できるのと，口コミ情報には良い面と悪い面の両方が閲覧できるため，正直な意見として参考にしている消費者が多いようだ．

16.2　化粧品のブランドマーケティング[9-13]

新商品のブランドを構築するのに決まった方式はないが，基本的なブランド・マーチャンダ

イジングのフロー[11]がある．図16.8にあるように，新商品の開発プランを立ててから，商品コンセプトの策定，開発の方向づけ，ブランドデザイン，プロモーション戦略，市場導入へと至る．また，一般的に，上手なマーケティングとは，新しいマーケットをつくることであるといわれており，化粧品においても，潜在的な顧客のニーズを見つけ，新しい切り口を提案することが求められる．

　かつて大手化粧品メーカーは，それ自身がブランドとなり，すべての化粧品シリーズのイメージを決定していた．そのため，企業姿勢を前面に出し，統一された企業イメージを印象付けるプロモーションに費用をかけ，文化活動にも積極的に取り組み，会社そのもののブランドイメージを高めることに努めていた．現在もそういう傾向が残っているブランドもあるが，アウトオブブランドとして，企業名を出さず化粧品ブランドだけを前面に出すマーケティングも多く存在している．とくに新興のメーカーは，商品の特徴やキャラクターを全面に出すことで，化粧品ブランドイメージを作り上げていることが多いようだ．

　化粧品シリーズにおけるブランド展開では，ライフスタイルの違いからターゲット年代を想定して，価格も含めて企画される．図16.9に示すように，化粧品の価格内訳では，高額品と安いものでは経費のかけ方が異なっている．プレステージの高いブランドは，容器やパッケージ

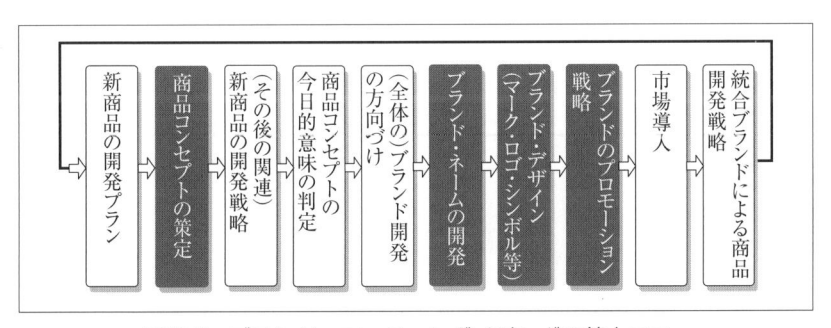

図16.8　ブランド・マーチャンダイジングの基本フロー

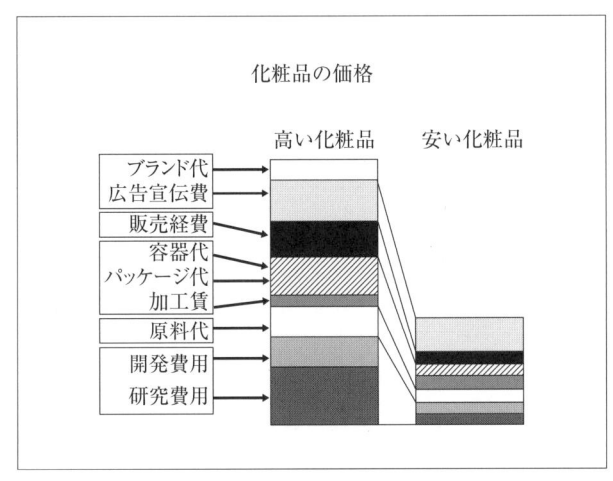

図16.9　化粧品の価格内訳

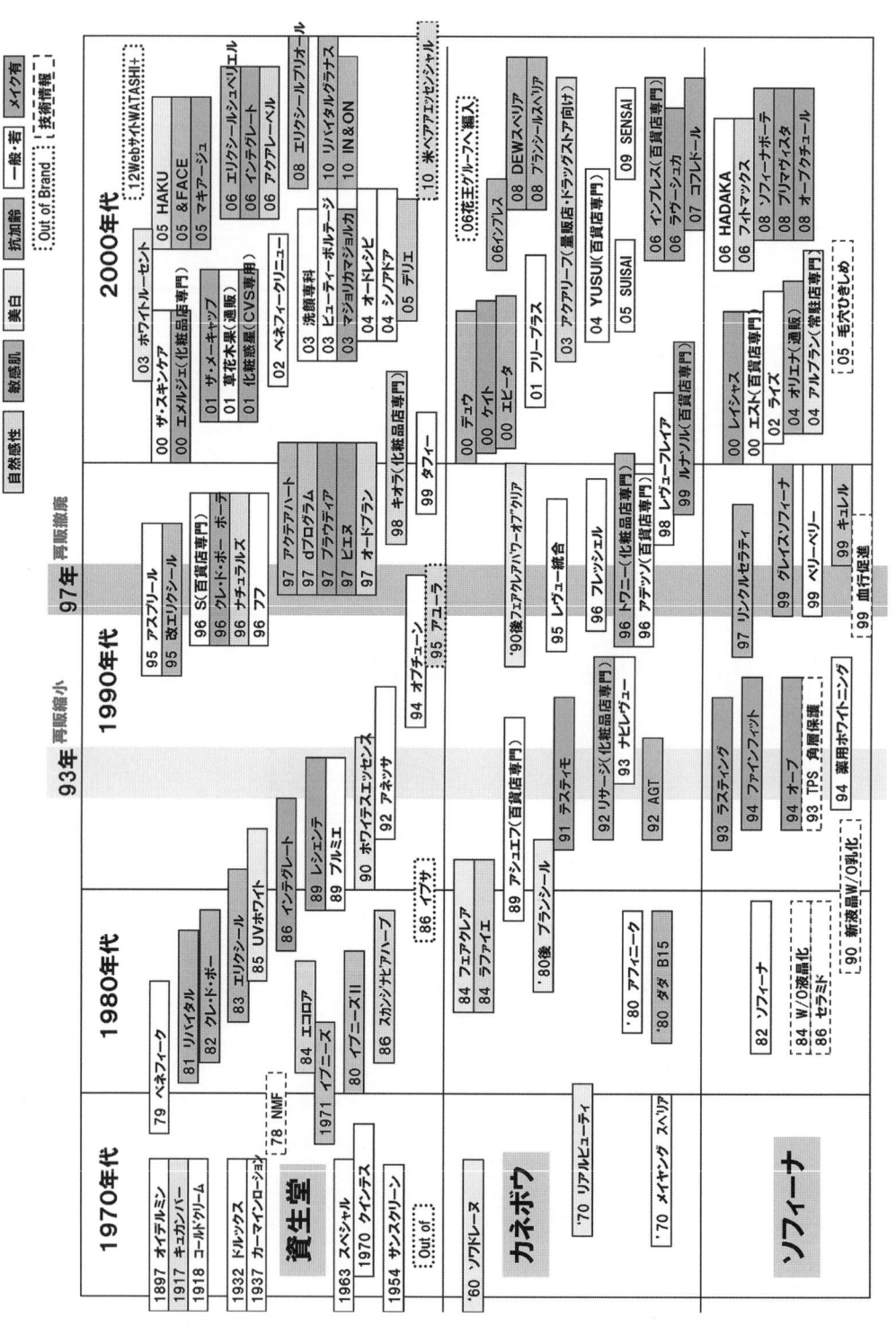

238 ● 第16章 化粧品の流通とマーケティング

図16.10 化粧品メーカーのブランド変遷（1）

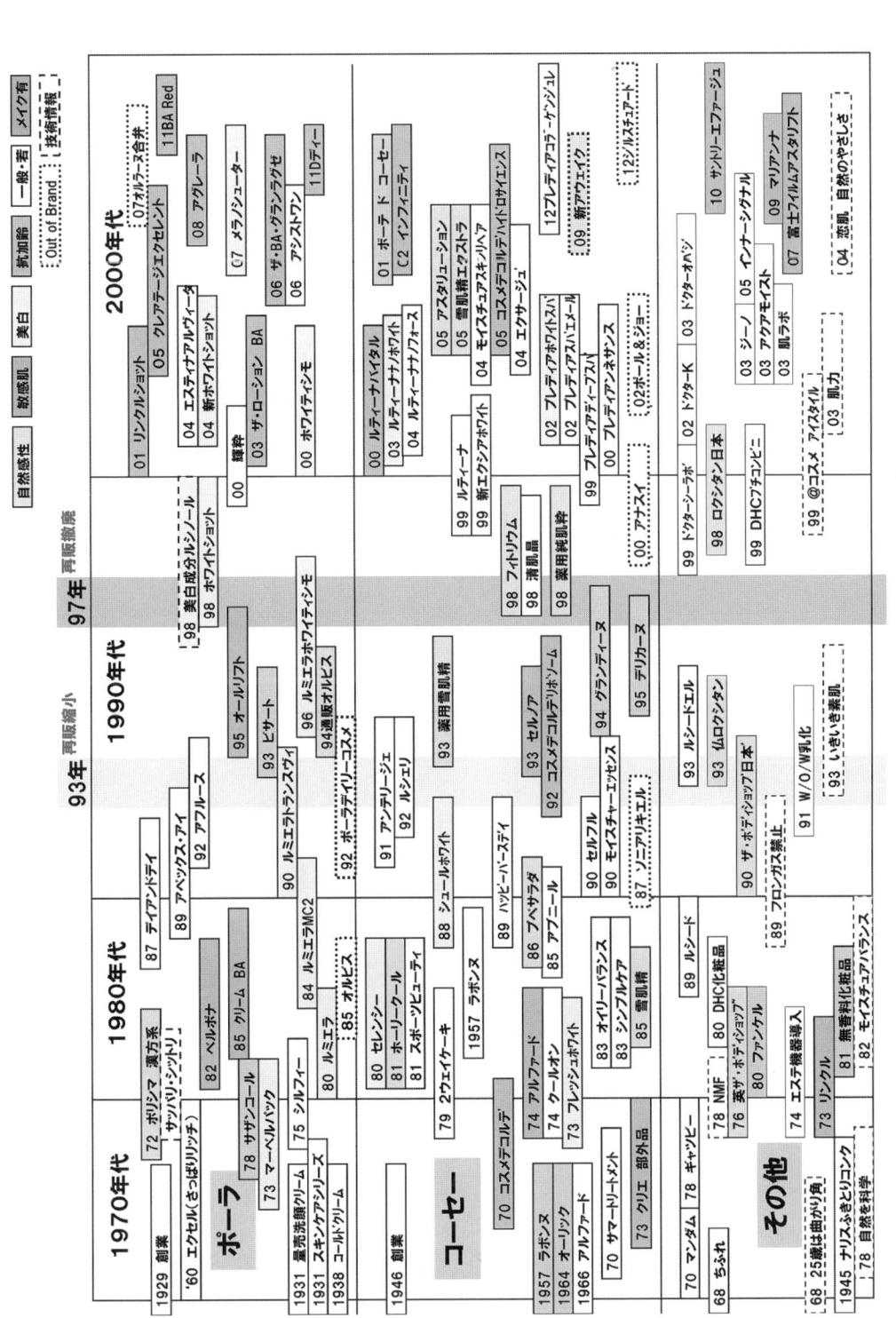

16.2 化粧品のブランドマーケティング ● 239

図16.10 化粧品メーカーのブランド変遷（2）

のデザインや素材，販売経費にも多くの費用をかけている．カジュアルなものは経費を抑えながら，ターゲットの望む雰囲気に合わせたデザインを考え，シンプルにあるいはかわいらしく，価格も抑えてブランディングしている．価格をどうするかは，商品価値やランク，ライフスタイルのクラス，求められる世界観などを決定するものとして重要な要素である（図16.9）．

また，スキンケア化粧品の場合は肌の悩みが年齢によって違いが見られることからも，年代別にブランドを定めているところが多い．それは，年が異なる複数の肌悩み調査を比べてみたとき，肌の悩みは調査年には関わらず，年代ごとに同じ傾向を示していることがわかっている．そこで，肌悩みに応じて，洗顔から化粧水，クリームなど統一されたブランドを年代に合わせてシリーズで使用することを勧める手法がとられている．

または，肌の悩みに特化したブランド展開もある．たとえば，ニキビ肌対策化粧品，毛穴用化粧品，シミやくすみに対応するための美白化粧品，シワ予防を目的とした抗加齢用あるいはアンチエイジングといわれる化粧品，ハリ，タルミ予防化粧品などがあげられる．細かくは，悩みの発生する目元，口元，ネックなど部位ごとに対応するものもある．

さらに，肌質別に区分するブランド展開もある．肌質を店頭でのカウンセリングやアンケート，簡便な計測や肌画像撮影によって，肌の水分と油分のバランスを調べ，バランスの取れた普通肌と乾燥肌，脂性肌，混合肌と4つのタイプに分類するところもある．一方，化粧品や外的刺激に対して過敏に反応する肌を区別して，敏感肌やストレス肌に対応する化粧品ブランドもある．

化粧品原材料の特性を主張するものもある．植物系原料を使用したもの，オーガニック原材料を使用したもの，油分を含まないもの，特定の防腐剤を含まないもの，香料を含まないものなどである．

皮膚科医が患者のためにクリニックで処方したものや一般用に企画，監修した化粧品などは，両者ともドクターズコスメといわれている．また，開発者や技術者，企画者，メイクアップアーティスト，ファッションモデル，おしゃれリーダー，タレント，アニメーションなどを前面に出したブランドもある．

16.2.1　化粧品ブランドの変遷

1897年のオイデルミンから，1970年代以降を中心に現代までのスキンケア化粧品の主要なブランドを年表に網羅してみると，今は市場にないもの，現在も存在し続けているブランドがあることがわかる[15]．資生堂やカネボウ，コーセー，ポーラの大手化粧品メーカーは，1970年代から現代まで，あらゆる年代のターゲットにも対応できるよう多くのブランドを展開している．一方，1982年に発売された花王ソフィーナは，当初単一ブランドでスタートした．その後，年代別，悩み別，部位別，製剤特性別にセカンドネームをつけて，他のメーカーのような多様なブランドを展開している．

図16.10に示した年表には，化粧品の用途やコンセプトが一般肌向き，中高年向き（抗加齢），美白系，敏感肌用，自然感性派というように別にマークした．全体的な傾向としては，1970年代はとくに肌質による差別化は少ないが，美白を訴求したブランドが発売され始めた．また，

1970年代後半には，大手メーカー以外から化粧品原料として植物系，海洋生物系の自然素材を訴求した自然派のスキンケア化粧品が発売された．1980年代は，抗加齢を訴求した中高年向きのブランドが出始めた．また，資生堂において新しく敏感肌用ブランドが発売した．このころは，スキンケア化粧品とメイクアップ化粧品が統一されたブランドで販売されていることも多かった．

1980年代は，大手メーカーからも化粧品原料素材を自然なものから抽出した成分を使用した自然派の化粧品が出されている．1990年代には，香りや癒しにこだわった感性に訴える感性系の化粧品が各種発売された．この頃から，人々の好みや肌質，年齢などによる差別化が進み，数多いブランドが発売されたことがわかる．

この年表からは，あらゆるタイプの化粧品がそれぞれのメーカーからコンスタントに発売されていることがわかる．大手化粧品メーカーは，時代と消費者一人ひとりのニーズに合わせて，きめ細かく積極的にブランド展開していることがわかる．

年表のその他には，新規参入して評判になったブランドを掲載した．1980年には，敏感肌用として指定成分無添加化粧品をコンセプトにしたファンケルやオリーブオイルを前面に出したDHCが発売になった．海外ブランドで自然系イメージの強い化粧品ブランドである英国のボディショップが1990年に，仏国のロクシタンが1998年に日本国内での販売を始めた．2000年前後には，有名な皮膚科医や整形外科医など医師が化粧品ブランドを立ち上げ，ドクターズコスメという新ジャンルの化粧品として評判になった．2010年以後は，富士フイルムやサントリーなど異業種の大手企業からの参入が相次いでいる．

16.3　化粧品開発と社会的背景，法律施行

化粧品産業は，清潔で健やかな生活を営むための必需品産業であるが，平和で経済的に余裕が出ると消費が増え，女性の生き方や意識で変わり，外に出る機会や仕事を持つ女性が増えれば使用量が伸び，全体的に化粧品産業が発達する．化粧品開発や消費は，科学の発達や消費者の気分を反映する．そこで消費気分を色分けした年表に，化粧品開発に関する技術や素材の出現，化粧品マーケティングの傾向，メイクアップの傾向など目立った動きと法的規制の施行を重ねて，化粧品開発の歴史と社会背景について考えてみる[16]．

戦後の復興と近代化で化粧品の生産技術が発展したが，1960〜70年代は，各地で公害問題が発生して工業製品や食品に対する消費者運動も頻発した．それによって，化粧品も安全性や刺激性などが問題となって，化粧品もより安全で刺激の少ないものにするよう求められるようになった．そこで，1980年には化粧品に配合される成分のうち，人によっては刺激を感じるおそれがある成分を指定成分として，化粧品の容器，外装に表示することが業界基準となった．また，そのころは夏小麦肌というキャンペーンで肌が赤くならずに黒くなるサンオイルやサンスクリーン剤が処方された．さらには，皮膚の保湿機構などが明らかになり，生体成分であるアミノ酸系原料配合の化粧品や新規有効成分の積極的な利用が行われ，新しい化粧品のコンセプトとなった．

1980年代は，天然保湿因子 NMF やセラミドによる保湿機構，肌のキメや肌質診断が注目され，化粧品の多様化が進んだ．ヒアルロン酸やコラーゲンなどの成分が化粧品素材として注目された．さらに，化粧品内容物の製剤開発により新しい乳化技術が開発されたり，新感触の性状や形態のものが商品化された．また，個別の肌に対応した店頭でのカウンセリングなども始まったり，販売手法やサービスの多様化も進んだ．薬事法改正では，1986年に「美容液」という化粧品種別が新しく追加された．

1990年代は，からだのさまざまな生理的機能に関係する生理活性物質のエンドセリンが発見され，皮膚科学の分野においては，それによってメラニン色素産生のメカニズムが解明されたことで一気に美白ブームが起こった．化粧品では，レチノールやエラスチン，ビタミンCの導入で美白や抗加齢の化粧品が注目され，代謝を良くするピーリング剤やボディ全体をマッサージしてスリム化するスリミング剤などが注目された．また，さまざまな有効成分の発見で，皮膚の抗老化や抗加齢効果の訴求が目立つようになった．さらに新素材，新技術，生命科学という新しい分野の研究が盛んになり，皮膚計測機器の発展もあって，化粧品の機能や効果が計量化，数値化されて，化粧品の作用が皮膚表面だけにとどまらないということを示した．このころから，抗老化，抗加齢，エイジングケアなどの中高年向きの化粧品コンセプトが強く主張されるようになった．1992年には紫外線B波（UV-B）を防止する指数 SPF，1997年には紫外線A波（UV-A）を防止する PA の表示が実施された．2001年には，化粧品に含まれる成分のすべてを表示することが義務付けされた．

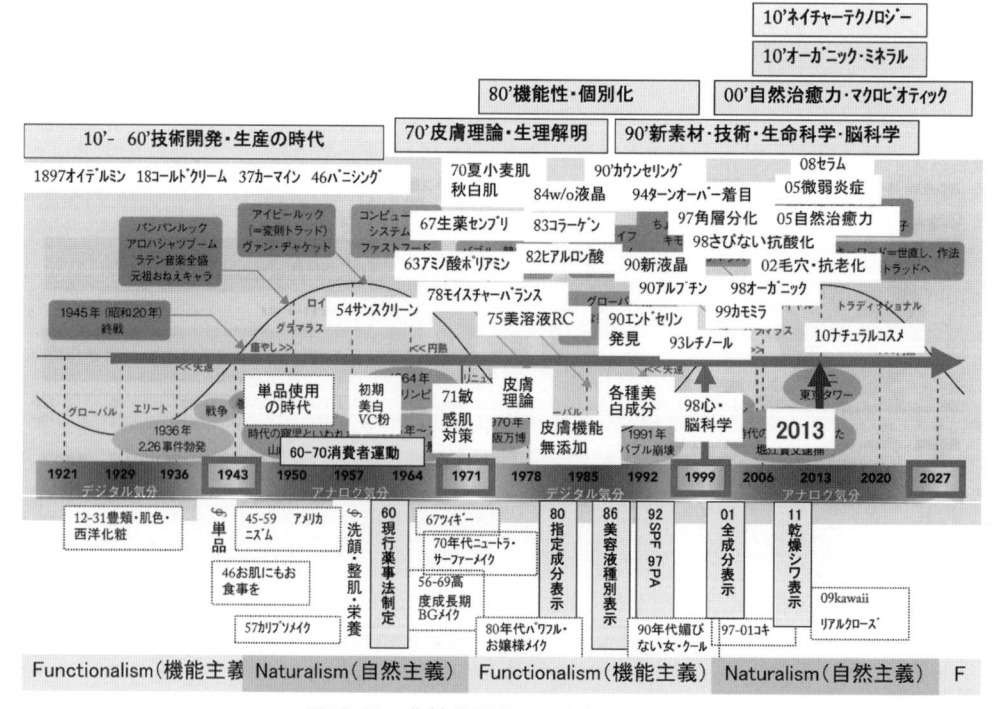

図16.11 化粧品開発の歴史とトレンド

1990年代後半には，免疫と心，ストレスと皮膚の関係なども研究されるようになった[17, 18]．BSE問題が起きたことで有効成分を動物から植物や海洋生物に求めるようになったり，原材料のトレーサビリティという言葉も盛んに聞かれるようになったりと，1970年代のように原料の安全性，安心感に関心が高まった．オーガニック原料使用化粧品やナチュラルコスメといわれる市場は，2005年から3年間で130%の伸びを示しているという統計資料[19]もある．さらには，2003年に完了が宣言されたヒトゲノムの解読，iPS細胞の発見などは，遺伝子や免疫などとも関連して注目されている．その影響か最近は，美容医療と絡んで遺伝子関連ケアというような化粧品を越えるようなコンセプトまでいうものもある．機能性食品の研究が進み，食事や有効成分の摂取などの体の内側からのケアと，化粧品による外側からのケアを同時に考えることにも関心が高まっている．

16.4　化粧品トレンド予測

　化粧品の開発の変遷をみると，化粧品の訴求や消費者ニーズ，あるいは，技術開発や研究分野の方向性は，時代とともに変化していることがわかる（図16.11）．さらに，化粧品への期待とともに安心，安全を強く求めていたり，機能や効果を画像や数値など具体的に示すことを要求したりと，消費者が化粧品に求める方向が変わっていることもわかる．近年では，化粧品トレンドとも言うべき技術開発や研究の傾向と消費者が化粧品に求める意識は，2000年前後を分岐点にまったく反対の方向へ向きを変えたように感じられる．さらに，どんな化粧品を購入するかは，他の消費財と同様に景気や市場の動き，消費者心理によって影響を受けている．そのため，化粧品トレンドも消費者の生活や消費の感性・気分やファッションとも同調するものではないかと推測できる[20, 21]．

　そこで，化粧品ブランドや開発動向，市場動向からみると，大きな流れが繰り返し起きていることがわかる．この大きな流れをそれぞれの特性から名付けてみると，一つは化粧品に効果や機能をより強く求める機運Functionalism（機能主義）であり，もう一つは化粧品に自然のものへの憧憬や安心，安全を求める機運Naturalism（自然主義）となる．Functionalism（機能主義）とは，機能や効果，能力，論理，革新的，技術，特許，効率，最高級，最上級などをキーワードにしてイメージされる機運で，高みを目指し日々躍進することを理想とする時期ではないかと思う．反対にNaturalism（自然主義）は，安心や安全，自然，環境，体にいい，気持ちいい，心に響く，物語などをキーワードにしてイメージされる機運で，心休まり癒されることに幸福感を得ることを理想とする時期ではないかと考える．

　化粧品トレンドのこの2つの機運は，大きなうねりとして繰り返されており，感性トレンドの分岐点の1999年とほぼ同じ時期に入れ替わっているようにみえる．つまり，Functionalism（機能主義）は，消費行動全般の感性トレンド[22, 23]でいう「デジタル気分」（男性脳的）に，Naturalism（自然主義）は同じく「アナログ気分」（女性脳的）に近い志向を示しているようだ．2000年以降化粧品市場も，このNaturalism（自然主義）的機運を反映して，オーガニック系やナチュラル系，メディカル系の化粧品が隆盛になっている．これまでの化粧品市場の波

を考えると，この傾向は2013年をピークに新たな向きへと動き始めているようにみえる．つまり，次の大きな波であるFunctionalism（機能主義）的機運を意識した，新しいテクノロジーを生み出すための準備をする時期が来ていると感じられる．

このように，化粧品メーカーはこれらの気分や機運までも読み解き，次の時代を予測してこれから来るであろう新しい化粧品トレンドを意識した化粧品の企画，開発，マーケティングを心がけるべきである．

第16章　●　演習問題

1. 化粧品の年間出荷額の最も多い化粧品アイテムは何か述べよ．

2. 化粧品流通について，無店舗販売とは具体的にどんな販売方法か述べよ．

3. 一般的に，上手なマーケティングとはどんなものか述べよ．

4. 化粧品トレンドの大きな波は2つある．何と何か．それぞれの特徴も示せ．

5. これからの化粧品トレンドはどんな機運，気分が反映されるか述べよ．

● 演習問題　模範解答 ●

序章
1. 顔に赤土を塗る風習（赤化粧）が化粧の始まりで，それには魔除け等の意味があった．
2. A：オ　B：ア　C：ウ　D：エ　E：イ
3. ①　明治時代後半（明治31年頃）　②　部外品　③　価値
4. 各自自由に考えて下さい

第1章
1. ①　清潔　②　美化　③　魅力　④　容貌　⑤　毛髪
   ⑥　健やか　⑦　塗擦　⑧　散布　⑨　人体　⑩　緩和
2. ①　○　②　○　③　×　④　○　⑤　×
   ⑥　×　⑦　○　⑧　○　⑨　×　⑩　×
3. ①　○　②　×　③　×　④　○　⑤　○　⑥　○

第2章
1. 角化細胞，又はケラチノサイト：ケラチンをつくり，角層になって身体を保護する．
   色素細胞，又はメラノサイト：メラニン色素をつくり，紫外線から皮膚を護る．
   ランゲルハンス細胞：皮膚の免疫機能を担う．メルケル細胞：感覚機能を担う．
2. 線維芽細胞，又はファイブロブラスト：膠原線維（コラーゲンファイバー）と弾性線維（エラスチックファイバー）をつくり，皮膚の強靭性と弾力性を構築する．
3. 脂腺由来の皮脂と，角化細胞が分化する過程で生成される角質細胞間脂質．
4. 保湿機能，紫外線防御機能，保護機能，免疫機能，体温調節機能，触感覚機能，排泄機能から5つ．
5. 毛，脂腺，立毛筋，汗腺，爪から3つ．

第3章
1. 化粧品の品質特性とは，安全性，安定性，使用性および有用性の4つである．安全性とは，人体に対して皮膚刺激性，感作性，毒性などがないということであり，安定性とは，使用期間中に品質特性が変化することなく安定に保たれることである．使用性とは，官能的な使用感だけでなく，製品容器形状，デザインなどの使いやすさも含んだ使用感を指す．有用性とは，特に近年，化粧品に求められるようになってきた品質特性であり，保湿性，紫外線防御効果など目的に応じた有用性が実感として感じられる品質特性を指す．
2. 化粧品原料の安全性の試験項目は，急性毒性試験，皮膚一次刺激性試験，連続皮膚刺激性，感作性，光毒性，光感作性，眼刺激性，遺伝毒性，ヒトパッチ試験の9項目である．各試験の詳細な内容については，本章を参考にすること．

3. 皮膚刺激性とは，刺激性物質によって引き起こされる皮膚への刺激（皮膚炎，かぶれ）であり，化学物質，熱，紫外線などが，接触した皮膚の抵抗力を上回った時に発症する．一方，感作性とはアレルギー反応であり，感作性物質が繰り返し生体に接触または摂取されることにより，抗体が作られ，この抗体と化粧品成分とが抗原抗体反応することにより発症する．
4. 化粧品の安定性に大きな影響を及ぼす要因として，化学的劣化と物理的劣化の2種類がある．化学的劣化には，変色，褐色，変臭，分解，微生物汚染などがあり，物理的劣化には，分離，沈殿，凝集，ゲル化，固化などがある．
5. 化粧品の官能評価にはプロファイリング法（絶対評価法），一対比較法，順位づけ法の3種が主に用いられている．各試験の詳細な内容については，本章を参考にすること．

第4章

1. 化粧品 GMP（ISO22716）
2. 混合機，粉砕機，分散機，乳化機，冷却機，成形機，充填機
3. 強力な機械力（攪拌力）によって乳化剤の使用を減少させることが可能である．また，高分子増粘剤・粘度鉱物等も使用される．
4. 乳化装置等タンク内を真空にして，製品中に気泡が残るのを減少させている．また，マイクロフルイダイザー（細胞破砕効果を有する）を使用している．

第5章

1. 化粧品の包装容器には，①内容物の変質を防ぎ，品質を保持する，②消費者が使いやすい形状であること，③化粧品の商品情報を文字として表示する，④使用者の気分を高揚させるような効果をもつデザインであることの主に4つの役割がある．
2. 包装容器リサイクル法の施行により，廃棄物の分別収集，再商品化（リサイクル）が実施されるとともに，廃棄物の軽減や，輸送や作業の効率化のために，過剰包装の軽減，容器の減量化なども求められてきた．このような社会背景により，リフィル容器や詰め替え容器が普及した．
3. プラスチックは，加工性に優れ，安価であり，現在では最も広く使用されている．その一方で，耐薬品性，耐光性，耐衝撃性に問題がある．ガラスは，加工性に優れ，化学的に不活性であり，内容物の安定性が良い．その一方で，重量のために輸送コストの増加や耐衝撃性，またアルカリ溶出などの問題もある．金属は，高級感があり，衝撃に強い．その一方で，内容物との化学反応による腐食などが問題となる．
4. 小分け容器は，市販の化粧品に使用されている容器とは異なり，その内容物に適したものとは限らない．そのために，容器に内容物が浸透したり，また容器の成分が内容物に溶出したりすることがある．そのために，長期間の使用には適していない．
5. 指で一度に多くのクリームを取り出すことができる広口びんが適している．

第6章

1. 油性原料は，生物由来または石油から得られる脂質や脂質に類似した物質で，水に溶けにくく，有機溶媒に溶けやすい物質であり，固体，半固体，液体状態のものである．

2. 油脂：シア脂・パーム油・サフラワー油・ブドウ種子油・オリーブ油・ツバキ油
   脂肪酸：パルミチン酸・リノール酸・オレイン酸
   高級アルコール：セタノール・オレイルアルコール
   炭化水素：スクワラン・パラフィン・セレシン・ワセリン
   ロウ：ラノリン・カルナウバロウ・キャンデリラロウ・ミツロウ
   エステル：乳酸セチル・ミリスチン酸イソプロピル・リンゴ酸ジイソステアリル
   シリコーン油：メチルポリシロキサン・メチルフェニルポリシロキサン

3. 皮膚に対しては，エモリエント効果，皮膚表面保護などの皮脂に近い機能を示す．製品に対しては，使用感，外観等を向上させる機能や，添加剤の溶解，香料の保留作用，粉体の結合作用などの機能を果たす．

4. 油性原料は，光や熱などの作用により，自動酸化を生じる．この自動酸化生成物は，生体に対して悪影響を及ぼす他，臭気の原因となるため，酸化防止剤で酸化を抑制することが求められる．また，微生物の酵素により加水分解や酸化が進行し，品質の劣化をもたらすために，防腐剤を添加することが求められる．

5. 乾性油は，油脂を構成する脂肪酸がリノール酸などの二重結合を多くもつ不飽和脂肪酸から構成されており，酸化重合し，固化しやすい．一方，不乾性油は，飽和脂肪酸を主成分とする油脂で，酸化しにくく，固化しにくい．

第7章

1. 親水基がイオンに解離しないものをノニオン界面活性剤，親水基がイオンに解離するもののうち，アニオン性に解離するものをアニオン界面活性剤，カチオン性に解離するものをカチオン界面活性剤，同一分子内にカチオン性基，アニオン性基の両方を有するものを両性界面活性剤と分類される．

2. 界面活性剤は界面活性に基づき乳化，分散，可溶化，洗浄，起泡，消泡，湿潤，潤滑，帯電防止，殺菌などの作用があり，化粧品にさまざまな機能をもたらしている．界面活性剤は界面活性を持ち，さまざまな界面に吸着することができる．この作用により油，水，粉末などの互いに溶解しない成分を安定に乳化，分散することができる．また，界面活性剤が毛髪に吸着すると毛髪表面を潤滑し感触を良くし，静電気による帯電を防止し毛髪のまとまりを良くする働きをする．肌の表面から汚れを除去する時，界面活性剤により肌と汚れの成分の間に溶媒が浸透し，汚れを分散し，汚れの再付着を防止する．カチオン界面活性剤は殺菌，抗菌性を持つものがありこれも界面活性によるものである．

3. アニオン界面活性剤やカチオン界面活性剤はpHや共存する電解質により親水基の解離状態に影響を受ける．例えば，アニオン界面活性剤である脂肪酸石鹸のカルボキシル基はアルカリ領域では解離し界面活性剤として機能するが，酸性領域や硬水中ではカルボキシ

ル基は酸型となり界面活性剤としての機能が失われる．両性界面活性剤はアニオン性基とカチオン性基の両方を有しており，pHや共存する電解質の影響を受けにくい．イオン性界面活性剤と組み合わせて用いることでイオン性界面活性剤の弱点を補完できる．

4．シリコーン油を安定に乳化するために用いられる．シリコーン油は安全性や安定性に優れるだけでなく，ベタつきが少ない，化粧膜の耐水性や対皮脂性などの点で優れている．特にファンデーションやサンスクリーンなどの化粧持ちや耐水性を高める上で重要な素材であるが，シリコーンは疎水性が大きく通常の乳化剤では安定に乳化することが難しかった．

5．低分子の界面活性剤に比べて皮膚への刺激が少なく安全性に優れている．ポリアクリル酸にアルキル基を導入した水溶性高分子は界面活性と増粘作用を持つことから幅広い極性の油分を安定に乳化することができる．

第8章

1．可視光とは電磁波のうち，ヒトの視覚を引き起こす，およそ380 nm付近から760 nm付近の波長の電磁波である（図8.3）．また太陽光の最大強度の波長は500 nm付近である（図8.2）．
（補足）可視光の波長範囲は厳密なものでなく，日本工業規格JIS Z8120の定義によれば，可視光線の波長の下限はおおよそ360-400 nm，上限はおおよそ760-830 nmであるとしている．日本眼科学会では，400 nmから800 nmとしている．個人差や捉え方により可視光の範囲は異なる．

2．光源が違えば可視光領域のスペクトル分布が異なり，結果として対象物からの反射光のスペクトル分布が異なるため，対象物が同じでも，色が違って見えることがある．

3．有害な点：
　　1．紫外線により過剰にメラニンが産出した場合，シミの原因になること．
　　2．真皮に達した紫外線がコラーゲンやエラスチンを変質させて，長期的には，しわ，たるみを起こすなど光老化による慢性傷害を引き起こすこと．
　　3．紫外線により皮膚がんを誘発する可能性があること．
　　有益な点：
　　1．300 nm付近の紫外線（UV-B）はビタミンDの合成を助けること．
　　2．紫外線には殺菌消毒機能があること．

4．① 吸収　② 防御．　③ パラアミノ安息香酸　④ 酸化チタン微粒子

5．化粧品にはコールタールを原料にした数多くの有機合成色素（タール色素）が用いられている．タール色素には，染料，顔料，レーキがある．化粧品用として使用できるタール色素について安全性確保のため日本では厚生労働省による規制が制定されている．現在タール色素として医薬品と化粧品に使用ができるものは，83品目に限定されており，この色素を法定色素という．

6．染料は，水，アルコールまたは油に可溶な色素．顔料は水，アルコールまたは油に不溶

な色素で，溶剤に分散して使用する．レーキは，水溶性の染料色素を不溶性にした色素．
7．（役割1）酸化チタンは白い粉体で，紫外線を散乱させ日焼けから肌を守る機能があり，サンスクリーン中に配合される．
（役割2）酸化チタンは被覆力，隠ぺい力に優れた白色顔料としても使われる．

第9章

1. 動物香料：やはりワシントン条約ならびに類似の考え方の影響が一番の原因．
   植物香料：昨年のチュニジアの革命を欧州ではジャスミン革命というように香料生産圏であるイスラム圏での香料生産が不安定．（現在はエジプト）
   価格，品質，安定供給が確保されない．
2. ピネンが供給可能で，ミルセンを経由してモノテルペン骨格を容易に合成できるため．全合成では反応ステップが多い．
3. 体内でサイドマイドが異性化してしまうため．(S) から (R) へまたはその逆の平衡もある．
4. l-メントールには光学活性があるが，シトラールは幾何異性のみで光学活性はないため．

第10章

1. スキンケア化粧品は，皮膚の乱れを改善し，皮膚の恒常性を維持し，いつまでも美しくともつために使われるものであり，その機能，役割は，①皮膚の汚れを除き，清潔に保つ，②皮膚を健やかに整え，肌荒れや乾燥を防ぐ，③外的刺激（紫外線など）から肌を保護する，④皮膚の新陳代謝を活発にし，肌の生理活性を促す，⑤ストレスを緩和する，である．
2. スキンケアは，洗顔料（クレンジング，メイク落とし）→化粧水→乳液，クリームの順で行う．まず洗顔料で肌を洗浄し，清潔にしたのち，保湿のために化粧水をつけ，しばらく置く．その後，乳液またはクリームで肌表面に油性膜をつくり，肌の水分を保ち，柔軟にする．また，必要に応じては，美容液やパックでのスキンケアを行う．
3. 洗顔料には，「界面活性剤型」と「溶剤型」の2つのタイプがある．界面活性剤型は，使用時に水を加えて泡立てたのち使用し，界面活性剤により形成された泡中に，汚れを取りこむ（乳化，分散）ことで取り除く．一方，溶剤型は，肌上で薬剤を伸ばし，汚れとなじませることで汚れを溶出し，その後拭き取りあるいは洗い流しにより取り除く．
4. 化粧水は，水に有効成分を可溶化することにより作られる．透明から半透明の水溶液で，皮膚に水分や保湿成分を補給するために用いられる．一方，乳液は流動性の乳化液（エマルション）で，皮膚に水分，保湿成分，油分を補給し，皮膚の保湿，柔軟性を保つ．
5. O/W型は連続相が水であるため，みずみずしく，さっぱりとした使用感がある．W/O型は連続相が油であるため油のエモリエント感を強く感じる．
6. アミノ酸，無機塩類，ピロリドンカルボン酸，乳酸塩，尿素から3つ．
7. 皮脂による水分蒸散抑制と，皮膚内の天然保湿因子による水分保持で皮膚の保湿機能がもたらされている．

8. グリセリン，(ジ) プロピレングリコール，1,3-ブチレングリコール，ポリエチレングリコール，乳酸ナトリウム，ピロリドンカルボン酸ナトリウム，ヒアルロン酸，セラミドなどから3つ．

第11章

1. 表面形状，光が当たる物質の屈折率および分光反射率，散乱係数，吸収係数，異方性パラメータ，光源の波長
2. 混合の本質としては
   ①粉体と油剤成分を濡らすこと（粉体と油剤成分は互いによく濡れるもの，まったく濡れないもの，あるいはそれらの中間にあたる組み合わせのものがあるが，どの場合でも両者を濡らすことが本質となる）．
   ②均質にすること．
   が挙げられる．皮脂による水分蒸散抑制と，皮膚内の天然保湿因子による水分保持で皮膚の保湿機能がもたらされている．
3. ①× (W/O型)　②× (親油性)　③○　④○　⑤× (ワックス) グリセリン
4. ①水，油　②疎水性-親水性バランス (HLB)　③ピッカリング (Pickering)
   ④界面張力　⑤高い，又は大きい　⑥A　⑦B
5. ①粘膜　②皮膚　③角層　④皮脂　⑤紫外線　⑥メラニン　⑦乾燥

第12章

1. 物理量（視覚：波長，聴覚：周波数，波形など）で測定できない．味覚は甘味，酸味，塩味，苦味，うま味の5つが基本味に位置づけられる．基本味の受容器はヒトの場合，おもに舌にある．嗅覚は異なるシステムのため研究も難解であった．
2. 香りとして市場に受け入れられることが基本であるが，安定性，安全性，供給安定性があること．また法を順守していることが大変重要である．
3. 特に答えはありません．各自自由に考えてください．

第13章

1.

小分類	主要成分	助剤	頭髪への機能	製品の用途・特徴
シャンプー	界面活性剤（アニオン系）	高分子物質，抗菌剤	頭皮・頭髪の洗浄	頭髪及び頭皮の汚れを落とし，ふけ，かゆみを抑え，頭髪，頭皮を清潔に保つ．
ヘアリンス	界面活性剤（カチオンイオン系）	油性成分，水溶性高分子	すべり改善 静電気防止 油分補給	シャンプー後に使用し，毛髪になめらかさを与えて毛髪の表面を整える．

2．
 （ア）システイン（SS）結合（ジスルフィド結合でも可）
   ⇒システイン2分子が結合したもので，1剤の還元剤によって切断され，2剤の酸化剤で再結合してSS結合に戻る．
 （イ）イオン結合
   ⇒正電荷を持つ陽イオン（カチオン：アルギニンやリジンなどの塩基性アミノ酸残基）と負電荷を持つ陰イオン（アニオン：グルタミン酸，アスパラギン酸などの酸性アミノ酸残基）の間の静電引力による化学結合である．
   毛髪のなど等電帯は弱酸性である．
   毛髪のpHが等電点から離れていくと，イオン結合が切断される．
 （ウ）水素結合
   ⇒電気陰性度の大きい原子（陰性原子）に共有結合した水素と，電気陰性度の大きい原子の間の静電的な引力である．
   電気陰性度の大きい原子と結合した水素上には正電荷（δ^+）が生じ，電気陰性度の大きい原子上には負電荷（δ^-）が存在する．
 典型的な水素結合（5〜30 kJ/mole）は，ファンデルワールス力より10倍程度強いが，共有結合やイオン結合よりはるかに弱いが数が多い結合である．

3．有効成分の酸化染料が毛髪中に浸透し，毛髪中で酸化して結びつくことで発色し，色を定着させる．
 酸化染毛剤には染色と毛髪の色素であるメラニンを脱色する2つの働きをする作用があり，おしゃれ染めができるのもそのためである．アルカリが髪を膨潤させて過酸化水素がメラニンを脱色する．同時に入った染料を酸化して染毛する．

4．① 承認期間：3カ月，承認者：知事
 ② 承認期間：6カ月，承認者：厚生労働大臣
 ③ 承認期間：3カ月，承認者：知事
 ④ 承認期間：6カ月，承認者：厚生労働大臣
 ⑤ 化粧品のため承認不要（届出のみ）

第14章

1．① ×　② ○　③ ×　④ ○　⑤ ○
 ⑥ ○　⑦ ×　⑧ ×　⑨ ○　⑩ ×
 ⑪ ×　⑫ ×　⑬ ○　⑭ ×　⑮ ×

2．① a　② j　③ f　④ a　⑤ i
 ⑥ b　⑦ h　⑧ e　⑨ g　⑩ a
 ⑪ c　⑫ g　⑬ d

3．① 保湿　② グリセリン　③ セラミド　④ アミノ酸

4．① コラーゲン　② ヒアルロン酸　③ ビタミンA

5．① 乳酸　② グリコール酸　③ 角層　④ 新陳代謝またはターンオーバー

第15章

1．化粧品の歯磨剤は基本成分のみで組成された製剤で,「むし歯を防ぐ」,「口臭を防ぐ」,「歯を白くする」,「歯垢を除去する」などの効能をもつ．一方,医薬部外品の歯磨剤は,薬効成分を配合した製剤であり,配合した薬効成分の効能・効果,「歯周炎(歯槽膿漏)の予防」,「むし歯を防ぐ」,「口臭の防止」などの効能を有する．
2．基本成分としては,研磨剤と湿潤剤が挙げられる．研磨剤は,歯質を傷つけずに,歯垢や着色汚れなどの歯の表面の汚れを除去する作用をもち,無水ケイ酸,水酸化アルミニウムなどが用いられる．湿潤剤は,剤に適当な湿り気と可塑性を与え,グリセリンやソルビトールなどが用いられる．
3．フッ化物の作用は,歯質の耐酸性向上,再石灰化の促進が挙げられる．耐酸性向上は,ハイドロキシアパタイトがフッ化物によってフルオリデーテッドハイドロキシアパタイトに変換されることで耐酸性が向上する．再石灰化の促進は,表層下脱灰によって形成された初期う蝕にカルシウムやリンを供給してハイドロキシアパタイトを形成する再石灰化を促進する効果がある．
4．歯周病予防歯磨剤に配合される薬効成分は,細菌に作用する成分と生体へ作用する成分の2つ分類され,細菌に作用する成分はイソプロピルメチルフェノール,塩化セチルピリジニウムなど,生体へ作用する成分はトラネキサム酸,グリチルリチン酸がある．
5．製品パッケージ裏面の説明を参照すること．

第16章

1．1985年から連続して化粧水とファンデーションが1,2位を争っている．最新調査である2010年の出荷額は,化粧水が最も多く1500億円,次いでファンデーションが1400億円弱である．
2．店舗を持たない販売方法で,訪問販売や通信販売がある．
　訪問販売は,顧客の自宅や職場に訪問して販売するもので,メーカーが自社ブランドの化粧品を訓練した訪問販売員を通じて,消費者に販売する方法である．また,ネットワーク系無店舗販売というものもあり,従来の訪問販売とは異り,商品を販売しながら販売員(会員)を増やすことでもリベートが得られるような仕組みになっており,マルチ商法といわれている．2001年(平成13年)には「特定商取引に関する法律」が施行された．
　通信販売は,カタログやチラシを見てハガキやFAXで注文する方式とPCサイトや携帯サイトを見て注文できるようなインターネットによる販売がある．近年はインターネットによる通信販売での化粧品購入が増えている．
3．一般的に,上手なマーケティングとは,新しいマーケットをつくることであるといわれており,化粧品においても,潜在的な顧客のニーズを見つけ,新しい切り口を提案し,具現化することである．

4. 1つは化粧品に効果や機能をより強く求める機運Functionalism（機能主義）であり，もう1つは化粧品に自然のものへの憧憬や安心，安全を求める機運Naturalism（自然主義）である．

Functionalism（機能主義）とは，機能や効果，能力，論理，革新的，技術，特許，効率，最高級，最上級などのキーワードを好ましいと感じる機運で，高みを目指し日々躍進することを理想とする時期である．

Naturalism（自然主義）は，安心や安全，自然，環境，体にいい，気持ちいい，心に響く，物語などのキーワードを好ましいと感じる機運で，心休まり癒されることに幸福感を得ることを理想とする時期である．

5. 2000年以降化粧品市場は，Naturalism（自然主義）的機運を反映して，化粧品の安全，安心が求められ，オーガニック系やナチュラル系，メディカル系の化粧品が隆盛である．この傾向は，2013年ごろがピークになっていると思われる．

それ以降は，新たな機運に向きを変えて動き始める傾向がみられるであろう．つまり，もう一方の波であるFunctionalism（機能主義）的機運を意識した，新しいテクノロジーを生み出すための準備をする時期が来ているといえる．

参考文献

序章
1) 佐藤孝俊・石田達也 編著：香粧品科学，朝倉書店（1997）
2) 光井武夫 編：新化粧品学，南山堂（1993）

第2章
1) 清水 宏：あたらしい皮膚科学 第2版，中山書店（2011）
2) 富田 靖 監修：標準皮膚科学 第10版，医学書院（2013）

第3章
1) 光井武夫 編：新化粧品学，南山堂（1993）
2) 田上八朗・杉林堅次・能崎章輔・宿崎幸一・神田吉弘 監修：「スキンケア化粧品」，化粧品科学ガイド，pp.189-197，フレグランスジャーナル社（2010）
3) 田村健夫・廣田 博：香粧品科学――理論と実際，フレグランスジャーナル社（1990）
4) 福井 寛：トコトンやさしい化粧品の本，日刊工業新聞社（2009）
5) 日本化粧品工業連合会 編：化粧品の安全性評価に関する指針2008，薬事日報（2006）
6) 化粧品・医薬部外品製造販売ガイドブック2006，薬事日報社（2006）

第4章
1) 佐藤孝俊・石田達也 編著：香粧品科学，朝倉書店（1997）
2) 光井武夫 編：新化粧品学，南山堂（1993）
3) Fragrance Journal編集部 編：香粧品製造学――技術と実際，フレグランスジャーナル社（2001）
4) 田上八朗・杉林堅次・能崎章輔・宿崎幸一・神田吉弘 監修：「スキンケア化粧品」，化粧品科学ガイド，pp.189-197，フレグランスジャーナル社（2010）

第5章・第6章
1) 光井武夫 編：新化粧品学，南山堂（1993）
2) 廣田 博：化粧品用油脂の科学，フレグランスジャーナル社（1997）
3) 日本油化学会 編：油脂・脂質の基礎と応用，日本油化学会（2005）

第7章
1) 光井武夫 編：新化粧品学，南山堂（1993）
2) 日本油化学会 編：界面と界面活性剤 第2版，日本油化学会（2005）

第8章
1) 日本色彩学会 編：新編 色彩科学ハンドブック 第3版，東京大学出版会（2011）
2) Bowmaker J.K. and Dartnall H.J.A.: Visual pigments of rods and cones in a human retina., *J. Physiol.*, **298**, 501-511（1980）
3) 神取秀樹：ロドプシンの分子科学（総説），*Mol. Sci.*, **5**, A0043（2011）

4）安田利顕：美容のヒフ科学，南山堂（2010）
5）齋藤勝裕：光と色彩の科学，ブルーバックス（2010）
6）紫外線環境保健マニュアル2008，環境省環境保健部環境安全課（2008）
7）「読んで美に効く基礎知識」株式会社 生活と科学社のサイト，http://cosme-science.jp/
8）調査報告書「藤嶋 昭，酸化チタンの光触媒技術で世界をクリーンに」，（財）武田計測先端知財団，http://www.takeda-foundation.jp/reports/pdf/ant0209.pdf
9）一見敏男：印刷のための色彩学，日本印刷新聞社（2002）
10）日本化粧品工業連合会 編：日本汎用化粧品原料集 第三版，薬事日報社（1994）
11）藤井正美 監修：新版・食用天然色素，光琳（2001）
12）日本化粧品技術者会 編：化粧品事典，丸善（2005）
13）佐藤孝俊・石田達也 編著：香粧品科学，朝倉書店（1997）
14）光井武夫 編：新化粧品学，南山堂（1993）

第9章

1）渡辺洋三：香りの小百科，工業調査会（1996）
2）新井綜一 他：最新香料の事典，朝倉書店（2000）
3）谷田貝光克 編：香りの百科事典，丸善（2005）
4）印藤元一：合成香料――化学と商品知識，化学工業日報社（1996）
5）印藤元一：香料の実際知識，東洋経済新聞社（1999）
6）中島基貴：香料と調香の基礎知識，産業図書（1995）
7）吉儀英記：香料入門，フレグランスジャーナル社（2003）
8）長谷川香料株式会社：香料の科学，講談社サイエンティフィック（2013）
9）日本香料協会 編：香りの百科，朝倉書店（1989）
10）日本香料工業業界ホームページ http://www.jffma-jp.org/

第10章

1）佐藤孝俊・石田達也 編著：香粧品科学，朝倉書店（1997）
2）光井武夫 編：新化粧品学，南山堂（1993）
3）田上八朗・杉林堅次・能崎章輔・宿崎幸一・神田吉弘 監修：「スキンケア化粧品」，化粧品科学ガイド，pp.189-197，フレグランスジャーナル社（2010）

第11章

1）樋口清之：化粧の文化史，国際粧業出版（1982）
2）尾澤達也：化粧品の科学，p.118，裳華房（1998）
3）小野正宏・大枝一郎：最新化粧品科学，p.63，日本化粧品技術者会（1988）
4）吉田貞史・矢嶋弘義：薄膜・光デバイス，p.37，東京大学出版会（1994）
5）P. Beckmann and A. Spizzichino: The Scattering of Electromagnetic Wave from Rough Surfaces, Pergamon Press（1963）
6）Thomas J. Farrell and Michel S. Patterson: A diffusion theory model of spatially resolved, steady-state diffuse reflectance for the noninvasive determination of tissue optical properties, *Med. Phys.*, **19**, 879（1992）
7）Richard C. Haskell, Lars O. Svaasand et al.: Boundary conditions for the diffusion equation in

radiative transfer., *J. Opt. Soc. Am. A.*, **11**, 2727（1994）
8) Ashley J. Welch, Martin J.C. van Gemert,: Optical-Thermal Response of Laser-Irradiated Tissue, Plenum Press（1995）
9) A. Ishimaru,: Wave Propagation and Scattering in Random Media, IEEE Press（1997）
10) 小野寺嘉孝：物理のための応用数学，p.179，裳華房（1988）
11) 小野正宏・大枝一郎：最新化粧品科学，p.69，日本化粧品技術者会（1988）
12) 小川克基 他：色材研究発表会講演要旨集，p.158（2000）
13) 小川克基 他：電子・情報・システム部門大会要旨集，p.501，電気学会（2001）
14) 坂崎ゆかり 他：*J. Soc. Cosmet. Chem. Jpn*, Vol.36, No.2, 25（2002）
15) 鳥塚 誠 他：*J. Soc. Cosmet. Chem. Jpn*, Vol.28, No.4, 350（1995）
16) 長谷 昇：*J. Soc. Cosmet. Chem. Jpn*, Vol.35, No.4, 289（2001）
17) 蔵多淑子：機能性化粧品，p.284，シーエムシー出版（1990）
18) 田中 巧：*FRAGANCE JOURNAL*, 4, 48（2004）
19) 堀野政章：色材，**65**(8)，24（1992）
20) S.U. Pickering,: *J. Chem. Soc.*, **9**, 2001（1907）
21) 野々村美宗：色材，**77**(1)，23（2004）
22) 表面，Vol.42，No.1，12（2004）
23) 進邦あゆみ：*FRAGANCE JOURNAL*, Vol.6, 27（2004）
24) 半山敦士：*COSMETIC STAGE*, Vol.5, No.6, 41（2011）
25) 佐藤昇生：機能性化粧品Ⅱ，第16章，p.206，シーエムシー出版（2006）
26) 柴田雅史：おもしろサイエンス リップ化粧品の世界，日刊工業新聞社（2012）
27) 半山敦士：機能性化粧料Ⅳ，第2章，p.96，シーエムシー出版（2006）
28) 池田智子：*COSMETIC STAGE*, Vol.6, No.2, p.11（2011）
29) 引間理恵：日本香粧品学会誌，**29**(1)，20（2005）
30) 新井精一：香粧会誌，**14**，66（1990）

第12章

1) 吉儀英記：香料入門，フレグランスジャーナル社（2003）
2) 堀内哲嗣郎：香り創りをデザインする，フレグランスジャーナル社（2010）
3) Jean Carles: A method of creation in perfumery（1963）
4) 広山 均：名香にみる処方の研究，フレグランスジャーナル社（2010）
5) マリ・ベネディクト・ゴーティ：世界の香水，原書房（2013）
6) ロジャ・ダブ：香水の歴史，原書房（2010）

第14章

1) 正木 仁 監修：機能性化粧品の開発Ⅳ，シーエムシー出版（2012）
2) 正木 仁 編著・監修：保湿・美白・抗シワ・抗酸化 評価・実験法マニュアル，フレグランスジャーナル社（2012）
3) 手島邦和・中村 淳 編著：コスメチックハンドブック，じほう（2012）
4) 日本化粧品技術者会：SCCJセミナー 化粧品開発技術の変遷 Vol 1（1-25回合本版）（2005）
5) 安田利顕：美容のヒフ科学，南山堂（2010）

第15章

1) 歯みがき類の表示に関する公正競争規約
2) 厚生省（現 厚生労働省）発行「歯口清掃指導の手引き」
3) 厚生労働省発行試験問題の作成に関する手引き（平成19年8月）
4) 金子憲司：歯磨剤を科学する（飯塚喜一 他編），pp. 4-29, 学建書院（1994）
5) 三畑光代 他：口腔衛生会誌，48, 588（1998）
6) Baxter, P.M., et al.: *J.Oral. Rehabil.*, **8**, 19（1981）
7) 石川政夫 他：口腔衛生会誌，**34**, 124（1984）
8) 可児徳子 他：口腔衛生会誌，**35**, 104（1985）
9) Dijkman, A. et al.: *Caries Res.*, **24**, 263（1990）
10) 北村中也 他：口腔衛生会誌，**30**, 114（1980）
11) Triratana,T. et al.: *J. Am. Dent. Assoc.*, **133**, 219-225（2002）
12) 数野恵子 他：日本歯周病学会会誌，**46**, 172（2004）
13) 池田克己 他：日本歯周病学会会誌，**36**, 215-222（1994）
14) 柴崎顕一郎 他：歯周病と全身の健康を考える（（財）ライオン歯科衛生研究所 編），pp.271-280（2004）
15) 池田克己 他：日本歯周病学会会誌，**23**, 437-450（1981）
16) 中尾俊一 他：*J. Dent. Hlth.*, **41**, 643-653（1991）
17) 渡辺幸男 他：日本歯周病学会会誌，**30**, 875-886（1988）

第16章

1) 菅沼 薫：新規機能性化粧品のもたらす市場の活性化，日本香粧品学会誌，Vol.30, No.3, 165-169（2006）
2) 山本桂子：お化粧しないは不良のはじまり，講談社（2006）
3) 米澤 泉：コスメの時代──私遊びの現在文化論，勁草書房（2008）
4) 大坊郁夫 編：化粧行動の社会心理学──化粧する人間のこころと行動，北大路書房（2001）
5) 日本化粧品工業連合会資料（2013）
6) 香月秀文：化粧品マーケティング，日本能率協会マネジメントセンター（2005）
7) 梅本博史：最新化粧品業界の動向とカラクリがよ〜くわかる本，秀和システム（2011）
8) 南野美紀：研究開発とマーケティングのインターフェイスに関する研究，神戸大学大学院修士論文（2004）
9) 田内幸一：市場創造のマーケティング，三嶺書房（1983）
10) 水尾順一：化粧品のブランド史，中公新書（1998）
11) 平林千春：実践ブランド・マネジメント戦略，実務教育出版（1998）
12) 青木幸弘・田中 洋・岸 志津江 編著：ブランド構築と広告戦略，日経広告研究所（2000）
13) 小川孔輔：よくわかるブランド戦略，日本実業出版社（2001）
14) フジサンケイリビング新聞社：年代別肌の悩み調査（2005.7, 2010.1）
15) 化粧品メーカー各社から提供された資料，社史等
16) 菅沼 薫：感性を切り口にした消費者意識と化粧品トレンド，日本化粧品技術者会誌（SCCJ），Vol.45, No.3, 181-188（2011）
17) Richard L. et. al.: The Neuro-Immuno-Cutaneous-Endocrine Network : Relationship of Mind and Skin : The Archives Dermatology, Vol.134（1998）

18) Margaret A. et. al.: Stress-Induced Changes in Skin Barrier Function in Healthy Woman, *J. Invest Dermatology*, 117, 309-317（2001）
19) 2008年 株式会社総合企画センター大阪調べ：週刊粧業，2009.10.26発行
20) 城 一夫：日本のファッション1868-2007，青幻舎（2007）
21) 渡辺明日香：ストリートファッションの時代，明現社（2005）
22) フジサンケイリビング新聞社：くらしHOW（2008.1）
23) 黒川伊保子・岡田耕一：なぜ，人は7年で飽きるのか，中経出版（2007）

付　録

1

化粧品基準

平成12年9月29日　厚生省告示第331号
最終改正：平成22年2月26日　厚生労働省告示第63号

　薬事法（昭和35年法律第145号）第42条第2項の規定に基づき，化粧品基準を次のように定め，平成13年4月1日から適用し，化粧品品質基準（昭和42年8月厚生省告示第321号）及び化粧品原料基準（昭和42年8月厚生省告示第322号）は，平成13年3月31日限り廃止する．ただし，医薬品の成分であって，この告示の適用の際現に受けている同法第14条第1項の規定による承認に係る化粧品の成分であるもの又は昭和36年2月厚生省告示第15号（薬事法第14条第1項の規定に基づき品目ごとの承認を受けなければならない化粧品の成分を指定する件）別表に掲げられていた化粧品の成分であるものについては，2の規定にかかわらず，当該承認に係る化粧品の成分の分量又は同表に掲げられていた化粧品の成分の分量に限り，化粧品の成分とすることができるものとし，平成13年3月31日までの間に製造され，又は輸入された化粧品については，なお従前の例による．

化粧品基準
1　総則
　化粧品の原料は，それに含有される不純物等も含め，感染のおそれがある物を含む等その使用によって保健衛生上の危険を生じるおそれがある物であってはならない．
2　防腐剤，紫外線吸収剤及びタール色素以外の成分の配合の禁止
　化粧品は，医薬品の成分（添加剤としてのみ使用される成分及び別表第2から第4に掲げる成分を除く．），生物由来原料基準（平成15年厚生労働省告示第210号）に適合しない物，化学物質の審査及び製造等の規制に関する法律（昭和48年法律第117号）第2条第2項に規定する第一種特定化学物質，同条第3項に規定する第二種特定化学物質その他これらに類する性状を有する物であって厚生労働大臣が別に定めるもの及び別表第1に掲げる物を配合してはならない．
3　防腐剤，紫外線吸収剤及びタール色素以外の成分の配合の制限
　化粧品は，別表第2の成分名の欄に掲げる物を配合する場合は，同表の100g中の最大配合量の欄に掲げる範囲内でなければならない．
4　防腐剤，紫外線吸収剤及びタール色素の配合の制限
　化粧品に配合される防腐剤（化粧品中の微生物の発育を抑制することを目的として化粧品に配合される物をいう．）は，別表第3に掲げる物でなければならない．
　化粧品に配合される紫外線吸収剤（紫外線を特異的に吸収する物であって，紫外線による有害な影響から皮膚又は毛髪を保護することを目的として化粧品に配合されるものをいう．）は，別表第4に掲げる物でなければならない．
　化粧品に配合されるタール色素については，医薬品等に使用することができるタール色素を定める省令（昭和41年厚生省令第30号）第3条の規定を準用する．ただし，赤色219号及び黄色204号については，毛髪及び爪のみに使用される化粧品に限り，配合することができる．
5　化粧品に配合されるグリセリンは，当該成分100g中ジエチレングリコール0.1g以下のものでなければならない．
　この告示の適用の際現に同法第14条第1項の規定による承認を受け，若しくは同法第14条の9第1項の規定による届出が行われた化粧品又は同法第19条の2第1項の規定による承認を受けている化粧品であって，平成21年3月31日までに製造され，又は輸入されるものについては，なお従前の例によることができる．

別表第1
1　6-アセトキシ-2,4-ジメチル-m-ジオキサン

2 アミノエーテル型の抗ヒスタミン剤（ジフェンヒドラミン等）以外の抗ヒスタミン
3 エストラジオール，エストロン又はエチニルエストラジオール以外のホルモン及びその誘導体
4 塩化ビニルモノマー
5 塩化メチレン
6 オキシ塩化ビスマス以外のビスマス化合物
7 過酸化水素
8 カドミウム化合物
9 過ホウ酸ナトリウム
10 クロロホルム
11 酢酸プログレノロン
12 ジクロロフェン
13 水銀及びその化合物
14 ストロンチウム化合物
15 スルファミド及びその誘導体
16 セレン化合物
17 ニトロフラン系化合物
18 ハイドロキノンモノベンジルエーテル
19 ハロゲン化サリチルアニリド
20 ビタミンL1及びL2
21 ビチオノール
22 ピロカルピン
23 ピロガロール
24 フッ素化合物のうち無機化合物
25 プレグナンジオール
26 プロカイン等の局所麻酔剤
27 ヘキサクロロフェン
28 ホウ酸
29 ホルマリン
30 メチルアルコール

別表第2

1 すべての化粧品に配合の制限がある成分

成分名	100g中の最大配合量
アラントインクロルヒドロキシアルミニウム	1.0g
カンタリスチンキ，ショウキョウチンキ又はトウガラシチンキ	合計量として1.0g
サリチル酸フェニル	1.0g
ポリオキシエチレンラウリルエーテル（8～10 E.O.）	2.0g

2 化粧品の種類又は使用目的により配合の制限がある成分

成分名	100g中の最大配合量
エアゾール剤 　　ジルコニウム	配合不可
石けん，シャンプー等の直ちに洗い流す化粧品 　　チラム	0.50g

石けん，シャンプー等の直ちに洗い流す化粧品以外の化粧品 　ウンデシレン酸モノエタノールアミド 　チラム 　パラフェノールスルホン酸亜鉛 　2-（2-ヒドロキシ-5-メチルフェニル）ベンゾトリアゾール 　ラウロイルサルコシンナトリウム	配合不可 0.30 g 2.0 g 7.0 g 配合不可
頭部，粘膜部又は口腔内に使用される化粧品及びその他の部位に使用される化粧品で脂肪族低級一価アルコール類を含有する化粧品（当該化粧品に配合された成分の溶解のみを目的として当該アルコール類を含有するものを除く．） 　エストラジオール，エストロン又はエチニルエストラジオール	合計量として20000国際単位
頭部，粘膜部又は口腔内に使用される化粧品以外の化粧品で脂肪族低級一価アルコール類を含有しない化粧品（当該化粧品に配合された成分の溶解のみを目的として当該アルコール類を含有するものを含む．） 　エストラジオール，エストロン又はエチニルエストラジオール	合計量として50000国際単位
頭部のみに使用される化粧品 　アミノエーテル型の抗ヒスタミン剤	0.010 g
頭部のみに使用される化粧品以外の化粧品 　アミノエーテル型の抗ヒスタミン剤	配合不可
歯磨 　ジエチレングリコール 　ラウロイルサルコシンナトリウム	配合不可 0.50 g
ミツロウ及びサラシミツロウを乳化させる目的で使用するもの 　ホウ砂	0.76 g（ミツロウ及びサラシミツロウの1/2以下の配合量である場合に限る．）
ミツロウ及びサラシミツロウを乳化させる目的以外で使用するもの 　ホウ砂	配合不可

3　化粧品の種類により配合の制限のある成分（注1）

成分名	100 g 中の最大配合量（g）		
	粘膜に使用されることがない化粧品のうち洗い流すもの	粘膜に使用されることがない化粧品のうち洗い流さないもの	粘膜に使用されることがある化粧品
タイソウエキス（注2）	○	○	5.0
チオクト酸 ユビデカレノン	0.01 0.03	0.01 0.03	

（注1）空欄は，配合してはならないことを示し，○印は，配合の上限がないことを示す．
（注2）日本薬局方タイソウを30％（w/v）エタノール水溶液で抽出することにより得られるエキスをいう．

別表第3
1 すべての化粧品に配合の制限がある成分

成 分 名	100 g 中の最大配合量（g）
安息香酸	0.2
安息香酸塩類	合計量として1.0
塩酸アルキルジアミノエチルグリシン	0.20
感光素	合計量として0.0020
クロルクレゾール	0.50
クロロブタノール	0.10
サリチル酸	0.20
サリチル酸塩類	合計量として1.0
ソルビン酸及びその塩類	合計量として0.50
デヒドロ酢酸及びその塩類	合計量として0.50
トリクロロヒドロキシジフェニルエーテル（別名トリクロサン）	0.10
パラオキシ安息香酸エステル及びそのナトリウム塩	合計量として1.0
フェノキシエタノール	1.0
フェノール	0.10
ラウリルジアミノエチルグリシンナトリウム	0.030
レゾルシン	0.10

2 化粧品の種類により配合の制限がある成分（注1）

成 分 名	100 g 中の最大配合量（g）		
	粘膜に使用されることがない化粧品のうち洗い流すもの	粘膜に使用されることがない化粧品のうち洗い流さないもの	粘膜に使用されることがある化粧品
亜鉛・アンモニア・銀複合置換型ゼオライト（注4）	1.0	1.0	
安息香酸パントテニルエチルエーテル	○	0.30	0.30
イソプロピルメチルフェノール	○	0.10	0.10
塩化セチルピリジニウム	5.0	1.0	0.010
塩化ベンザルコニウム	○	0.050	0.050
塩化ベンゼトニウム	0.50	0.20	
塩酸クロルヘキシジン	0.10	0.10	0.0010
オルトフェニルフェノール	○	0.30	0.30
オルトフェニルフェノールナトリウム	0.15	0.15	
銀－銅ゼオライト（注5）	0.5	0.5	
グルコン酸クロルヘキシジン	○	0.050	0.050
クレゾール	0.010	0.010	
クロラミンT	0.30	0.10	
クロルキシレノール	0.30	0.20	0.20
クロルフェネシン	0.30	0.30	
クロルヘキシジン	0.10	0.050	0.050

1,3-ジメチロール-5,5-ジメチルヒダントイン	0.30		
臭化アルキルイソキノリニウム	○	0.050	0.050
チアントール	0.80	0.80	
チモール	0.050	0.050	○（注2）
トリクロロカルバニリド	○	0.30	0.30
パラクロルフェノール	0.25	0.25	
ハロカルバン	○	0.30	0.30
ヒノキチオール	○	0.10	0.050
ピリチオン亜鉛	0.10	0.010	0.010
ピロクトンオラミン	0.05	0.05	
ブチルカルバミン酸ヨウ化プロピニル（注6）	0.02	0.02	0.02
ポリアミノプロピルビグアナイド	0.1	0.1	0.1
メチルイソチアゾリノン	0.01	0.01	
メチルクロロイソチアゾリノン・メチルイソチアゾリノン液（注3）	0.10		
N,N''-メチレンビス［N'-(3-ヒドロキシメチル-2,5-ジオキソ-4-イミダゾリジニル)ウレア］	0.30		
ヨウ化パラジメチルアミノスチリルヘプチルメチルチアゾリウム	0.0015	0.0015	

（注1）空欄は，配合してはならないことを示し，○印は，配合の上限がないことを示す．
（注2）粘膜に使用される化粧品であって，口腔に使用されるものに限り，配合することができる．
（注3）5-クロロ-2-メチル-4-イソチアゾリン-3-オン1.0～1.3％及び2-メチル-4-イソチアゾリン-3-オン0.30～0.42％を含む水溶液をいう．
（注4）強熱した場合において，銀として0.2％～4.0％及び亜鉛として5.0％～15.0％を含有するものをいう．
（注5）強熱した場合において，銀として2.7％～3.7％及び銅として4.9％～6.3％を含有するものをいう．
（注6）エアゾール剤へ配合してはならない．

別表第4

1 すべての化粧品に配合の制限がある成分

成分名	100g中の最大配合量（g）
サリチル酸ホモメンチル	10
2-シアノ-3,3-ジフェニルプロパ-2-エン酸2-エチルヘキシルエステル（別名オクトクリレン）	10
ジパラメトキシケイ皮酸モノ-2-エチルヘキサン酸グリセリル	10
パラアミノ安息香酸及びそのエステル	合計量として4.0
4-tert-ブチル-4'-メトキシジベンゾイルメタン	10

2 化粧品の種類により配合の制限がある成分（注1）

成　分　名	100g中の最大配合量（g）		
	粘膜に使用されることがない化粧品のうち洗い流すもの	粘膜に使用されることがない化粧品のうち洗い流さないもの	粘膜に使用されることがある化粧品
4-(2-β-グルコピラノシロキシ)プロポキシ-2-ヒドロキシベンゾフェノン	5.0	5.0	
サリチル酸オクチル	10	10	5.0
2,5-ジイソプロピルケイ皮酸メチル	10	10	
2-[4-(ジエチルアミノ)-2-ヒドロキシベンゾイル]安息香酸ヘキシルエステル	10.0	10.0	
シノキサート	○	5.0	5.0
ジヒドロキシジメトキシベンゾフェノン	10	10	
ジヒドロキシジメトキシベンゾフェノンジスルホン酸ナトリウム	10	10	
ジヒドロキシベンゾフェノン	10	10	
ジメチコジエチルベンザルマロネート	10.0	10.0	10.0
1-(3,4-ジメトキシフェニル)-4,4-ジメチル-1,3-ペンタンジオン	7.0	7.0	
ジメトキシベンジリデンジオキソイミダゾリジンプロピオン酸2-エチルヘキシル	3.0	3.0	
テトラヒドロキシベンゾフェノン	10	10	0.050
テレフタリリデンジカンフルスルホン酸	10	10	
2,4,6-トリス[4-(2-エチルヘキシルオキシカルボニル)アニリノ]-1,3,5-トリアジン	5.0	5.0	
トリメトキシケイ皮酸メチルビス（トリメチルシロキシ）シリルイソペンチル	7.5	7.5	2.5
ドロメトリゾールトリシロキサン	15.0	15.0	
パラジメチルアミノ安息香酸アミル	10	10	
パラジメチルアミノ安息香酸2-エチルヘキシル	10	10	7.0

パラメトキシケイ皮酸イソプロピル・ジイソプロピルケイ皮酸エステル混合物（注２）	10	10	
パラメトキシケイ皮酸2-エチルヘキシル	20	20	8.0
2,4-ビス-[{4-(2-エチルヘキシルオキシ)-2-ヒドロキシ}-フェニル]-6-(4-メトキシフェニル)-1,3,5-トリアジン	3.0	3.0	
2-ヒドロキシ-4-メトキシベンゾフェノン	○	5.0	5.0
ヒドロキシメトキシベンゾフェノンスルホン酸及びその三水塩	10（注３）	10（注３）	0.10（注３）
ヒドロキシメトキシベンゾフェノンスルホン酸ナトリウム	10	10	1.0
フェニルベンズイミダゾールスルホン酸	3.0	3.0	
フェルラ酸	10	10	
2,2'-メチレンビス(6-(2Hベンゾトリアゾール-2-イル)-4-(1,1,3,3-テトラメチルブチル)フェノール	10.0	10.0	

（注１）空欄は，配合してはならないことを示し，○印は，配合の上限がないことを示す．
（注２）パラメトキシケイ皮酸イソプロピル72.0〜79.0％，2,4−ジイソプロピルケイ皮酸エチル15.0〜21.0％及び2,4−ジイソプロピルケイ皮酸メチル3.0〜9.0％を含有するものをいう．
（注３）ヒドロキシメトキシベンゾフェノンスルホン酸としての合計量とする．

2

医薬品等に使用することができるタール色素を定める省令

昭和41年8月31日　厚生省令第30号

　薬事法（昭和35年法律第145号）第56条第7号（第60条及び第62条において準用する場合を含む．）の規定に基づき，医薬品等に使用することができるタール色素を定める省令を次のように定める．

医薬品等に使用することができるタール色素を定める省令
（医薬品用タール色素）略
（医薬部外品用タール色素）略
（化粧品用タール色素）
第3条　法第62条において準用する法第56条第8号に規定する厚生労働省令で定めるタール色素は，次の各号の区分に従い，それぞれ当該各号に掲げるタール色素（別表に規定する規格に適合するものに限る．）とする．ただし，毛髪の洗浄又は着色を目的とする化粧品については，すべてのタール色素とする．
一　化粧品（次号に掲げるものを除く．）　別表第一部及び第二部に規定するタール色素
二　粘膜に使用されることがない化粧品　別表第一部，第二部及び第三部に規定するタール色素
2　前項に規定する規格に適合するかどうかの判定については，第1条第2項の規定を準用する．

別表
第一部
品目
1　赤色2号（別名アマランス（Amaranth））
2　赤色3号（別名エリスロシン（Erythrosine））
3　赤色102号（別名ニューコクシン（New Coccine））
4　赤色104号の(1)（別名フロキシンB（Phloxine B））
5　赤色105号の(1)（別名ローズベンガル（Rose Bengal））
6　赤色106号（別名アシッドレッド（Acid Red））
7　黄色4号（別名タートラジン（Tartrazine））
8　黄色5号（別名サンセットイエローFCF（Sunset Yellow FCF））
9　緑色3号（別名ファストグリーンFCF（Fast Green FCF））
10　青色1号（別名ブリリアントブルーFCF（Brilliant Blue FCF））
11　青色2号（別名インジゴカルミン（Indigo Carmine））
12　1から11までに掲げるもののアルミニウムレーキ

第二部
品目
1　赤色201号（別名リソールルビンB（Lithol Rubine B））
2　赤色202号（別名リソールルビンBCA（Lithol Rubine BCA））
3　赤色203号（別名レーキレッドC（Lake Red C））
4　赤色204号（別名レーキレッドCBA（Lake Red CBA））
5　赤色205号（別名リソールレッド（Lithol Red））
6　赤色206号（別名リソールレッドCA（Lithol Red CA））
7　赤色207号（別名リソールレッドBA（Lithol Red BA））
8　赤色208号（別名リソールレッドSR（Lithol Red SR））
9　赤色213号（別名ローダミンB（Rhodamine B））

10　赤色214号（別名ローダミンBアセテート（Rhodamine B Acetate））
11　赤色215号（別名ローダミンBステアレート（Rhodamine B Stearate））
12　赤色218号（別名テトラクロロテトラブロモフルオレセイン（Tetrachlorotetrabromofluorescein））
13　赤色219号（別名ブリリアントレーキレッドR（Brilliant Lake Red R））
14　赤色220号（別名ディープマルーン（Deep Maroon））
15　赤色221号（別名トルイジンレッド（Toluidine Red））
16　赤色223号（別名テトラブロモフルオレセイン（Tetrabromofluorescein））
17　赤色225号（別名スダンⅢ（Sudan Ⅲ））
18　赤色226号（別名ヘリンドンピンクCN（Helindone Pink CN））
19　赤色227号（別名ファストアシッドマゼンタ（Fast Acid Magenta））
20　赤色228号（別名パーマトンレッド（Permaton Red））
21　赤色230号の(1)（別名エオシンYS（Eosine YS））
22　赤色230号の(2)（別名エオシンYSK（Eosine YSK））
23　赤色231号（別名フロキシンBK（Phloxine BK））
24　赤色232号（別名ローズベンガルK（Rose Bengal K））
25　だいだい色201号（別名ジブロモフルオレセイン（Dibromofluorescein））
26　だいだい色203号（別名パーマネントオレンジ（Permanent Orange））
27　だいだい色204号（別名ベンチジンオレンジG（Benzidine Orange G））
28　だいだい色205号（別名オレンジⅡ（Orange Ⅱ））
29　だいだい色206号（別名ジヨードフルオレセイン（Diiodofluorescein））
30　だいだい色207号（別名エリスロシン黄NA（Erythrosine Yellowish NA））
31　黄色201号（別名フルオレセイン（Fluorescein））
32　黄色202号の(1)（別名ウラニン（Uranine））
33　黄色202号の(2)（別名ウラニンK（Uranine K））
34　黄色203号（別名キノリンイエローWS（Quinoline Yellow WS））
35　黄色204号（別名キノリンイエローSS（Quinoline Yellow SS））
36　黄色205号（別名ベンチジンイエローG（Benzidine Yellow G））
37　緑色201号（別名アリザリンシアニングリーンF（Alizarine Cyanine Green F））
38　緑色202号（別名キニザリングリーンSS（Quinizarine Green SS））
39　緑色204号（別名ピラニンコンク（Pyranine Conc））
40　緑色205号（別名ライトグリーンSF黄（Light Green SF Yellowish））
41　青色201号（別名インジゴ（Indigo））
42　青色202号（別名パテントブルーNA（Patent Blue NA））
43　青色203号（別名パテントブルーCA（Patent Blue CA））
44　青色204号（別名カルバンスレンブルー（Carbanthrene Blue））
45　青色205号（別名アルファズリンFG（Alphazurine FG））
46　褐色201号（別名レゾルシンブラウン（Resorcin Brown））
47　紫色201号（別名アリズリンパープルSS（Alizurine Purple SS））
48　19，21から24まで，28，30，32から34まで，37，39，40，45及び46に掲げるもののアルミニウムレーキ
49　28，34及び42並びに第一部の品目の4，7，8及び10に掲げるもののバリウムレーキ
50　28，34及び40並びに第一部の品目の7，8及び10に掲げるもののジルコニウムレーキ

第三部
品目
1　赤色401号（別名ビオラミンR（Violamine R））
2　赤色404号（別名ブリリアントファストスカーレット（Brilliant Fast Scarlet））
3　赤色405号（別名パーマネントレッドF5R（Permanent Red F 5 R））
4　赤色501号（別名スカーレットレッドNF（Scarlet Red NF））
5　赤色502号（別名ポンソー3R（Ponceau 3 R））

6 赤色503号（別名ポンソーR（Ponceau R））
7 赤色504号（別名ポンソーSX（Ponceau SX））
8 赤色505号（別名オイルレッドXO（Oil Red XO））
9 赤色506号（別名ファストレッドS（Fast Red S））
10 だいだい色401号（別名ハンサオレンジ（Hanza Orange））
11 だいだい色402号（別名オレンジI（Orange I））
12 だいだい色403号（別名オレンジSS（Orange SS））
13 黄色401号（別名ハンサイエロー（Hanza Yellow））
14 黄色402号（別名ポーライエロー5G（Polar Yellow 5G））
15 黄色403号の(1)（別名ナフトールイエローS（Naphthol Yellow S））
16 黄色404号（別名イエローAB（Yellow AB））
17 黄色405号（別名イエローOB（Yellow OB））
18 黄色406号（別名メタニルイエロー（Metanil Yellow））
19 黄色407号（別名ファストライトイエロー3G（Fast Light Yellow 3G））
20 緑色401号（別名ナフトールグリーンB（Naphthol Green B））
21 緑色402号（別名ギネアグリーンB（Guinea Green B））
22 青色403号（別名スダンブルーB（Sudan Blue B））
23 青色404号（別名フタロシアニンブルー（Phthalocyanine Blue））
24 紫色401号（別名アリズロールパープル（Alizurol Purple））
25 黒色401号（別名ナフトールブルーブラック（Naphthol Blue Black））
26 1，5から7まで，9，11，14，15，18，19，21，24及び25に掲げるもののアルミニウムレーキ
27 11及び21に掲げるもののバリウムレーキ

3

化粧品として記載できる効能効果表現の範囲

平成12年12月28日付け厚生省医薬安全局長通知，平成23年7月21日付け厚生労働省医薬食品局審査監理課長及び厚生労働省医薬食品局監視指導・麻薬対策課長通知抜粋

（1）頭皮，毛髪を清浄にする．
（2）香りにより毛髪，頭皮の不快臭を抑える．
（3）頭皮，毛髪をすこやかに保つ．
（4）毛髪にはり，こしを与える．
（5）頭皮，毛髪にうるおいを与える．
（6）頭皮，毛髪のうるおいを保つ．
（7）毛髪をしなやかにする．
（8）クシどおりをよくする．
（9）毛髪のつやを保つ．
（10）毛髪につやを与える．
（11）フケ，カユミがとれる．
（12）フケ，カユミを抑える．
（13）毛髪の水分，油分を補い保つ．
（14）裂毛，切毛，枝毛を防ぐ．
（15）髪型を整え，保持する．
（16）毛髪の帯電を防止する．
（17）（汚れをおとすことにより）皮膚を清浄にする．
（18）（洗浄により）ニキビ，アセモを防ぐ（洗顔料）．
（19）肌を整える．
（20）肌のキメを整える．
（21）皮膚をすこやかに保つ．
（22）肌荒れを防ぐ．
（23）肌をひきしめる．
（24）皮膚にうるおいを与える．
（25）皮膚の水分，油分を補い保つ．
（26）皮膚の柔軟性を保つ．
（27）皮膚を保護する．
（28）皮膚の乾燥を防ぐ．
（29）肌を柔らげる．
（30）肌にはりを与える．
（31）肌にツヤを与える．
（32）肌を滑らかにする．
（33）ひげを剃りやすくする．
（34）ひげそり後の肌を整える．
（35）あせもを防ぐ（打粉）．
（36）日やけを防ぐ．
（37）日やけによるシミ，ソバカスを防ぐ．
（38）芳香を与える．
（39）爪を保護する．
（40）爪をすこやかに保つ．
（41）爪にうるおいを与える．
（42）口唇の荒れを防ぐ．
（43）口唇のキメを整える．
（44）口唇にうるおいを与える．
（45）口唇をすこやかにする．
（46）口唇を保護する．口唇の乾燥を防ぐ．
（47）口唇の乾燥によるカサツキを防ぐ．
（48）口唇を滑らかにする．
（49）ムシ歯を防ぐ（使用時にブラッシングを行う歯みがき類）．
（50）歯を白くする（使用時にブラッシングを行う歯みがき類）．
（51）歯垢を除去する（使用時にブラッシングを行う歯みがき類）．
（52）口中を浄化する（歯みがき類）．
（53）口臭を防ぐ（歯みがき類）．
（54）歯のやにを取る（使用時にブラッシングを行う歯みがき類）．
（55）歯石の沈着を防ぐ（使用時にブラッシングを行う歯みがき類）．
（56）乾燥による小ジワを目立たなくする．
（注1）※平成23年7月21日追加

4

医薬部外品の種類と効能の範囲

○ GMP を適用しない医薬部外品 （別紙1の1）

	種　　類	使　用　目　的	効能又は効果の範囲
1	口中清涼剤	吐き気その他の不快感の防止を目的とする内服剤	溜飲, 悪心・嘔吐, 乗物酔い, 二日酔い, 宿酔, めまい, 口臭, 胸つかえ, 気分不快, 暑気あたり
2	腋臭防止剤	体臭の防止を目的とする外用剤	わきが（腋臭）, 皮膚汗臭, 制汗
3	てんか粉類	あせも, ただれ等の防止を目的とする外用剤	あせも, おしめ（おむつ）かぶれ, ただれ, 股ずれ, かみそりまけ
4	育毛剤（養毛剤）	脱毛の防止及び育毛を目的とする外用剤	育毛, 薄毛, かゆみ, 脱毛の予防, 毛生促進, 発毛促進, ふけ, 病後・産後の脱毛, 養毛
5	除毛剤	除毛を目的とする外用剤	除毛
6	染毛剤（脱色剤, 脱染剤）	毛髪の染色, 脱色又は脱染を目的とする外用剤 毛髪を単に物理的に染色するものは医薬部外品には該当しない	染毛, 脱色, 脱染
7	パーマネント・ウェーブ用剤	毛髪のウェーブ等を目的とする外用剤	毛髪にウェーブをもたせ, 保つ. くせ毛, ちぢれ毛又はウェーブ毛髪をのばし, 保つ
8	衛生綿類	衛生上の用に供されることが目的とされている綿類（紙綿類を含む）	生理処理用品については生理処理用, 清浄用綿類については乳児の皮膚・口腔の清浄・清拭又は授乳時の乳首・乳房の清浄・清拭, 目, 局部, 肛門の清浄・清拭
9	浴用剤	原則としてその使用法が浴槽中に投入して用いられる外用剤（浴用石鹸は浴用剤には該当しない）	あせも, 荒れ性, いんきん, うちみ, 肩のこり, くじき, 神経痛, 湿疹, しもやけ, 痔, たむし, 冷え症, 水虫, ひぜん, かいせん, 腰痛, リウマチ, 疲労回復, ひび, あかぎれ, 産前産後の冷え症, にきび
10	薬用化粧品（薬用石けんを含む）	化粧品としての使用方法を合わせて有する化粧品類似の剤型の外用剤	別紙（1の2）参照
11	薬用はみがき類	化粧品としての使用目的を有する通常の歯みがきと類似の剤型の外用剤	歯を白くする, 口中を浄化する, 口中を爽快にする, 歯周炎（歯槽膿漏）の予防, 歯肉（歯齦）炎の予防, 歯石の沈着を防ぐ, むし歯を防ぐ, むし歯の発生及び進行の予防, 口臭の防止, タバコのヤニ除去

12	忌避剤	はえ，蚊，のみ等の忌避を目的とする外用剤	蚊成虫，ブヨ，サシバエ，ノミ，イエダニ，ナンキンムシ等の忌避
13	殺虫剤	はえ，蚊，のみ等の駆除又は防止の目的を有するもの	殺虫．はえ，蚊，のみ等の衛生害虫の駆除又は防止
14	殺そ剤	ねずみの駆除又は防止の目的を有するもの	殺そ．ねずみの駆除，殺滅又は防止
15	ソフトコンタクトレンズ用消毒剤	ソフトコンタクトレンズの消毒を目的とするもの	ソフトコンタクトレンズの消毒

○薬用化粧品の効能又は効果の範囲　　　　　　　　　　　　　　　　　　　　　（別紙1の2）

	種　　類	効　能　・　効　果
1	シャンプー	ふけ・かゆみを防ぐ 毛髪・頭皮の汗臭を防ぐ 毛髪・頭皮を清浄にする 毛髪・頭皮をすこやかに保つ ）二者択一 毛髪をしなやかにする
2	リンス	ふけ・かゆみを防ぐ 毛髪・頭皮の汗臭を防ぐ 毛髪の水分・脂肪を補い保つ 裂毛・切毛・枝毛を防ぐ 毛髪・頭皮をすこやかに保つ ）二者択一 毛髪をしなやかにする
3	化粧水	肌あれ．あれ性 あせも・しもやけ・ひび・あかぎれ・にきびを防ぐ 油性肌 かみそりまけを防ぐ 日やけによるしみ・そばかすを防ぐ 日やけ・雪やけ後のほてり 肌をひきしめる．肌を清浄にする．肌を整える 皮膚をすこやかに保つ．皮膚にうるおいを与える
4	クリーム，乳液，ハンドクリーム，化粧用油	肌あれ．あれ性 あせも・しもやけ・ひび・あかぎれ・にきびを防ぐ 油性肌 かみそりまけを防ぐ 日やけによるしみ・そばかすを防ぐ 日やけ・雪やけ後のほてり 肌をひきしめる．肌を清浄にする．肌を整える 皮膚をすこやかに保つ．皮膚にうるおいを与える 皮膚を保護する．皮膚の乾燥を防ぐ
5	ひげそり用剤	かみそりまけを防ぐ 皮膚を保護し，ひげをそりやすくする
6	日やけ止め剤	日やけ・雪やけによる肌あれを防ぐ 日やけ・雪やけを防ぐ 日やけによるしみ・そばかすを防ぐ 皮膚を保護する

7 パック	肌あれ，あれ性 にきびを防ぐ 油性肌 日やけによるしみ・そばかすを防ぐ 日やけ・雪やけ後のほてり 肌をなめらかにする 皮膚を清浄にする
8 薬用石けん（洗顔料を含む）	＜殺菌剤主剤のもの＞ 皮膚の清浄・殺菌・消毒 体臭・汗臭及びにきびを防ぐ ＜消炎剤主剤のもの＞ 皮膚の清浄，にきび・かみそりまけ及び肌あれを防ぐ

○ GMPを適用する医薬部外品　　　　　　　　　　　　　　　　　　　　　　（別紙1の3）

製品群	剤型	効能又は効果	その他
のど清涼剤	トローチ剤，ドロップ剤	たん，のどの炎症による声がれ・のどのあれ・のどの不快感・のどの痛み・のどのはれ	製造（輸入）承認基準適合品に限る
健胃清涼剤	カプセル剤，顆粒剤，丸剤，散剤，舐剤，錠剤，内用液剤	食べ過ぎ，飲み過ぎによる胃部不快感，はきけ（むかつき，胃のむかつき，二日酔・悪酔いのむかつき，嘔気，悪心）	製造（輸入）承認基準適合品に限る
外皮消毒剤	外用液剤，軟膏剤	すり傷，切り傷，さし傷，かき傷，靴ずれ，創傷面の洗浄・消毒 手指・皮膚の洗浄・消毒	製造（輸入）承認基準適合品に限る
きず消毒保護剤	絆創膏類，外用液剤	すり傷，切り傷，さし傷，かき傷，靴ずれ，創傷面の消毒・保護（被覆）	製造（輸入）承認基準適合品に限る
ひび・あかぎれ用剤	軟膏剤	（クロルヘキシジン主剤） ひび・あかぎれ・すり傷・靴ずれ （メントール・カンフル主剤） ひび・しもやけ・あかぎれ （ビタミンAE主剤） ひび・しもやけ・あかぎれ・手足のあれの緩和	製造（輸入）承認基準適合品に限る
あせも・ただれ用剤	外用液剤，軟膏剤	あせも・ただれの緩和・防止	製造（輸入）承認基準適合品に限る
うおのめ・たこ用剤	絆創膏	うおのめ・たこ	製造（輸入）承認基準適合品に限る
かさつき・あれ用剤	軟膏剤	手足のかさつき・あれの緩和	製造（輸入）承認基準適合品に限る
ビタミン剤	カプセル剤，顆粒剤，丸剤，散剤，舐剤，錠剤，ゼリー状ドロップ，内用液剤	（ビタミンC剤） 肉体疲労時，妊娠・授乳期，病中病後の体力低下時又は中高年期のビタミンCの補給 （ビタミンE剤） 中高年期のビタミンEの補給	製造（輸入）承認基準適合品に限る

		（ビタミン EC 剤）肉体疲労時，病中病後の体力低下時又は中高年期のビタミン EC の補給	
ビタミン含有保健剤	カプセル剤，顆粒剤，丸剤，散剤，錠剤，内用液剤	滋養強壮，虚弱体質，肉体疲労・病中病後（又は病後の体力低下）・食欲不振（又は胃腸障害）・栄養障害・発熱性消耗性疾患・妊娠授乳期（又は産前産後）（ビタミン A, D を含まないもの）などの場合の栄養補給	製造（輸入）承認基準適合品に限る
カルシウム剤	カプセル剤，顆粒剤，散剤，錠剤，内用液剤	妊娠授乳期・発育期・中高年期のカルシウムの補給	製造（輸入）承認基準適合品に限る

5

薬事法第59条第8号及び第61条第4号の規定に基づき名称を記載しなければならないものとして厚生労働大臣の指定する医薬部外品及び化粧品の成分

平成12年9月29日　厚生省告示第332号
最終改正：平成21年2月6日　厚生労働省告示第29号

　薬事法（昭和35年法律第145号）第59条第6号及び第61条第4号の規定に基づき，薬事法第59条第6号及び第61条第4号の規定に基づき名称を記載しなければならないものとして厚生大臣の指定する医薬部外品及び化粧品の成分を次のように定め，平成13年4月1日から適用し，昭和55年9月厚生省告示第167号（薬事法の規定に基づき，成分の名称を記載しなければならない医薬部外品及び化粧品の成分を指定する件）は，平成13年3月31日限り廃止する．ただし，同法第12条第1項又は第22条第1項の許可を受けて製造され，又は輸入された化粧品であって，この告示の適用の際現に販売されている化粧品については，その製造業者又は輸入販売業者が，当該化粧品を一般に購入し，又は使用する者に対し，同法第61条第4号に規定する事項と同等以上の情報を提供することができる場合において，当該化粧品に添付する文書に同法第61条第4号に規定する事項が記載されているとき，又は同号に規定する事項が一般の閲覧に供されているときは，平成14年9月30日までの間は，なお従前の例によることができる．

薬事法第59条第8号及び第61条第4号の規定に基づき名称を記載しなければならないものとして厚生労働大臣の指定する医薬部外品及び化粧品の成分

医薬部外品の成分

（人体に直接使用されるもの）
1. 2-アミノ-4-ニトロフェノール
2. 2-アミノ-5-ニトロフェノール及びその硫酸塩
3. 1-アミノ-4-メチルアミノアントラキノン
4. 安息香酸及びその塩類
5. イクタモール
6. イソプロピルメチルフェノール
7. 3,3'-イミノジフェノール
8. ウリカーゼ
9. ウンデシレン酸及びその塩類
10. ウンデシレン酸モノエタノールアミド
11. エデト酸及びその塩類
12. 塩化アルキルトリメチルアンモニウム
13. 塩化ジステアリルジメチルアンモニウム
14. 塩化ステアリルジメチルベンジルアンモニウム
15. 塩化ステアリルトリメチルアンモニウム
16. 塩化セチルトリメチルアンモニウム
17. 塩化セチルピリジニウム
18. 塩化ベンザルコニウム
19. 塩化ベンゼトニウム
20. 塩化ラウリルトリメチルアンモニウム
21. 塩化リゾチーム

22　塩酸アルキルジアミノエチルグリシン
23　塩酸クロルヘキシジン
24　塩酸2,4-ジアミノフェノキシエタノール
25　塩酸2,4-ジアミノフェノール
26　塩酸ジフェンヒドラミン
27　オキシベンゾン
28　オルトアミノフェノール及びその硫酸塩
29　オルトフェニルフェノール
30　カテコール
31　カンタリスチンキ
32　グアイアズレン
33　グアイアズレンスルホン酸ナトリウム
34　グルコン酸クロルヘキシジン
35　クレゾール
36　クロラミンT
37　クロルキシレノール
38　クロルクレゾール
39　クロルフェネシン
40　クロロブタノール
41　5-クロロ-2-メチル-4-イソチアゾリン-3-オン
42　酢酸-dl-α-トコフェロール
43　酢酸ポリオキシエチレンラノリンアルコール
44　酢酸ラノリン
45　酢酸ラノリンアルコール
46　サリチル酸及びその塩類
47　サリチル酸フェニル
48　1,4-ジアミノアントラキノン
49　2,6-ジアミノピリジン
50　ジイソプロパノールアミン
51　ジエタノールアミン
52　システイン及びその塩酸塩
53　シノキサート
54　ジフェニルアミン
55　ジブチルヒドロキシトルエン
56　1,3-ジメチロール-5,5-ジメチルヒダントイン（別名 DMDM ヒダントイン）
57　臭化アルキルイソキノリニウム
58　臭化セチルトリメチルアンモニウム
59　臭化ドミフェン
60　ショウキョウチンキ
61　ステアリルアルコール
62　セタノール
63　セチル硫酸ナトリウム
64　セトステアリルアルコール
65　セラック
66　ソルビン酸及びその塩類
67　チオグリコール酸及びその塩類
68　チオ乳酸塩類
69　チモール
70　直鎖型アルキルベンゼンスルホン酸ナトリウム
71　チラム

72　デヒドロ酢酸及びその塩類
73　天然ゴムラテックス
74　トウガラシチンキ
75　dl-α-トコフェロール
76　トラガント
77　トリイソプロパノールアミン
78　トリエタノールアミン
79　トリクロサン
80　トリクロロカルバニリド
81　トルエン-2,5-ジアミン及びその塩類
82　トルエン-3,4-ジアミン
83　ニコチン酸ベンジル
84　ニトロパラフェニレンジアミン及びその塩類
85　ノニル酸バニリルアミド
86　パラアミノ安息香酸エステル
87　パラアミノオルトクレゾール
88　パラアミノフェニルスルファミン酸
89　パラアミノフェノール及びその硫酸塩
90　パラオキシ安息香酸エステル
91　パラクロルフェノール
92　パラニトロオルトフェニレンジアミン及びその硫酸塩
93　パラフェニレンジアミン及びその塩類
94　パラフェノールスルホン酸亜鉛
95　パラメチルアミノフェノール及びその硫酸塩
96　ハロカルバン
97　ピクラミン酸及びそのナトリウム塩
98　N,N'-ビス(4-アミノフェニル)-2,5-ジアミノ-1,4-キノンジイミン（別名バンドロフスキーベース）
99　N,N'-ビス（2,5-ジアミノフェニル）ベンゾキノンジイミド
100　5-(2-ヒドロキシエチルアミノ)-2-メチルフェノール
101　2-ヒドロキシ-5-ニトロ-2,4-ジアミノアゾベンゼン-5-スルホン酸ナトリウム（別名クロムブラウン RH）
102　2-(2-ヒドロキシ-5-メチルフェニル)ベンゾトリアゾール
103　ヒドロキノン
104　ピロガロール
105　N-フェニルパラフェニレンジアミン及びその塩類
106　フェノール
107　ブチルヒドロキシアニソール
108　プロピレングリコール
109　ヘキサクロロフェン
110　ベンジルアルコール
111　没食子酸プロピル
112　ポリエチレングリコール（平均分子量600以下のものに限る.）
113　ポリオキシエチレンラウリルエーテル硫酸塩類
114　ポリオキシエチレンラノリン
115　ポリオキシエチレンラノリンアルコール
116　ホルモン
117　ミリスチン酸イソプロピル
118　メタアミノフェノール
119　メタフェニレンジアミン及びその塩類

120　2-メチル-4-イソチアゾリン-3-オン
121　N, N''-メチレンビス［N'-(3-ヒドロキシメチル-2,5-ジオキソ-4-イミダゾリジニル）ウレア］
　　（別名イミダゾリジニルウレア）
122　モノエタノールアミン
123　ラウリル硫酸塩類
124　ラウロイルサルコシンナトリウム
125　ラノリン
126　液状ラノリン
127　還元ラノリン
128　硬質ラノリン
129　ラノリンアルコール
130　水素添加ラノリンアルコール
131　ラノリン脂肪酸イソプロピル
132　ラノリン脂肪酸ポリエチレングリコール
133　硫酸2,2'-［(4-アミノフェニル）イミノ］ビスエタノール
134　硫酸オルトクロルパラフェニレンジアミン
135　硫酸4,4'-ジアミノジフェニルアミン
136　硫酸パラニトロメタフェニレンジアミン
137　硫酸メタアミノフェノール
138　レゾルシン
139　ロジン
140　医薬品等に使用することができるタール色素を定める省令（昭和41年厚生省令第30号）別表第1，別表第2及び別表第3に掲げるタール色素

(注) パラアミノオルトクレゾールは5-アミノオルトクレゾールと同じものである．

化粧品の成分
　配合されている成分（薬事法（昭和35年法律第145号）第14条第1項の規定による承認に係る化粧品にあっては，当該化粧品に係る同項に規定する厚生労働大臣の指定する成分を除く．）

6

薬事法第50条第12号等の規定に基づき使用の期限を記載しなければならない医薬品等

昭和55年9月26日　厚生省告示第166号

　薬事法（昭和35年法律第145号）第50条第10号，第59条第7号，第61条第5号及び第63条第4号の規定に基づき，使用の期限を記載しなければならない医薬品，医薬部外品，化粧品及び医療用具として次のものを指定し，昭和55年9月30日から適用する．ただし，製造又は輸入後適切な保存条件のもとで3年を超えて性状及び品質が安定な医薬品，医薬部外品及び化粧品並びに法第50条第5号又は第6号の規定により有効期間又は有効期限が記載されている医薬品を除く．

薬事法第50条第12号等の規定に基づき使用の期限を記載しなければならない医薬品等

医薬品　　略

医薬部外品
1　アスコルビン酸，そのエステル及びそれらの塩類の製剤
2　過酸化化合物及びその製剤
3　肝油及びその製剤
4　酵素及びその製剤
5　システイン及びその塩酸塩の製剤
6　チアミン，その誘導体及びそれらの塩類の製剤
7　チオグリコール酸及びそれらの塩類の製剤
8　トコフェロールの製剤
9　乳酸菌及びその製剤
10　発砲剤型の製剤
11　パラフェニレンジアミン等酸化染料の製剤
12　ビタミンA油の製剤
13　ピレスロイド系殺虫成分の粉剤
14　有機リン系殺虫成分の毒餌剤又は粉剤
15　レチノール及びそのエステルの製剤
16　前各号に掲げるもののほか，法第14条（第23条において準用する場合を含む．）の規定に基づく承認事項として有効期間が定められている医薬部外品

　使用期限表示の対象品目のうち，包括的な成分の名称が記載されているものの具体的な該当成分は〔別表〕のとおりである．なお，市場への出荷後，適切な保存条件のもとで3年を超えて性状及び品質が安定な医薬部外品は，使用期限表示の対象から除外されている．
　また，使用期限の表示の方法については，月単位まで記載するものとし，平成22年7月を「22.7」のように簡略化して記載することは差し支えない．ただし，当該年月の意味を明確にするために「使用期限」等の文字を併せて記載する必要がある．（S55　厚告166，S55.10.9　薬発1330）

　〔別表〕使用期限を表示する対象品目

左欄	右欄
ピレスロイド系殺虫成分	略

有機リン系殺虫成分	略
パラフェニレンジアミン等の酸化染料	2-アミノ-4-ニトロフェノール 2-アミノ-5-ニトロフェノール及びその硫酸塩 1-アミノ-4-メチルアミノアントラキノン 3,3'-イミノジフェノール 塩酸2,4-ジアミノフェノール オルトアミノフェノール及びその硫酸塩 1,4-ジアミノアントラキノン 2,6-ジアミノピリジン ジフェニルアミン トルエン-3,4-ジアミン ニトロパラフェニレンジアミン及びその塩類 パラアミノオルトクレゾール パラアミノフェニルスルファミン酸 パラアミノフェノール及びその硫酸塩 パラニトロオルトフェニレンジアミン及びその硫酸塩 パラフェニレンジアミン及びその塩類 パラメチルアミノフェノール及びその硫酸塩 ピクラミン酸及びそのナトリウム塩 N,N'-ビス（4-アミノフェニル）-2,5-ジアミノ-1,4-キノンジイミン（別名バンドロフスキーベース） N,N'-ビス（2,5-ジアミノフェニル）ベンゾキノンジイミド 2'-ヒドロキシ-5-ニトロ-2',4'-ジアミノアゾベンゼン-5'-スルホン酸ナトリウム（別名クロムブラウンRH） N-フェニルパラフェニレンジアミン及びその塩類 メタアミノフェノール メタフェニレンジアミン及びその塩類 硫酸オルトクロルパラフェニレンジアミン 硫酸4,4'-ジアミノジフェニルアミン 硫酸パラニトロメタフェニレンジアミン 硫酸メタアミノフェノール

（注）右欄に掲げる成分は，昭和55年10月9日薬発第1330号通知時点の承認前例等を参考にして作成したものであるため，その後，承認されたものについても同様の扱いとなる．

化粧品
1 アスコルビン酸，そのエステル若しくはそれらの塩類又は酵素を含有する化粧品
2 前号に掲げるもののほか，製造又は輸入後適切な保存条件のもとで3年以内に性状及び品質が変化するおそれのある化粧品

　なお，市場への出荷後適切な保存条件のもとで3年を超えて性状及び品質が安定な化粧品は使用期限表示の対象から除外されている．また，化粧品の使用期限の表示は，最終包装製品の形態で化粧品の通常の流通下における保存条件において保存された場合に，その性状及び品質を保証し得る期限を表示する趣旨であり，製造販売業者が安定性試験データ等に基づいて合理的な使用期限の設定を行わなければならない．化粧品の性状及び品質が安定か否かの判断は，単に含有する特定成分の変化に着目するだけでなく，化粧品全体の性状及び品質が損なわれるか否かを目安とすべきであり，具体的には次の例示を参考とすることとされている．（S55.10.9　薬発1330）

　（例示）
① かび等が発生しているもの
② 乳化されている化粧品であつて成分が著しく分離しているもの
③ 異臭を発しているもの

④ 変色の著しいもの
⑤ アルコール・水等に溶解している化粧品であつて，沈殿物が著しく生成しているもの
⑥ 成分が分解して有害物質が生成されているもの
⑦ 安定剤として使用される場合を除き，分解，揮散等により，アスコルビン酸，酵素等の配合成分の含有量，力価が著しく低下したもの

　また，使用期限の表示の方法については，月単位まで記載するものとし，平成13年7月を「13.7」のように簡略化して記載することは差し支えない．ただし，当該年月の意味を明確にするために「使用期限」等の文字を併せて記載する必要がある．（S55.10.9　薬発1330）

索引

【英数字】

3大フローラル, 119
ambroxane, 116
BMP, 211
Bone Morphogenetic Protein, 211
BSE, 243
Chanel No.5, 171
Chypre, 171
civetone, 115
CPC, 224
ephrin, 211
essential oil, 117
Fougere Royal, 171
Functionalism, 243
GQP, 230
GVP, 230
HLB, 88, 162
IPMP, 224
iPS細胞, 243
ISO22716, 7, 53
Jasmin, 119
Jicky, 171
Kirchhoffの境界条件, 154
Linda Buck, 176
L'Origan, 171
LPG, 72
Mitsouko, 171
Muguet, 120
muscone, 115
Naturalism, 243
Neurotrophin-4, 211
NMF, 213
NT-4, 211
N-アシル N-メチルタウリン塩, 91
N-アシルアミノ酸塩, 91
O/W, 161
PA, 105, 242
Richard Axel, 176
Rose, 119
Ruzicka, 115
SPF, 105, 242
TGF-β, 210
Transforming growth factor-β, 210
UV-A, 103, 104
UV-B, 103, 104
UV-C, 104
W/O, 161
α-ambrinol, 116
βカロチン, 111

【あ】

アイシャドウ, 152
アイブロウ, 153
アイライナー, 152
アカネ色素, 111
亜急性・慢性毒性試験, 42
アクリル酸・メタクリル酸アルキル（C10-30）共重合体, 96
アスベスト, 108
アセチルシステイン, 187
アゾ系顔料, 110
アゾ系染料, 109
圧搾, 117
圧搾法, 118
アナターゼ型, 106
アニオン界面活性剤, 89, 184
アブソリュート, 170
アプリコットエキス, 166
アボガド油, 79
アミノ酸, 29
アミノ酸系界面活性剤, 184
アルキルイミダゾリニウムベタイン, 93
アルキルエーテル硫酸エステル塩, 90
アルキルエーテルリン酸エステル塩, 90
アルキルジメチルアミノ酢酸ベタイン, 93
アルキル硫酸エステル塩, 90
アルキルリン酸エステル塩, 90
アルギン酸ナトリウム, 97, 220
アルモンド油, 79
アレルギー性, 39
アレルギー反応, 196
アロマテラピー, 117, 199
安全性, 35
安息香酸ナトリウム, 220
アンチエイジング機能, 199
アンチストレス, 199
安定性, 35, 44
アンバーグリス, 116
アンフロラージュ, 118

【い】

イオン結合, 187
育毛, 199, 208
育毛剤, 208
イソステアリン酸, 81

イソプロピルメチルフェノール, 224
板状粉体, 160
一時着色料, 196
一般品流通, 232
遺伝毒性, 43
異方性パラメータ, 156
医薬品等適正広告基準, 7
医薬部外品, 196, 199, 218, 219
医薬部外品の安定性, 48
インジゴイド系染料, 110

【う】
ウルトラマリン, 107

【え】
エアゾール容器, 66
エイジングケア, 242
エーテルカルボン酸系界面活性剤, 184
液化石油ガス, 72
エステル, 75
エチレンオキシド, 93
エッセンシャルオイル, 199
エッセンス, 142
エモリエント効果, 77
エモリエント剤, 130
エラスチックファイバー, 29
塩化アルキルトリメチルアンモニウム, 92
塩化ジアルキルジメチルアンモニウム, 92
塩化セチルピリジニウム, 224
塩化ベンザルコニウム, 92
塩基性染料, 195
円筒状容器, 66
鉛白, 152
鉛白白粉, 1

【お】
オオバクエキス, 225
オーラルケア, 217
オキサゾリン変性シリコーン, 164
おはぐろ式, 190
オリーブ油, 79
オレイルアルコール, 82

温度安定性試験, 45
女鏡秘伝書, 2

【か】
カードハウス構造, 165
カーボンブラック, 107
カーマインローション, 134
外装容器, 65
界面活性剤, 87
界面活性剤型, 128
界面活性剤型洗顔料, 129
海狸香, 116
カウンセリング, 242
香りの記憶法, 178
香りの表現, 173
カオリン, 108
化学的劣化, 44
角化細胞, 27
拡散係数, 157
拡散放射流速, 157
角質細胞, 28
角層, 28, 166
過酸化脂質, 78
過酸化水素, 187, 188, 190
可視光, 99
カストリウム, 116
カチオン界面活性剤, 91
カチオン化セルロース, 184
カチオン化ポリマー, 184
カチオン界面活性剤, 185
可溶化, 88
カラースプレー, 196
カラーフォーム, 196
ガラス, 68
カラミンローション, 134
過硫酸塩, 194
カルサミン, 111
カルナウバロウ, 80
カルボキシメチルセルロース, 220
感作性, 39
感性トレンド, 243
乾性油, 79
汗腺, 32
官能評価, 48
肝斑, 206
顔料, 106

【き】
キサンテン系染料, 110
規制緩和, 235
基礎化粧品, 127
機能主義, 243
機能性化粧品, 199
起泡, 88
逆ヘキサゴナル, 163
キャンデリラロウ, 80
吸収, 100
吸収係数, 156, 160
球状粉体, 160
急性毒性試験, 42
キューティクル, 31
業務用販売, 232
魚鱗箔, 109
キラル触媒, 122
キラルな分子, 122
金属, 69

【く】
クリーム, 137
クリスタルガラス, 68
グリセリン, 212, 220
グリセリン脂肪酸エステル, 95
グリチルリチン酸, 225
クレンジングクリーム, 132
クレンジングジェル, 132
クレンジングフォーム, 130
群青, 107

【け】
毛, 31
蛍光灯暴露試験, 45
軽粉, 152
化粧崩れ, 162
化粧下地, 152
化粧水, 132
化粧品, 218
化粧品関連サイト, 235
化粧品の定義, 36
ケラチノサイト, 27
研磨剤, 219

【こ】
高圧ガス保安法, 8
抗炎症剤, 220

索　引

光学的官能要素, 50
抗加齢, 242
高級アルコール, 75, 185
高級脂肪酸石けん, 89
膠原線維, 28
口臭予防効果, 222
紅粧翠眉, 1
恒常性維持機能, 127
香粧品香料, 114
香水, 169
合成香料, 114, 121
合成脂肪酸, 81
酵素, 220
鉱物性炭化水素, 82
高分子系界面活性剤, 96
香味剤, 219
香料の歴史, 170
抗老化, 203, 242
コールタール, 109
コールドパーマ, 187
国際照明委員会, 101
告示, 6
古事記, 1
コチニール, 111
コムギ胚芽油, 79
コラーゲン, 213
コラーゲンファイバー, 29
コルテックス, 189
コレステロール, 29, 82
コロン, 169
コンクリート, 170
混合機, 58
コンシーラー, 152
コンパクト容器, 66

【さ】
再石灰化, 223
彩度, 191
細胞間脂質, 137
サッカリンナトリウム, 220
殺菌, 88
殺菌剤, 220
サフラワー油, 79
酸化亜鉛, 106
酸化クロム, 107
酸化染毛剤, 193
酸化染料, 193

酸化鉄, 107
産業財産権, 8
サンスクリーン剤, 199
酸性染料, 195
サンタン, 30, 102
サンバーン, 30, 103
酸敗, 78
散乱, 100
散乱係数, 156

【し】
ジェル, 141
紫外線, 102
紫外線A波, 104
紫外線B波, 104
紫外線吸収剤, 104
紫外線散乱剤, 105
紫外線防御剤, 104
視覚的要素, 50
色覚視, 102
色覚視細胞, 102
色材, 105
色素, 105
色相, 191
色素細胞, 28, 104
色素沈着, 205
歯垢, 221
歯垢除去, 221
自己相関長, 154
脂質, 75
歯周病, 224
シスチン (SS) 結合, 187
システイン, 187
ジスルフィド結合, 187
脂腺, 32
自然主義, 243
実効減衰係数, 159, 160
湿潤, 88
湿潤剤, 219
室内（人工光）暴露試験, 45
指定成分, 241
シベット, 115
脂肪酸, 29, 75
脂肪酸アルカノールアミド, 94
事務連絡, 6
ジメチコン, 83
雀卵斑, 206

麝香, 115
シャンプー, 184
収去, 7
臭素酸ナトリウム, 188
充填機, 62
縮毛矯正剤, 187
出荷額, 230
受容体, 176
潤滑, 88
硝酸ミコナゾール, 184
使用性, 36
承認制度, 196
消泡, 88
消防法, 8
照明条件等色, 102
省令, 6
初期う蝕, 223
食品香料, 114
植物性香料, 117
植物油脂, 79
触感的要素, 50
ショ糖脂肪酸エステル, 95
シリコーン油, 75
シリコーン系界面活性剤, 96
シロキサン, 83
白粉, 152
しわ防止効果, 199
ジンクピリチオン, 184
神経栄養因子4, 211
真珠光沢顔料, 109
親水性-親油性バランス, 88
親水性-疎水性バランス, 162
真皮, 27, 28
真皮性シワ, 212

【す】
水銀白粉, 2
水酸化アルミニウム, 220
水蒸気蒸留, 117
水素結合, 188
スキンケア化粧品, 127
スクワラン, 82
スクワレン, 29
ステアリルアルコール, 82
ステアリン酸, 81
スティック容器, 66
ステイン除去, 222

ストレートパーマ, 187
スペシャルケア, 127
スリミング機能, 199

【せ】
成形機, 61
生産動態統計, 230
製造物責任法, 65
制度販売, 232
整髪剤, 186
精油, 114, 117
生理活性物質, 242
セタノール, 81
セミパーマネントヘアカラー, 195
セラミド, 29, 213
セリサイト, 108
セルロース誘導体, 97
セレシン, 82
線維芽細胞, 28
洗顔料, 128, 199
洗口剤, 217
洗浄, 88
全成分表示, 17
染料, 106, 109, 151

【そ】
痩身効果, 199
ソルビタン脂肪酸エステル, 95
ソルビトール, 220

【た】
タール色素, 109
ターンオーバー, 28, 166
耐圧容器, 72
大環状ムスク, 115
耐酸性向上, 223
体質顔料, 108, 160
大豆油, 79
体性幹細胞, 32
帯電防止, 88
耐熱ガラス, 68
胎盤抽出液, 205
多価アルコールエステル型ノニオン界面活性剤, 95
多層式化粧水, 134
脱色剤, 194

脱染剤, 194
脱毛, 199
脱毛シグナル, 211
タルク, 108
単回投与毒性試験, 42
炭化水素, 75
炭酸カルシウム, 220
弾性線維, 29
単離香料, 122

【ち】
チオグリコール酸, 187
チキソトロピー性, 164
チック, 186
着色顔料, 107, 160
着色剤, 219
着色料, 196
抽出法, 118
チューブ容器, 66
調合香料, 171
調香師, 124, 171, 173
長鎖アルキル第四級アンモニウム塩, 185
超臨界CO_2抽出, 119
チロシナーゼ活性阻害効果, 203

【つ】
通信販売, 232
通知, 6
月見草油, 79
ツバキ油, 79
爪紅, 2
爪, 32

【て】
デカラライザー, 194
デキストラナーゼ, 223, 224
電磁波, 99
天然香料, 114
天然色素, 110
天然保湿因子, 29, 137, 145, 213
テンポラリーヘアカラー, 196

【と】
等価散乱係数, 159, 160
動植物性炭化水素, 82

等電帯, 188
動物試験代替法, 44
動物性香料, 115
トウモロコシ油, 79
特殊・過酷保存試験, 46
毒性, 42
トコフェロール, 78
塗布容器, 66
トラネキサム酸, 225
トリアシルグリセロール, 79
トリートメント性, 165
トリグリセリド, 29, 79
トリクロサン, 224
トリメチルシロキシケイ酸, 165

【な】
内装容器, 65
内部散乱光, 153
ナイロンパウダー, 111
ナタネ油, 79
ナノマテリアル, 106
軟質ガラス, 68

【に】
ニキビ, 199
二酸化チタン, 106
日本書紀, 1
乳液, 134
乳化, 87
乳化機, 54
乳化ファンデーション, 161

【ぬ】
抜毛予防, 208
濡れ性, 163

【ね】
ネイルエナメル, 153
ネガティブリスト, 20, 194
ネッスルウェーブ, 187
ネットワーク構造, 164
練白粉, 2
粘結剤, 219

【の】
ノニオン界面活性剤, 93, 184
野依良治, 122

索　引　●　289

【は】

パーフルオロポリエーテル, 166
パーマネント・ウェーブ用剤, 187
パール顔料, 160
ハイドロキシアパタイト, 223
パウダー容器, 66
白色顔料, 106, 160
肌質診断, 242
肌の悩み, 240
パック, 144
発光スペクトル, 99
パッチテスト, 43, 196
発泡剤, 219
発毛, 208
発毛促進シグナル, 211
パヒューマー, 173
歯ブラシ, 217
歯磨剤, 217
パラフィン, 82
パラフェニレンジアミン, 190
パラベン, 220
バリア機能, 29
パルミチン酸, 81
半永久染毛料, 195
半乾性油, 79
半合成香料, 123
販売チャネル, 235
反復投与毒性試験, 42

【ひ】

ヒアルロン酸, 29, 214
光安定性試験, 45
光感作性, 41
光毒性, 41
皮脂膜, 76, 166
微生物汚染, 47
ビタミンA, 214
ビタミンD, 102
ピッカリングエマルション, 163
美白, 199, 203, 242
皮膚, 27
皮膚刺激性, 38
皮膜形成剤, 165
ヒマシ油, 80
美容液, 142
標準イルミナント, 101

表情ジワ, 212
表皮, 27, 166
表皮性シワ, 212
表面粗さ, 154
表面反射, 153
表面反射光, 153
広口びん, 66
品質特性, 35
品質保証, 35

【ふ】

ファイブロブラスト, 28
ファンデーション, 151
ファンデルワールス力, 188
フィトテラピー, 199
ブースター, 194
フェニルシリコーン, 166
不乾性油, 79
賦香率, 169
不斉合成, 123
不斉触媒, 123
フッ化物, 220, 223
フッ化物配合歯磨剤, 223
物理化学的官能要素, 50
物理的劣化, 44
ブドウ種子油, 79
プラスチック, 67
ブランドデザイン, 237
ブリーチ剤, 194
プリスタン, 82
フレーバー, 114
フレグランス, 114
フローラル, 170
ブロックポリマー型界面活性剤, 95
粉砕機, 58
分散, 87
分散機, 54

【へ】

ヘアオイル, 186
ヘアコンディショナー, 185
ヘアサイクル, 31
ヘアスタイリング剤, 186
ヘアスタイリングジェル, 186
ヘアスプレー, 186
ヘアダイ, 193

ヘアトリートメント, 185
ヘアフォーム, 186
ヘアブリーチ, 194
ヘアライトナー, 194
ヘアリキッド, 186
ヘアリンス, 185
ヘアワックス, 186
ベーシックケア, 127
ベースメイク, 152
紅花, 111, 151
ベビーパウダー, 106, 108
ペプチド結合, 187
変異原性, 43
ベンガラ, 107
ペンシル容器, 66

【ほ】

ポイントメイク, 152
芳香化粧品, 169
放射発散度, 157
包装機, 62
包装容器, 65
包装容器リサイクル法, 65
法定色素, 109
法的規制, 241
頬紅, 152
訪問販売, 232
保湿, 203
保湿機構, 242
保湿化粧品, 145
保湿剤, 146, 212
ポジティブリスト, 20, 194
ホスファチジルコリン, 96
細口びん, 66
保存料, 219
ホホバ油, 80
ポマード, 186
ポリエチレン, 67
ポリエチレングリコールアルキルエーテル, 93
ポリエチレングリコール型ノニオン界面活性剤, 93
ポリエチレングリコール脂肪酸エステル, 94
ポリエチレングリコールソルビタン脂肪酸エステル, 94
ポリエチレンテレフタレート, 68

ポリエチレンパウダー, 111
ポリオキシエチレンラウリルエーテル硫酸ナトリウム, 184
ポリグリセリン脂肪酸エステル, 95
ポリスチレン, 67
ポリビニルアルコール, 97
ポリフェノール, 78
ポリプロピレン, 67
ポンプ式容器, 66

【ま】
マイカ, 108
マカデミアナッツ油, 79
マスカラ, 152

【み】
ミコナゾール硝酸塩, 184
ミツロウ, 80
ミリスチン酸, 81

【む】
無鉛白粉, 2
無水ケイ酸, 220
ムスク, 115

【め】
明暗視, 102
明暗視細胞, 102
メイクアップ, 151
明度, 191
眼刺激性, 41
メラニン色素, 28, 103
メラニン生成抑制効果, 203
メラノサイト, 28, 104
メラノソーム, 28
綿実油, 79
メントール, 220

【も】
毛周期, 31
毛小皮, 31

【や】
薬事法, 5, 218
薬事法施行規則, 6
薬効成分, 224

【ゆ】
有機顔料, 110
有用性, 36
油脂, 75
油脂吸着法, 118
油性原料, 75
輸送減衰係数, 157
輸送平均自由行程, 159, 160
輸送方程式, 156

【よ】
溶剤型, 129
溶剤型洗顔料, 132
溶剤抽出, 118

【ら】
ラウリルジメチルアミンオキシド, 184
ラウリル硫酸ナトリウム, 220
ラウリン酸, 81
ラウレス硫酸ナトリウム, 184
ラスティング性, 165
ラノリン, 77, 80
ランゲルハンス細胞, 28

【り】
立毛筋, 32
リフィル容器, 67
リポソーム, 96
龍涎香, 116
流動パラフィン, 82
両性界面活性剤, 92, 184
臨界ミセル濃度, 88

【る】
ルチル型, 106

【れ】
冷却機, 60
霊猫香, 115
レーキ, 106
レシチン, 96
レジノイド, 118

【ろ】
ロウ, 75
老人性色素斑, 206
老人性掻痒症, 148

【わ】
ワセリン, 82
ワックス, 165
ワックスエステル, 29

【編著者紹介】

宮澤三雄（Mitsuo Miyazawa）
現職　近畿大学名誉教授　工学博士
　　　公益社団法人日本油化学会 30代会長・名誉会員
　　　日本香粧品学会　元評議員
　　　Executive Editor : *Journal of Oleo Science*
　　　Editor : *Letters in Organic Chemistry*
　　　Editor : *Journal of Essential Oil-Bearing Plants*
専攻　天然物有機化学，香料化学，化粧品学，生物分子化学
著書　資源天然物化学（共著，共立出版）
　　　生体分子化学　第 2 版（共著，共立出版）
　　　実験生体分子化学（編著，共立出版）
　　　身近に学ぶ化学の世界（編著，共立出版）
　　　アロマのある空間（監修・共著，日経 BP）
　　　油化学辞典―脂質・界面活性剤―，油化学便覧（共著，丸善）
　　　有機工業化学―そのエッセンス―，香りと暮らし（共著，裳華房）
　　　ドラッグストア Q&A，ドラッグストア Q&A Part 2（監修，薬事日報）
　　　テルペン利用の新展開（監修・編著，シーエムシー出版）

コスメティックサイエンス 化粧品の世界を知る Welcome to The World of Cosmetic Science	編著者　宮澤三雄　　ⓒ 2014 発行者　南條光章 発行所　**共立出版株式会社** 　　　　郵便番号 112-0006 　　　　東京都文京区小日向 4-6-19 　　　　電話　03-3947-2511（代表） 　　　　振替口座　00110-2-57035 　　　　URL　www.kyoritsu-pub.co.jp
2014年 6 月25日　初版 1 刷発行 2023年 9 月10日　初版 3 刷発行	
	印　刷　藤原印刷 製　本
検印廃止 NDC 576.7, 595.5, 499.17 ISBN 978-4-320-06177-4	一般社団法人 自然科学書協会 会員 Printed in Japan

JCOPY <出版者著作権管理機構委託出版物>
本書の無断複製は著作権法上での例外を除き禁じられています．複製される場合は，そのつど事前に，出版者著作権管理機構（ＴＥＬ：03-5244-5088，ＦＡＸ：03-5244-5089，e-mail：info@jcopy.or.jp）の許諾を得てください．

身近に学ぶ化学の世界

【宮澤三雄 編著】

Welcome to the world of chemistry！！

大学の理工系学部，農学系学部，薬学系学部，医療系学部，生活科学系学部など種々の理系学部の基礎化学のためのテキスト。化学を初めて学ぶ学生に化学の楽しさや面白さを知ってもらうために，そして学生が最小限のエネルギーで最大の学習効果が上がるように，つまり "cost performance" が上がることを目的として刊行した。本書の特徴は次のとおり。

◎ 高校で化学を履修しないで理工系に進学してきた学生のために高校と大学の間のギャップを埋めるテキスト。

◎ 化学を初めて学ぶ学生が最小限のエネルギーで化学の面白さがわかるように図やイラストをふんだんに配した。

◎ 学部の1セメスターを想定して，13回の講義で化学の基礎知識がやさしく学べるようにした。

◎ 章末に演習問題を豊富に掲載してあり，各章の講義内容をそのつど再確認し，理解度を高めることができる。

B5判・並製・112頁
定価2,090円（税込）
ISBN978-4-320-04384-8

● 主要目次 ●

はじめに

第1章　原子構造
混合物・純物質／化合物・単体／同素体／原子の構造／同位体／演習問題

第2章　化学反応と物質量
化学反応式／化学反応の基礎法則／アボガドロ定数／演習問題

第3章　化学式
イオン式／組成式／分子式／構造式／演習問題

第4章　構造式と原子軌道
主量子数／副量子数／スピン量子数／磁気量子数／電子軌道の形／演習問題

第5章　原子の電子配置
電子殻および軌道のエネルギー図／電子配置／演習問題

第6章　化学結合
共有結合／イオン結合・金属結合／演習問題

第7章　反応速度
反応速度・活性化エネルギー／触媒／化学平衡／演習問題

第8章　酸と塩基
中和反応／電離定数・電離平衡／水素イオン指数／演習問題

第9章　酸化と還元
酸化と還元の定義／酸化剤と還元剤／金属のイオン化傾向と標準電極電位／電池の原理／演習問題

第10章　物質の三態
物質の三態／固体の結晶構造／液体・溶液の特徴／理想気体と実在気体／演習問題

第11章　有機化合物
有機化合物の特徴／有機化合物の分類／芳香族化合物／ベンゼンの置換反応／演習問題

第12章　高分子化合物
高分子化合物の構造／天然高分子化合物／高分子と環境問題／演習問題

第13章　環境と化学
環境と物質の循環／大気・水・大地と化学／演習問題

演習問題の解答／参考資料／索引

www.kyoritsu-pub.co.jp　　共立出版　　（価格は変更される場合がございます）